连山　编著

升级版

优雅的人，都具有超凡的**掌控自己情绪的能力**。

情绪掌控术

现代工商管理教育 MBA、EMBA 高级课程，

情绪掌控，是**现代领导力的重要组成部分**。

中华工商联合出版社

图书在版编目（CIP）数据

情绪掌控术：升级版 / 连山编著 . -- 北京：中华工商联合出版社，2016.11（2021.6 重印）

（自己拯救自己；Ⅱ）

ISBN 978-7-5158-1825-2

Ⅰ . ①情… Ⅱ . ①连… Ⅲ . ①情绪—自我控制—通俗读物 Ⅳ . ① B842.6-49

中国版本图书馆 CIP 数据核字（2016）第 254539 号

自己拯救自己Ⅱ：情绪掌控术

编　　著：连　山
责任编辑：李　瑛　袁一鸣
装帧设计：北京东方视点数据技术有限公司
责任审读：李　征
责任印制：迈致红
出版发行：中华工商联合出版社有限责任公司
印　　刷：唐山富达印务有限公司
版　　次：2017 年 1 月第 1 版
印　　次：2021 年 6 月第 2 次印刷
开　　本：710mm × 1020mm　1/16
字　　数：280 千字
印　　张：20
书　　号：ISBN 978-7-5158-1825-2
定　　价：78.00 元

服务热线：010-58301130
销售热线：010-58302813
地址邮编：北京市西城区西环广场 A 座
19-20 层，100044
http: //www.chgslcbs.cn
E-mail: cicap1202@sina.com（营销中心）
E-mail: gslzbs@sina.com（总编室）

PREFACE | 前言

一位哲人说过："你的心态就是你真正的主人。"一位伟人说："要么你去驾驭生命，要么是生命驾驭你，你的心态决定谁是坐骑，谁是骑师。"常言道："心态决定命运。"现代心理学已经证实，心态决定一个人的情绪，而情绪又决定一个人的人生。情绪源于心理，它左右着人的思维与判断，进而决定人的行为，影响人的生活。正面情绪使人身心健康，并使人上进，能给我们的人生带来积极的动力；负面情绪给人的体验是消极的，身体也会有不适感，进而影响工作和生活。情绪问题如果不予理会、不妥善处理就会越积越多，最后把你的一切都搅得面目全非。成功者掌控情绪，失败者被情绪掌控。处理情绪问题的关键在于学会对各种情绪进行调适，将其控制在适当的范围内。事实上，喜、怒、忧、思、悲、恐、惊等情绪表现，恰恰是成功与失败的关键，这些情绪的组合有着非凡的意义，掌控得当可助你成功，掌控不当就会导致失败，而成功与失败完全由你自己决定。

我们每天都在经历各种各样的事情，以及这些事情给我们带来的诸多感受：时而冷静，时而冲动；时而精神焕发，时而萎靡不振。有时可以理智地去思考，有时又会失去控制地暴跳如雷；有时觉得生活充满了甜蜜和幸福，而有时又感觉生活是那么的无味和沉闷。这就是心态和情绪在作怪，它存在于每个人的心中，而且在不同的时期、不同的场合产生奇妙的效果。你是否也有过这样的体验：心情好的时候，看什么东西都顺眼，就连原来不喜欢的人也有了几分好感，对原来看不惯的事也觉得有了几分道理；而心情不好的时候，面对再美味的佳肴也难以下咽，再美丽的风景也视若无睹。心态和情绪的影响力可见一斑，而成功和快乐总是属于那些善于控制自己的心态和情绪的人。卓越的成功者活得充实、自信、快乐，平庸的失败者过得空虚、窘迫、颓废。究其原因，仅仅是因为这两类人控制心态和情绪的能力不同。善于控制自己的心态和情绪的人，能在绝望的时候看到希望，能在黑暗的时候看到光明，所以他们心中永远燃烧着激情和乐观的火焰，永远拥有积极向上、不断奋斗的动力；而失败者并不是真的像他们所抱怨的那样缺少机会，或者是资历浅薄，甚至是上天不公。其实，大多数失败者失意时总是一味地抱怨而不思东山再起，落后时不想奋起直追，消沉时只会借酒消愁，得意时却又忘乎所以。他们之所以失败，就是因为他们没有很好地掌控自己的情绪。

善于调整心态、控制情绪，才能走向成功，才能拥有快乐人生！人生最可怕的就是失控，而导致人生失控的罪魁祸首莫过于心态和情绪失控。坏心态、坏情绪是一座监狱，阴暗、潮湿；好心态、好情绪就像人间天堂，充满阳光和希望。让生活失去笑声的不是挫折，而是内心的困惑；让脸上失去笑容的不是磨难，而是紧闭的心灵。没有谁的心情永远是轻松愉快的，战胜自我，控制情绪，就要从“心”开始。我们无法改变天气，却可以改变心情；我们无法控制别人，但可以掌控自己。心态决定命运，情绪左右生活。早晨起来，先给自己一个笑脸，你一天都会有好心情。好心态会融洽人与人之间的关系；好情绪会让人生充满欢声笑语。如何调整心态，掌控情绪，如何疏导和激发情绪，如何利用情绪的自我调节来改善与他人的关系，是我们人生的必修课。

本书是一部系统讲解心态和情绪掌控原理、方法和现实运用的心灵读本，全面、深入、系统地讲解怎样杜绝消极心态和不良情绪，怎样激发正面心态和积极情绪，最终达到掌控心态和情绪的目的，为那些正处于负面心态和情绪中的人们提供一个走出困境的途径，帮助他们重新回到积极、乐观的生活中来。

CONTENTS | 目录

第一篇 做情绪的主人

第二篇　别让坏情绪毁了你

第一篇

做情绪的主人

· 第一章 ·

情绪认识

——我们为何总是情绪化

情绪是怎么一回事

情绪与我们的生活密不可分，我们应该时刻关注情绪，并深入地了解它。下面我们就从以下 4 个方面来认识情绪：

1. 情绪如何产生

科学研究表明，人的大脑中枢的一些特殊的原始部位明显地决定着人的情绪。但是，人类语言的使用和更高级的大脑中枢又影响和支配着比较原始的大脑中枢。影响着人的情绪和行为的主要来源是人自己的思维。另外，有些专家也指出：遗传结构只是在很小程度上决定着你是倾向于安静还是倾向于激动。而孩提时的经验和当时周围人的情绪则诱发着你的情绪萌芽。各种生理因素（如疾病、睡眠缺乏、营养不良等）可能使你变得容易激动。但是，对大部分人来说，这些因素并不能决定我们能否免受焦虑、愤怒和抑郁之苦。

我们的情绪在很大程度上受制于我们的信念、思考问题的方式。如果是因为身体的原因而使自己产生不愉快的情绪，则可借助药物来改变身体状况。但我们非理性的思维方式就像我们的坏习惯一样，都具有自我损害的特性，而又难以改变。这正是情绪不易控制的真正原因。

2. 情绪的种类

情绪的种类主要分为以下几种：

(1) 原始的基本的情绪。

这类情绪具有高度的紧张性，包括快乐、愤怒、恐惧和悲哀。

(2) 感觉情绪。

这类情绪包括疼痛、厌恶、轻快。

(3) 自我评价情绪。

这类情绪主要取决于一个人对自己的行为与各种行为标准的关系的知觉。包括成功感与失败感、骄傲与羞耻、内疚与悔恨。

(4) 恋他情绪。

这类情绪常常凝聚成为持久的情绪倾向或态度，主要包括爱与恨。

(5) 欣赏情绪。

这类情绪包括惊奇、敬畏、美感和幽默。

3. 情绪的反应模式

情绪的反应模式是多种多样的，依据情绪发生的强度、持续的时间以及紧张的程度，可以把情绪分为心境、激情和应激反应 3 种模式。

(1) 心境。

心境是一种微弱、平静、持续时间很长的情绪状态。心境受个人的思维方式、方法、理想以及人生观、价值观和世界观影响。同样的外部环境会造成每个人不同的情绪反应。有很多在恶劣环境中保持乐观向上的例证，像那些身残志坚的人、临危不惧的人都是情绪掌控的高手。

(2) 激情。

激情是迅速而短暂的情绪活动，通常是强有力的。我们经常说的勃然大怒、大惊失色、欣喜若狂都是激情所致。很多情况下，激情的发生是由生活中的某些事情引起的。而这些事情往往是突发的，使人们在短时间内失去控制。激情是常被矛盾激化的结果，也是在原发性的基础上发展和夸张表现的结果。

(3) 应激反应。

应激反应是出乎意料的紧急情况所引起的急速而又高度紧张的情绪状态。人们在生活中经常会遇到突发事件，它要求我们及时而迅速地做出反应和决定，应对这种紧急情况所产生的情绪体验就是应激反应。在平静的状况下，人们的情绪变化差异还不是很明显，而当应激反应出现时，人们的情绪差异立刻就显现出来。加拿大生理学家塞里的研究表明：长期处于应激状态会使人体内部的生化防御系统发生紊乱和瓦解，随之身体的抵抗力也会下降，甚至会失去免疫能力，由此就更容易患病。所以我们不能长期处于高度紧张的应激反应中。

4. 影响情绪变化的因素

影响情绪变化的因素有很多，概括起来主要有以下 3 个方面：

(1) 遗传因素。

遗传因素对情绪的影响主要体现在人的高级神经活动方面。我们可根据高级神经活动类型的三个基本特征，即兴奋与抑制过程的强度、灵活性、平衡性，将受遗传影响的情绪分为四种类型：胆汁质、多血质、黏液质、抑郁质。遗传因素对情绪的影响一经产生，就很难改变。

(2) 个人认知因素。

情绪是由刺激引起的一种主观体验，但刺激并不能直接导致情绪反应，而是要经过人的认知活动进行评价，而后才决定人体验到什么样的情绪。对同一事物，不同的人由于需要不同、观念不同、理解不同，情绪体验相差甚远。同样，由于认知不同，表现在不同人身上的同样的情绪，其产生的原因也可能是千差万别的。同一种刺激会产生不同的情绪，比如：迎面来了一个熟人，他并未向你打招呼，匆匆而过。如果你认为他故意装作没看到你，你的心情会很坏；如果你认为他很忙，根本没注意到你，你就不会懊恼。因此，你对事件的理解，很大程度上决定了你的情绪状态是好是坏。如果改变认知观念，转变理解角度，你就会有一个良好的情绪体验。

(3) 特定的环境因素。

环境因素对人的情绪也有一定的影响。特定的环境可以增强或者减弱情绪变化的速度和强度。美丽的山水、清新的空气、宽大整洁的办公室等环境会使你心情愉快，而嘈杂的街区、拥挤的交通则无疑会让你感到烦躁。社会环境对人的影响可能更大，他人对自己的关怀、帮助，将使个体出现的焦虑、紧张、痛苦得到缓解，甚至彻底消失。

了解了这些情绪的基本知识，有助于我们下面深入探讨情绪。情绪说浅显真的很浅显，说高深也就真的很高深，需要我们每个人认真学习。

接受并体察你的情绪

每个人的情绪都处于不断变化的状态中，有兴奋期就不可避免地有低潮期，掌管和控制情绪之前应该先去接受和体察它。情绪变化是有规律的，只有接受和体察，才能真正地顺应内心、帮助内心回归平和。

当然，不同的人处理情绪的态度不同，但是大家有一个普遍的共识：情绪不能压抑，压抑会导致各种心理障碍，也会导致某些疾病的产生。因而针对情绪化的人，心理学家建议他们对待情绪的基本态度就是承认和接受。

平时，方女士对同事和对身边的朋友都非常友好，从来不和别人发生冲突，大家都觉得她是一个脾气温和的人。在别人眼里，她温柔又和善。

但回到家里，她往往会因芝麻大小的事就对丈夫大发脾气，甚至会摔东西。丈夫对此也很无奈，非常不开心，觉得她很难让人接受。

面对自己阴晴不定的情绪，方女士非常痛苦。其实，丈夫对她很好，她也很爱丈夫，但她又害怕丈夫会因自己的情绪而离开她。有时候，她也非常受不了自己，可是当发脾气的时候她却无法预测和控制。很多次，她试图向自己的父母和丈夫倾诉，但他们都说是她自己没有克制能力。对于他们对自己的不理解，方女士很苦恼，于是，她尝试去看心理医生。

心理医生分析了方女士的情况，又咨询了一些关于她成长的事情，最后终于找到她情绪化背后的根源：由于孩提时父母离异，方女士非常敏感但又异常依赖身边的亲人，脾气暴躁。医生为她提出一些改变情绪化的建议，并告诉她要悦纳自己的情绪，才便于改善情绪。

很多人的情绪化都产生于孩提时代。孩子总是被大人引导，使他们将自己最直接的情感与不愉快的事情相联系：孩子可能会因哭闹受到处罚，也可能因嬉闹而受到处罚。揭开情绪的面纱时，自己总是能找到导致情绪化的原因。不能公开地表达自己的情感，但起码可以承认它们的存在。要承认它们存在的最基本的一步就是允许自己体验情感，允许自己出现各种情绪并恰当表达它们。

体察情绪的第一步，就是要正视它。情绪不会凭空消失，存在就是存在，它不可能因为你的否定而消失。相反，一味地否定只能让情绪潜藏在意识里，可能会带来更坏的影响。每个人都有发泄情绪的权利，如果不敢承认情绪的存在，可能也就不敢发泄情绪，盲目压抑情绪对个人的身心发展非常不利。

其次，可以采取“情绪反刍”或是“寻根溯源”的方法来认识自己的情绪。要沿着自己的心灵发展轨迹，溯流而上，用当前情绪去联想更多的情绪状态，慢慢体味、细细咀嚼自己的各种情绪经历，并询问自己当时如果没有产生这种情绪会是一种怎样的情形。这样可以使人变得心平气和。

再次，学会养成体察自身情绪的习惯。也就是时时提醒自己注意：“我现在有怎样的情绪?”例如，当自己因同事的一句话而生气，不给对方解释的机会，这时就问问自己：“我为什么这么做？我现在有什么感觉?”如果察觉自己只对同事一句无关紧要的话就感到生气，就应该对生气做更好的处理。有许多人认为：“人不应该有情绪”，因而不肯承认自己有负面的情绪。实际上，人都会有情绪，压抑情绪反而会带来不良的结果。

最后，缓解和调理自己的情绪。觉察自己情绪的变化，能更清楚地认识自己的情绪源头，也有助于理解和接受他人的错误，从而轻松地控制消极的情绪，培养积极的情绪。疏解和调理情绪，也需要适当地表达自己的情绪。

接受并体察你的情绪，不要拒绝，不要压抑，勇敢地面对自己的情绪变化。在情绪转好之时，抓住机会，投入到有意义的事情中去。

正确感知你所处的情绪

知觉与评估情绪的能力是心理学上两类最基本的情商，也是衡量一个人情商高低的最基本的要素。通常来说，低情商者对自己及他人的情绪感知能力弱，容易导致情绪失控；而高情商者对自身的情绪能够做理智的分析。其实对自身情绪的评估能力越强，越有利于问题的解决。但往往有很多人，对自身的情绪很难把握，对此，可以从心理状态加以分析。

著名心理学家约翰·蒂斯代尔提出的“交互性认知亚系统”理论是一种以正念为基础的认知疗法理论，该理论认为人一般有三种心理状态：无心/情绪状态、概念化/行动状态、正念体验/存在状态。

无心/情绪状态指人们缺乏自我觉知、内在探索与反思，一味沉浸到情绪反应中的表现；概念化/行动状态则指人们不去体验当下，只是在头脑中充满着各种基于过去或未来的想法与评价；正念体验/存在状态才是最为有益的心理状态，它是指人们去直接感知当下的情绪、感觉、想法，并进行深入探索，同时对当下的主观体验采取非评价的觉知态度。

进入正念状态需要高度集中注意力去关注当下的一切，包括此时此刻我们的情感和体验，而不应当将自己陷入对过去的纠缠或是未来的困惑中，对现在的情绪有所评判和排斥。接受发生的一切，关注当下的感受，才能发挥“正念”的透视力，达到认知自我情绪，主动调适，从而反省当下行为进行调节以增加生活乐趣的目标。

那么，如何将心理状态调整为正念体验/存在状态，这需要我们平时就应该进行正念技能训练。根据莱恩汉博士的总结，正念技能训练包括“做什么的技能”和“如何去做的技能”两大类别技能训练。

第一，“做什么”的正念技能包括观察、描述和参与三种方式。

例如，当生气时，留意生气对身体形成的感觉，只是单纯去关注这种体验，这是观察，观察是最直接的情绪体验和感觉，不带任何描述或归类。它强调对内心情绪变化的出现与消失只是单纯去关注，而不要试图回应。

用语言把生气的感觉直接写出来即是描述，如“我感到胸闷气短”、“心里紧张、冲动”，这都是客观的描述，描述是对观察的回应，通过将自己所观察到或者体验到的东西用文字或语言形式表达出来，对观察结果的描述不能有任何情绪和思想的色彩，要真实、客观。

对当前愤怒的感受和事情不予回避，这是参与，参与是指全身心投入并体验自己的情绪。

在特定的时间内，通常只能用其中一种来分析自己的情绪，而不能同时进行，用这三种方式去感受自己的情绪，有助于留意自身情绪。

第二，“如何去做”的正念技能包括以非评判态度去做、一心一意去做、有效地去做。这些技能可以与观察、描述、参与三种“做什么”正念技能的其中某一项同时进行。

以非评判态度去做，应当关注正在发生的一切，关注事物的实际存在，而不需要进行评价。仍以愤怒为例，当生气的时候，“应该”、“必须”、“最好是”停止或继续发怒的想法都是有评判色彩的语气。对于愤怒应当去接受而不需要去评判。

一心一意去做，就是要集中精力去关注思考、担忧、焦虑等情绪。美国宾州大学心理学教授托马斯认为由于人总不能把握现在和关注此刻，容易产生焦虑和抑郁的情绪。基于此，托马斯发展了专治慢性焦虑症的心理疗法。“当你在焦虑时，你就专心焦虑吧。”他要求患者每天必须抽出 30 分钟时间在固定的地点去担忧自己平时担忧的事。在 30 分钟之内，患者必须全神贯注担忧，30 分钟之后，则要停止担忧，并要警告自己：“我每天有固定的时间担忧，现在不必再去担忧。”

有效去做，就是要让事情向好的方向发展，以有效原则衡量自己的情绪，可以避免感情用事，防止因为情绪失控而做出不恰当的事、说出不负责任的话。

我们通过每天的情绪变化去积极主动地调适自己的心理。可以在情绪激动时能及时察觉与反省自己的当下行为，学会控制自己的情绪，使自己在面对痛苦的时候心情有所缓解，恢复快乐。只有学会“感受”自己的感受，方能让自己在处理负面情绪时游刃有余。

运用情绪辨析法则

知己知彼，方能百战不殆。在情绪的战场上，首先要了解自己的情绪，才能保持好情绪、战胜负面情绪。我们不自知的种种心理需求，乃至内心理念以及价值观，都可以通过自身不同的情绪反映出来。因此，要做到“知己”，首先要准确地做出自我情绪辨析，只有如此，才能够有的放矢地解决情绪问题，保持身心健康。

心理学家温迪·德莱登将所有情绪统分为两大类——正面情绪与负面情绪，又将负面情绪进一步细分为健康的负面情绪和不健康的负面情绪。

德莱登认为，健康的负面情绪是由合理的信念引发的。它促使人们正确地判断所处的负面情境改变的可能性，从而理智地做出适应或改变的行为。健康的负面情绪导致的结果是正面的，它引发思维主体进行现实的思考，最终解决问题，实现目标。

不健康的负面情绪是由不合理的信念引发的。它会阻碍人们对不可改变的环境做出判断以及对可以改变的环境进行建设性改变的尝试。不健康的负面情绪导致的歪曲思维会阻碍问题的解决，最终阻碍目标的实现。

大多数人可以准确地判断自己的情绪属于正面的情绪还是负面的情绪，但对很多人而言，如何才能判断当前的负面情绪是否健康是有一定困难的。以担心和焦虑这两种负面情绪为例，由德莱登的定义可知，在信念的来源上，担心源于合理的信念，这种情绪会导致行为主体正确地面对威胁的存在，并想办法寻求让自己安心的保障；而焦虑来源于不合理的信念，这种情绪会导致行为主体不愿意面对甚至逃避威胁的存在，从而寻求那些并不能使行为主体安心的保证。

每个健康的负面情绪，都有一个不健康的负面情绪与之相对应。类似的，德莱登还列举了悲伤、懊悔、失望等情绪作为健康的负面情绪的典型代表，列举了抑郁、内疚、羞耻、受伤等情绪作为不健康的负面情绪的代表。而以上情绪都是两两对应的，如悲伤和抑郁，前者是健康的负面情绪，后者是与之相对应的不健康的负面情绪。

判断一种负面情绪是否健康，最本质的区别在于健康的负面情绪来源于合理的信念，而不健康的负面情绪来源于不合理的信念；同时也可以根据情绪强度来判断：大多数不健康的负面情绪都强于健康的负面情绪，如焦虑的最大强度大于担心的最大强度。

除此之外，健康的负面情绪和不健康的负面情绪，二者所导致的情绪主体的应对行为以及行为趋势也有显著差别，换言之，当人们出现情绪问题时，不仅有可能体会到两种不同的负面情绪，而且会由此导致完全不同的有建设性的或无建设性的行动，这种行动可以是真实的也可以是“意愿中”。

举例来说，抑郁的情绪会使人持续回避自己喜欢的活动，而悲伤的情绪会使人在哀伤过后继续参与自己喜爱的活动。同样的，内疚只会使人被动地祈求宽恕，而懊悔会使人主动地要求对方的宽恕。受伤使人被愠怒充斥头脑，忘记理智，而悲哀会使人更加果断地判断事物，理清头绪。羞耻会使人采取鸵鸟战术，以回避他人的凝视来逃避关注，而失望仍能使人正确对待与他人的目光接触，与外界保持联系。

不健康的愤怒会使人仪态尽失，出言不逊甚至诋毁他人，健康的愤怒会促使人果断处理眼前的麻烦，仅关注自己被不当对待的事实而不会迁怒于他人。不健康的嫉妒会使行为主体怀疑他人的优势，而健康的嫉妒会以开放的态度去学习他人的优点以提高自己。与之相似的，不健康的羡慕打击他人进步的积极性，而健康的羡慕会依此为动力鞭策自己获取类似的成功。

在我们经历情绪的变化时，不仅能够判断出自己所经历的是正面的情绪还是负面的情绪，而且能够准确地分辨出其中的负面情绪是否健康，并能分析出此情绪的来源以及可能导致的后果，我们就能真正达到“知己”的境界。

情绪同样有规律可循

人的情绪如同眼睛一样，也有自己看不到的“盲点”，通过了解自己的情绪盲点，从而把握自身的情绪活动规律，可以最有效地调控自己的情绪。

情绪盲点的产生主要是由以下 3 个方面引起的：

（1）不了解自己的情绪活动规律；

（2）不懂得控制自己的情绪变化；

（3）不善于体谅别人的情绪变化。

其中，能否把握自身的情绪规律是情绪盲点能否出现的根源。

认识到情绪盲点产生的原因，我们便需要从原因入手，从根源上把握自身的情绪规律。这就需要从以下几个方面加强锻炼以培养自己与之相应的能力：

1. 了解自己的情绪活动规律，培养预测情绪的敏锐能力

科学研究证明人都是有情绪周期的，每个人的情绪周期不尽相同，大概为 28 天，在这期间内，人的情绪成正弦曲线的模式：情绪由高到低，再由低到高。在人的一生之中循环往复，永不间断。

计算自己的情绪节律分为两步：先计算出自己的出生日到计算日的总天数（遇到闰年多加 1 天），再计算出计算日的情绪节律值。

用自己出生日到计算日的总天数除以情绪周期 28，得出的余数就是你计算日的情绪值，余数是 0、4 和 28，说明情绪正处于高潮和低潮的临界期；余数在 0～14 之间，情绪处于高潮期，余数是 7 时，情绪是最高点；余数在 15～28 之间，情绪处于低潮期，余数是 21 时，情绪是最低点。

由此可以看出，情绪有高低起伏，我们不要认为自己会永远处在情绪高潮期，也不要觉得自己会一直处于情绪低潮期，在情绪好的时候提醒自己注意下一阶段的低落，在情绪低落时告诉自己会慢慢好起来的。我们所吃的东西、健康水平和精力状况，以及一天中的不同时段、一年中的不同季节都会影响我们的情绪，许多人虽然重视了外在的变化对自身情绪的影响，但却忽视了自身的“生物节奏”，其实，通过尊重自己的情绪周期规律来安排自己的学习和生活，是很有必要的。

2. 学会控制自己的情绪变化，坦然接受自身情绪状况并加以改进

想要控制自己的情绪变化，首先要对自己之前的情绪经历做一个简单梳理，从之前的经验来寻找自身情绪的活动规律。同样的错误不能犯第二次，这正是掌握情绪活动规律后得到的经验。一个有敏锐感知能力的人能够在自己一次的情绪失控中回顾反思，总结、评估事情的前因后果，并最终达到提升自己情绪调控能力的目的，毕竟，情绪的偶尔失控和爆发是一种正常的现象，但倘若情绪失控成为常态，则不是一件好事。

想要控制自己的情绪变化，还需要对自己的情绪弱点做一个分析总结，去认识自己的情绪易爆点在哪里，情绪失控的事情可能会是什么，事先考虑好如果再次遇到同种情形所需要选择的应对方式。这样可以在事先做好准备，及时采取应对措施，防止情绪失控之后的被动解决所导致的追悔莫及。

3. 学会理解他人情绪和行为，同时反省自己

人际交往中，理解的力量是伟大的，但在通常情况下，虽然人们希望得到别人的理解，希望别人能够理解自己的情绪和行为，却往往忽视了理解别人。这就是为什么人的情绪出现盲点的外在原因。

理解他人的需求、情绪和感受等有助于增添交流的共同话题和认同感，有助于彼此之间形成和谐健康的人际关系。并且，通过对别人情绪的反观来看自己的情绪变化和体验，可以清晰地了解自己，从而把握自身的情绪节律和促进自身情绪状况的改进。

·第二章·

情绪转移

——状态不好时换件事做

给自己换件事情做

不良情绪犹如飘浮在心头的乌云，不仅遮住了太阳，还让人觉得压抑、苦闷。如何才能令乌云消散，阳光普照呢？如果我们停下手中所做的事情，转而去做另外一件事，那么我们可能从负面情绪中解脱出来。

人们的生活体验由五个层面构成，分别是环境状况、行为、情绪、思维和生理反应。其中思维、情绪、行为和生理反应之间联系紧密，它们作为一个交互的系统共同发生作用。当受到外界环境状况变化的影响时，人的思维、情绪、行为和生理反应都会产生对应的反应，它们在独立反应的同时，每个部分的反应又同时影响着其他的部分。也就是说，在思维、情绪、行为和生理反应这个系统中，只要一个发生改变，其他的也会随之改变。

这就是我们上面所说方法的一个理论依据。那么，我们该如何做呢？你可能觉得很简单，不过就是转身去做另外一件事。但是，去做什么事和怎么做都是有科学依据的。

我们都有这样的经验，相同的活动会产生大致相同的情绪，不同的活动会产生不同的情绪。例如，运动比赛或是演唱会会让人热血沸腾，心情激动；观看自然风光、欣赏古典音乐会让人心情愉快、放松；阅读、写作会让人心情沉静，思维清晰。

很多人都有这样的经历，面对相同的问题，每个人的态度却是不同的。有些人在产生不良情绪的时候，会选择先停下手头正在从事的活动，换一件其他的感兴趣的事情来做，很快地缓解不良情绪状态，走出不良情绪的困扰。而有些人则相反，固执地陷在不良情绪中不能自拔。二者的区别就在于是否有效地利用情绪转移法来调节自已的情绪。

小霞和婷婷是高中同学，在高考中由于发挥失常，二人均落榜。她们都陷入了情绪的低谷，不愿出门，不愿与人交流，特别是看到身边的同学陆续接到了录取通知书的时候，就变得更加沉默了。

婷婷一直在这种阴影中不能自拔，非常自卑，复读的过程中心理压力很大，复习效率一直不高，第二年高考再次落榜。小霞复读之前在家人的鼓励下出门旅游，静谧的森林、湖泊令她深深迷醉，大漠孤烟、碧海蓝天带走了她全部的忧郁，很快小霞的情绪恢复平静，意识到高考失利不过是人生的一个小挫折，她带着开阔饱满的心态开始复读，第二年如愿进入了自己理想的学校。

上例中的小霞在调节自已高考落榜的时候用旅游来转移自已的注意力，这是一个很好的方法。转移注意力的具体方法还有很多，可根据当时不同的心理和条件，采取不同的措施。例如练习琴棋书画就具有很好的移情易性、平复情绪的作用。

还有一点要注意，发觉自已陷入情绪低潮时，要主动及时地进行情绪转移。人生短暂，不要放任自已在消极情绪中沉溺。理智判断后，立刻行动起来，完全可以掌控情绪。

换做另一件事情调节自身情绪时，选择的新活动要能迅速调动自身的积极情绪。从这个角度来说，运动是一个不错的选择。运动时身体会产生新的感受，有效地分散注意力，因而能很好地改善不良情绪。当自已陷入郁闷、痛苦时，可以把注意力转移出来，从事诸如打球、跑步、爬山等快速运动或者太极、瑜伽等慢速运动，这些都可以有效地缓解不良情绪。做些日常家务如做饭、洗衣等，也可以达到这个效果。

换一个环境激发情绪

环境状况、思维、行为、生理反应、情绪是一个互相联系的整体，任何一方面的改变都会间接影响到其他方面。当外部环境状况发生变化，人处于情绪化状态时，大脑中会形成一个较强的兴奋点。此时如果回避相应的外部刺激，可以使这个兴奋点消失或是让给其他刺激，从而引起新的兴奋点。

所以，如果要我们让自已的不良情绪从不愉快的环境中转移出来，兴奋中心一旦转移，也就摆脱了心理困境。

由于人的情绪总是具有情境性的，特定的情境与特定情绪反应之间有对应关系，当特定的情境出现时，就会引发特定的情绪反应。利用这一点，通过避开特定环境和相关人物，可以有意识地减少容易引发不良情绪的因素；同时，增加能够激起健康、积极情绪的因素，就能够很快缓解不良情绪刺激，从而理智地处理出现的问题。

我们换环境的关键是离开产生不良情绪的环境，如果你换了另外一个相似的环境，根本达不到预期的效果。当发生亲人去世或者失恋等事件时，悲伤、苦恼、懊悔都无济于事，只会令自己更加消沉。正确的做法是离开事发地点，切断不良刺激，平复受到创伤的情感。可以在亲友的陪同下离开地震发生的地点，避开与过世亲人联系紧密的环境、物品等。失恋的人应该注意避开曾经与恋人相识相聚的场合，以免引发消极情绪。

离开原来的环境只是消极地避开不良情绪刺激，并不能从根本上解决问题。人的思维总是不受控制，如果刻意去忘记一件事反而会在脑海中不断地回想这件事，寂寞的时候尤其是这样。要让情绪尽快好转，必须尽可能地去寻求一种全新的、具有感染力的、能够唤起完全不同的情感的环境。通过融入新的环境中获得新的乐趣时，烦恼、失落等不良情绪自然会不见踪影。

那么，如何选择替代环境？一般说来，想让烦躁的心情平静下来，可以选择幽静的咖啡厅、书吧或者小树林；想让低落的心情高涨起来，可以去参加聚会，或是去热闹的电影院看场喜剧，听一场亢奋的音乐会，看一场激烈的球类比赛等；想让压抑的情绪释放出来，可以去欣赏自然风光，去野外爬山，去步行街购物，或者是去健身房锻炼，通过环境的转变来改善不良情绪。

在选择替代环境的时候还需要注意选择环境的颜色。先来看以下几种颜色及其特性的简单对应关系，如下表所示：

颜色	象征	积极作用	消极作用
红色	热情、振奋	促使血液循环、使人精神振奋	久看易导致情绪急躁，易激动
绿色	生机、活力	艳丽、舒适，具有镇静神经的作用，自然界的绿色对疲劳、恶心以及消极情绪有一定的舒缓作用	久看易使人感到冷清，影响消化吸收，食欲减退
粉色	温柔、甜美	使人的肾上腺激素分泌减少，镇静与缓解情绪。缓解孤独症、精神压抑症状	无

续表

颜色	象征	积极作用	消极作用
黄色	健康	对健康者有稳定情绪、增进食欲的作用	对情绪压抑、悲观失望者会加重不良情绪
黑色	庄重与肃静	对激动、烦躁、失眠、惊恐等起安定的作用	情绪压抑、悲观失望者会加重这种不良情绪
白色	纯洁与神圣	对易动怒的人可起调节作用	患孤独症、精神忧郁症的患者会加重病情
蓝色	宁静与想象	具有调节神经、镇静安神的作用	患有精神衰弱、忧郁症的人会加重病情

不同的颜色会引发不同的心情。如果忽略了对色彩空间的选择，将难以收到理想的效果，同样是咖啡厅，冷色调的装修风格容易使人沉静，而暖色调的装修风格则可能使人亢奋。色彩与人们的生活密不可分，它一边美化生活，一边也对人们的情绪产生直接或间接的影响。合理地选择适当的色彩空间，将能更轻易地走出情绪困扰，收到“移情易性”的效果，这就是色彩的巨大功效。

攀比心理有法可治

叔本华说，“欲望是痛苦的深渊”。人生在世，总是免不了被欲望所累。攀比心理和无限扩张的欲望极为普遍，二者既是促进社会进步的动力，也是各种不良情绪产生的根源。

昔日的同窗挚友今日再见，总免不了提到工资、职位、住房等议题。如谁升任了局长、谁又换了一辆跑车、谁的孩子免试进入重点高中，等等。说者无心，听者有意，很多人事后总会在心头平添几分烦恼。

这是有些人得失心过重而引发的情绪障碍，人们经常会因为一些工作或生活中的小失误而感到沮丧和自责，并由此产生焦虑、害怕等紧张情绪。这些人潜意识中有一种与他人攀比的心理，正是这种心理引发了各种情绪问题。

针对这种“攀比”心理，需要用比较转移法进行解决。它不仅是一种行之有效的情绪调节办法，也是一种让我们受益终生的人生智慧。来看以下两组心理，如下表所示：

我希望……	还好我不是……
我希望年薪100万	还好我不是一个身体有缺陷的人
我希望能有两套房产	还好我不是生在地震灾区
我希望能去全球旅行	还好我不是家庭残缺的孩子
我希望职务能够晋升	还好我不是“今日说法”的主人公
我希望生活可以一帆风顺	还好我不是被老板辞退的人

这是心理学家的一个实验，邀请受试者用“我希望”和“还好我不是”造句。调查结果显示，在完成“我希望”的造句后，多数人心情都会变得低落；而完成“还好我不是”的造句后，心情则变得很愉快。

这就是“比较转移法”的核心：无论眼下的局面如何艰难困苦，无论成功的希望多么渺茫，世上总会有人比你更艰难、更痛苦。想想他们的状况，已算幸运，再多的波折苦难都是生活的一种经历，无论是享受还是忍受都注定会成为过去。

比较转移法中的比较与攀比不同。攀比是指一心向上看，是一种不健康的、以低比高的消极比较行为，属于贬义；而比较转移法中的比较侧重于视线平行的或是向下的积极比较行为，属于褒义。

有的人可能会疑惑，比较转移似乎有不思进取之嫌，凡事向下看，扬扬自得，自满自足。其实不然，这里讲得比较转移，是使人们从一种病态的、不健康的攀比中解脱出来。无论是追求进步，还是追求成功，都只有在积极、正确的心态的引导下才可能实现。多一份淡然，少一份烦恼，人们才能更加专注于自己从事的事业。功名利禄的追求永无尽头，《庄子》中记载许由面对尧帝将天下拱手相让时，只说了一句话："鷦鷯巢于深林不过一枝。"意思是，只身居于尘世不过一席。

确实如此，人活着，有地方住，有东西吃，便可以活得轻松自在，何必自寻烦恼？想想那些生来身体有缺陷的人，没有见过阳光，不曾听过天籁，从没有感受过奔跑的速度；想想那些下岗工人和贫困山区的农民；想想电视中报道的那些经历了悲惨事件的家庭和个人等等。人生，最关键的就在于心态。知足常乐是保护心灵免于痛苦的一大法宝。

给情绪注满鲜活的泉水

很多人都曾有过这样的感觉：曾经得之不易、充满挑战的工作变得寡然无味，毫无乐趣；曾经心心念念、形影不离的爱人再也激不起情感的涟漪，当初的悸动消失得无影无踪；就连曾经最热衷的娱乐活动也不能带来当初的那份快乐。

这就是心理学上的“情绪枯竭”，情绪枯竭产生于心理饱和。“心理饱和”则是指人心理的承受力到了临界值，不能再承受任何的情绪，就是人们常说的厌烦。认为自己所有的情绪资源都已耗尽，情绪的感觉已经干枯，非常疲惫。

心理饱和现象随处可见，且多为负面效应。

在工作中表现为工作压力大，缺乏热情、动力和创新能力，容易产生挫折感、紧张感，甚至对工作有抵触情绪。这是由于长期处于高压的工作环境中，巨大的工作量和高度的重复性，使人对工作产生了机械性反应，很多职场白领都有这种状态，这很容易导致情绪枯竭。目前，世界各国都把情绪枯竭作为工作倦怠的第一大表现和诱因。如前面提到的工作热情因每天的重复而逐渐减少。

爱情也会饱和，婚后夫妻二人天天厮守，从新鲜到平淡，神秘感一点点地消失，生活慢慢变得平淡乏味，于是彼此开始厌倦，言语不合而互相伤害，甚至由于内心空虚而发展了婚外情。那些目标高远的完美主义者、工作狂最容易出现这种问题，他们目标感强，精力旺盛，取得的成就多，自信心很强，但过分投入就容易心理饱和。明星看上去风光无限，时刻吸引众人目光，但无休止的演出、应酬、宣传也耗尽了那份对艺术的热爱，于是开始厌倦，不再小心翼翼地顾及形象，负面报道铺天盖地，等等，这些都是心理过于饱和的表现。

心理饱和是一种危害很大的心理困境，会吞噬人们的精力与热情，让人失去继续奋斗的动力，生活的目标也被其抹杀，对自身的身心健康产生威胁。

那么，如何摆脱这种困境呢？

对于情绪枯竭者，可以采用多种情绪转移法。例如，当开始厌倦每天重复性的工作时，可以依据性格和爱好，来充实自己的业余生活，比如说看电影、散步、游泳、旅游、读书等，转移注意力，缓解厌烦情绪，从而避免产生单调、消极的情绪。除此以外，还可以主动寻找工作中新的挑战和乐趣，这需要完全进入工作状态之后才会体验到，相比一些业余的兴趣更能培养职业情感，预防心理饱和。

如同在一间漆黑的屋子里，什么都看不到，让人恐惧，也让人无奈。这时候如果有阳光照射进来，一切都会明朗。情绪转移就是那束射进漆黑房间的阳光，将积极的、健康的正面情绪带进来，减弱和消除原有的负面情绪，从而恢复与平衡其内心的情绪能量。

化解情绪枯竭需要很多办法协同配合，才能发挥出最好的效果。要寻找多种不良情绪的宣泄途径，积极培养生活乐趣，不断引进新鲜、积极的外界刺激，彻底远离情绪枯竭的烦恼。

疲惫时，和工作暂时告别

如果用一个字来形容现在的生活，你会选择哪个？大部分人选择了“忙”和“累”。社会发展的脚步越来越快，竞争也越来越激烈，这让很多人情绪负荷超标。当我们遇到这种情况时应该怎么办呢？小孩子会很干脆地回答“休息啊”，这时家长就会在一旁苦笑：休息，谁来赚钱？没有钱吃什么、喝什么？但是仔细想想，孩子的话并没有错，累了当然要休息。

从前在浩渺的大西洋中有一座小岛，小岛不大，但是差不多位于大洋中心。这个小岛是很多候鸟迁移时的中转站，是候鸟群们疲倦时休息的落脚点。在这里，它们稍稍休息，摆脱旅途中的疲惫，积蓄力量重新踏上征途。

鸟儿们寻找的是一个可以释放自己疲惫的“安全岛”，当你情绪负荷过重的时候，你找过自己的“安全岛”吗？环视一下，大家下班愈来愈晚，回家愈来愈晚，不停地加班加点，不但身体上受不了，情绪也很低落。夜深了终于可以好好休息一下，但是天亮以后又要开始循环，周而复始。

大家都知道，现在电脑是我们最亲密的伙伴，有的人跟电脑在一起的时间比跟恋人在一起的时间还长。可曾想过电脑也很累，早上开机开始工作，午饭时还要担任联络员，下午继续工作，晚上遇到加班还要奋战，就这样白天黑夜超负荷运转，没有休息的时间。但是它一旦死机，恐怕就得更新换代了。机器尚且这样，更何况人的血肉之躯呢？

俗话说："不会休息的人就不会工作。"每天不知疲倦地工作，效率并不一定高，长期下去疲惫的心灵和身体反而可能拖累了你，身体素质下降，生活质量也会随之下降。累了就休息，要学会享受生活，具体可以从以下几方面入手：

1. 不要事事追求完美

维纳斯的雕像有一双断臂，这样的瑕疵也是一种美，而且正是这种残缺的美深深地打动了人们。生活中因为刻意追求完美而让自己处于紧张的状态是完全没有必要的。试想每天把自己绷得像一根橡皮筋，时间长了，它也就不再有弹性。

要接受人生的不完满。完美是一种理想的状态，是闪闪发光的金字塔的最顶端，是每个人追求的目标，有了它，生活才充满希望。事事都完美了，生活就没有意义了，因此大家应该允许不完美的存在，那说明生活还有发展的空间、进步的潜力。

2. 要懂得舍得

舍得，舍得，有舍才会有得，不去舍弃一些东西，怎么会得到更多？有些人得失心太重，想要的东西太多，以至于完全没有意识到自己的身体亮了红灯，情绪已经病态。

眼光要长远一些，不必太过计较得失，如果累了、倦了，这一单生意不做了，给自己放个假，出去玩玩，回来后以更加饱满的精神和昂扬的斗志投入到工作中去，收获未必会小。

3. 学会忙里偷闲

当工作成为一种习惯，我们想要抽身离开，休息一会儿也并非易事。这个时候就要强迫自己出去散散心，看看错过的春华秋实；听听音乐，洗涤一下心灵；又或者享受一顿美食。暂时把自己从繁忙的事务中解脱出来，感受一下另一种气息，也许你会有新的发现，也许蓦然回首时那个萦绕在你心头的问题已经有了解决的方法。

学会从繁忙的工作中抽身，也就大大减小了情绪疾病产生的可能性。有的时候，休息和工作之间并不矛盾，懂得休息，才能以更加饱满的精神面对工作，你的工作效率才会高。

不要死钻牛角尖

从小我们就懂得“滴水穿石”“绳锯木断”的道理，它们无一不在说明坚持不懈带来的成功，那些“半途而废”的行为让人唾弃，为人不齿。然而生活中有些事情就需要我们“半途而废”，因为过度偏执，太钻牛角尖，就会产生情绪问题。不钻牛角尖就是不让我们固守一成不变的东西，及时从不好的状态与情绪中走出来，这也是人生应该掌握的改变固执的智慧。

从前，村庄里有一位对上帝非常虔诚的牧师，40年来，他照管着教区所有的人，施行洗礼，举办葬礼、婚礼，抚慰病人和孤寡老人，是一个典型的圣人。有一天下起雨来，倾盆大雨连续不停地下了20天，水位高涨，迫使老牧师爬上了教堂的屋顶。正当他在那里浑身颤抖时，突然有个人划船过来，对他说道："牧师，快上来，我把你带到高地。"

牧师看了看他，回答道："我一直按照上帝的旨意做事，我真诚地相信上帝，因为我是上帝的仆人，因此你可以驾船离开，我将停留在这里，上帝会救我的。"

那人划着船离去了。两天之后，水位涨得更高，老牧师紧紧地抱着教堂的塔顶，水在他的周围打着转。这时，一架直升机来了，飞行员对他喊道："牧师，快点，我放下吊架，你把吊带安在身上，我们将把你带到安全地带。"对此，老牧师回答道："不，不。"他又一次讲述了他一生的工作和他对上帝的信仰。这样，直升机也离去了，几个小时之后，老牧师被水冲走，淹死了。

因为是一个好人，他直接升入天堂。他对自己最后的遭遇颇为愤怒，来到天堂时，情绪很不好。他气冲冲地在天堂中走着，突然间碰到了上帝，上帝说道："麦克唐纳牧师欢迎你！"老牧师凝视着上帝，说："40 年来，我遵照你的旨意做事，有过之而无不及，但当我最需要你的时候，你却让我被大水淹死了。"

上帝微笑着说："哦！牧师，请原谅，我确信我派去了一条船和一架直升机去救你，是你的偏执害了你。"

的确，偏执者坚持已见，缺乏变通的智慧和情绪调节的能力，因而常常正邪不分，忠奸不辨。

有一个大学生，爱上了他的一个女老师。这个女老师虽说只有 30 来岁，可结婚已经两年了。所以，这个学生对她的爱，应该说，无论如何是没有希望的。

可是，这个学生却十分执着于自己的这种所谓的爱情，不顾一切地追求这位女老师，又写情书、又送鲜花，还跑到她家里去，弄得她十分恼怒。后来女老师的丈夫知道了，狠狠教训了他一通。可是，他还是不知回头，依然写情书、送鲜花，痴情不断，执着得像个不怕牺牲的斗士，一直闹到神经错乱，被送进精神病院为止。

这个大学生的这种执着，就是一种死钻牛角尖的偏执。

偏执心理是一种病症，患上这种病的人，往往走极端，不回头，还自以为是，分明是自己做错了，却总觉得是别人不对；当自己不能和别人取得一致意见时，从来不反思自己的过错，而总是去探究别人做错了什么。

所以，生活中一定要学会变通，不要一味地坚持自己认为正确的道路，有时换一个方向，生活会更美好，天地会更开阔。

唱歌也能疏解情绪压力

娱乐是非常好的情绪转移方式，卡拉 OK 就是其中的一种。

现在 KTV 店越开越多，很多人在周末消遣的时候，都会约上三五个朋友，到 KTV 店里高歌一曲。“K 歌”已经成为许多人排解负面情绪、消磨时间、交友娱乐的首选方法。

卡拉 OK 的风靡也与快节奏的生活紧密相关。在快节奏的生活环境下，身在职场的人们越来越感到工作压力大，很大一部分人为工作所累。但是工作是生活的一部分，工作也是为了更好地生活，于是“努力工作，尽情享受”的理念也得到很多人的认同和倡导。

在 KTV 里，卡拉 OK 可以提供多种的娱乐方式，让每个人都能从音乐的感染力中得到快乐，而且唱歌时经常采用腹式呼吸，这能促进神经兴奋，有助于缓解紧张情绪。另外，中国古代“沉默是金”的文化氛围影响了亚洲各国，或许亚洲人由于礼节约束很少宣泄负面情绪。而 K 歌以歌曲为由头，又有酒水相伴，很适合缓解胸中的郁结。

可以说，KTV 的高歌不仅仅是一种娱乐手段，更是众多人的心理发泄手段。

除了 KTV，当下人们的娱乐方式也是多种多样，如打高尔夫球、游泳、做瑜伽、旅游，等等。这些活动不仅能帮助你缓解工作的压力，还能促使你养成健康、平衡的生活习惯，促进你的个人成长和能力发展，从而提高你的生活品质和工作效率。更重要的是，还能培养自己积极的人生态度，把工作当作快乐的生活过程。

人们常说，如果你没有时间休息，就一定有时间看医生。休息、娱乐也是保证身体健康运行的必要条件，完全可以把自己的业余活动当作本职工作一样认真对待，拿出足够的时间用在它们上面，如此便可保持一种放松、积极的状态。事业上过度的劳累和紧张，不仅不能让自己保持高效明智的状态，而且还会拖垮工作激情，使自己处于工作疲惫期。张弛有度的生活态度应该提倡和鼓励。可以每周腾出一定的时间去消遣、娱乐，放松地享受生活。特别是在事业遭到瓶颈的时候，娱乐活动是帮助自己疏解心中郁结、转移负面情绪的有效方法。

平衡的情绪才能造就幸福的生活。虽然职业或事业在大多数人的生活中占有很大的比重，但是在生活有规律的基础上，留出时间与朋友和家人相聚、参加健身运动、丰富精神生活、发展自我也同样重要。写时间日记，能看清楚自己的时间如何失衡地分配，也能让自己明白生活究竟在哪里失去了平衡。如果对自己过去的生活状态不清楚，那将很难掌握或调整生活的天平。

不要等情绪敲响警钟，再去花钱找心理医生解决，不妨现在就放下恼人的工作，花一些时间在娱乐休闲上，而后带着激情重新投入工作。

·第三章·

情绪转化

——消极情绪的积极评估

发掘负面情绪的价值

每个人都会遇到令自己沮丧的事情，从失意中挖掘快乐，这是人们对待负面情绪的最有效的方法。即使是让人沮丧的事情，其中也有闪光点，正如我们很多人喜欢喝咖啡一样，虽然苦涩，但是苦涩中却带有一点点的甘甜，让人久久回味。看似枯燥苦涩的生活中总是隐含着快乐。快乐和痛苦总是相互转化的，面对困境，如果能换个角度看问题，就会发现别有洞天。

咨询人："上个月女朋友和我分手了，我感到极度自卑，为什么没有女孩愿意跟我在一起？我一直不能从这种阴影中走出来，觉得自己已经到了绝望的边缘。"

咨询师："这确实是一件令人伤心的事，但你有没有想过单身的好处呢？"

咨询人："好处？到目前为止还没有发现。"

咨询师："你正好有了跟自己独处的时间，抛开那个女孩离开你的原因，但她的离开至少证明了一点，就是你们不合适，所谓强扭的瓜不甜就是这个道理。没有女朋友会有很自由，你可以有大把的时间用于工作，为自己充电。在异性眼中，认真工作的人最具魅力。你还可以毫无顾忌地和朋友聚会挽回曾经冷落的友情，为父母家人多尽一点孝心，或者从事一些公益活动来分散自己的精力，总之只要尽量让自己变得热情、值得信赖，你就会吸引到更值得你去珍惜呵护的女孩。”

失恋本身是件很糟糕的事，但是在咨询师的开导下，似乎失恋也很不错，还能带来不少机遇。深层挖掘事件的积极意义是人们对待负面情绪的三种态度之一，又叫积极应对型。另外还有两种态度，分别是压抑型和放任型。

积极应对型，在出现负面情绪时，首先承认其产生的合理性，坦然接受它。然后冷静分析情况，寻找问题产生的原因，对症下药，找到关键所在，运用心理学知识进一步将负面情绪转化为积极情绪。

压抑型，顾名思义，习惯把不良情绪隐藏起来。其原因有二：一是认为一个理性成熟的人不会也不应该产生负面情绪，所以就极力压制，似乎这样才能塑造理性成熟的形象；二是面对负面情绪时感到恐惧，担心任其发展下去，情况会非常糟糕，一发不可收拾，甚至产生无法预测的后果，因而努力地压抑，装作什么事都没有发生。但是，没有表现出来的情绪，并不表示不存在，被压制的情绪依旧会对自身的心理造成伤害。

放任型，与压抑型相反，当负面情绪产生时，不加以任何引导控制，任由其发展。放任的情绪会牵制自身的思想、感受和行为，对自身的心理状态和人际关系造成负面影响。更严重的是因一时冲动，造成生命、财产的损失，追悔莫及。

比较之后可以发现，深层挖掘事件的积极意义是面对负面情绪最有效、也是最理智的方法。其实，人们之所以会陷入负面情绪中，是因为在面对困境时，人们只看到了其负面意义，也就是将所有的精力都集中在了苦涩的现实上。随着这些思想的膨胀，人们也渐渐感到窒息。这时只要让自己的视线转移角度，就会发现绝望中也有希望的身影，苦涩中也有甘甜的滋味，如此这般，便会收获完全不同的结果。

它阐述了这样一种理念，即负面情绪其实是一种具有很高能量的激情，或者说是情绪资源。如果能正确地认识它们，并加以有效地引导和利用，转化成正面情绪，会带来强大的积极效果。

通过下面这个表格，我们能获取一些具体方法。

最初的想法	挖掘事件的积极意义
这件事难度太大了，我不可能完成	这件事难度太大了，但我可以完成，因为……
这个客户问题很多，我简直应付不了	这个客户问题很多，但我应付得了，因为……
这个考试时间非常紧，我不可能通过	这个考试时间非常紧，但我有可能通过，因为……
面试官太刁难了，我发挥得不好	面试官太刁难了，但我发挥得很好，因为……
这次竞争很激烈，我几乎没有胜算	这次竞争很激烈，但我很有信心，因为……

左边是大多数人都会面对的心理困境，右边则是运用我们所说的积极的方法对各种问题进行的相应的心理暗示，改装之后的句子虽然客观条件没有发生任何变化，但原有的负面情绪却会大大减弱，希望之光在字里行间若隐若现。

换个角度看问题

我们所处的这个世界时刻都在发生着变化。成功与失败，真理与谬论不再一成不变；积极与消极，时尚与落伍也不再界限清晰；有序与无序，公正与邪恶在不同环境中不再有绝对的标准，这是一个变通的世界。这些都要求我们抛弃绝对的、一成不变的认识习惯，转而运用非僵化的、非绝对的、变通的思维来认识与应对这个世界。

这种思维方式被称为“合理变通”。它是一种重要的心理调适方法，主张由个体通过完成对外部信息接收的角度和强度的转换，或对原有心理认知进行重组、升华之后予以整合，从而达到外部刺激与心理认知互为进退、协调统一的目的。通俗地说，一个人的情绪和心理状态就如一根弹簧，有伸有缩，如果外界刺激过强，弹簧绷得太紧，就会因为失去弹力而陷入危险的境地，这时就需要有针对地调整心态，让弹簧收缩到正常的范围内，及时释放心理空间，以避免心理矛盾冲突激化所造成的不良情绪。

合理变通有以下几种主要方式：

1. 升华法

人们的心理问题长期不能解决，往往与他们的消极心理认知有关。如何克服消极心理认知，有效的方法是进行心理位移。用一种全新的、积极的、为更多人所接受并认可的心理认知代替旧有的心理认知，这就是心理升华法。认识其中蕴涵着的积极因素，作为个人拼搏奋斗、积极面对现实的动力和契机。

2. 回避法

外部环境、行为、心理反应、情绪、思维是一个互相影响的系统，通过改变来自外界的环境刺激可以有效地影响自身情绪。这里的回避就是指尽可能躲开导致心理困境的外部刺激。除了转换外部环境，还可以转换注意力，通过主观努力来影响情绪。比如，停下正在从事的活动，转而进行一项需要全身心投入的球类运动来实现大脑中兴奋中心的转移。注意力转移是非常简单易行的主观回避法。

3. 幽默法

所谓剑走偏锋，出奇制胜，很多时候，严谨的理论知识不能解决的矛盾，运用自嘲、嬉笑等幽默法却可以迅速地化解。如在电影《当幸福来敲门》中，男主角克里斯·加德纳穿着刷漆时的工作服参加面试，面试官尽管很满意但仍旧抛给他一个问题："如果我雇用了一个没有穿着衬衫走进来的人，你会怎么说?"克里斯的回答堪称经典："他一定穿了一条很考究的裤子。"适时适度的幽默有时是摆脱困境的法宝。

4. 转视法

必须认识到，任何事物都有积极和消极两个方面，而且这两个方面可以互相转化。最浓重的黑暗往往出现在黎明之前，弹簧被压缩到的最低点通常就是反弹的起点。在审视、评价某一客观现实时，要学会转换视角。在情绪低落的时候，更要主动转换思维，使消极情绪转化为积极情绪，摆脱心理困境。

5. 自我安慰法

自我安慰在调节心理平衡方面非常有效。当一切结束的时候，面对现实总是比垂头丧气要好。其实，很多时候事情并不是多么糟糕，尽量少用"为什么"式的反问语句，转而使用"还好我不是……"开头的陈述句，情绪的转变就在一念之间。理性的自我安慰可以化解不少心理障碍，如同《伊索寓言》中那只没有吃到葡萄只吃到柠檬的聪明狐狸，它说"葡萄是酸的，但柠檬是甜的"。

6. 补偿法

人生不如意十之八九，不是所有的目标都能完成，当走不下去的时候，就是该转弯的时候。人们总是会因为一些内在或外在的障碍导致最佳目标动机受挫，继而引发不良情绪。这时需要采取各种方法来进行弥补，用以减轻、消除心理困扰。这在心理学上称为补偿作用，即目标实现受挫时，通过更替原来的行动目标，求得长远价值目标的一种心理调适方式。

补偿作用有两种：一种补偿是用一个新的目标来代替原来失败的目标，即通常所说的当上帝关上一扇门的时候，一定会为你打开一扇窗；另一种补偿则是通过努力，使自身弱点得到补救，达到原来的目标。

通过合理变通法，可以将不良情境或不良情绪进行有效的转化，使它们朝着健康、积极的方向发展。当遭遇不幸时，可以试着这样想：不幸能使我们调转方向，看到世界的另一处风景，而顺利只能让我们领略到一处风景。

让思维活在当下

你也许经历过这样的事：花钱买了今晚的演唱会门票，却在出门的时候，天空突然电闪雷鸣，这时怎么办？如果选择去演唱会，那么必须打车，而且雨天打车也不容易，不仅增加额外的支出，还有可能在等车途中被雨淋湿。如果选择不去，将会损失门票费用，还会错过一场精彩的演唱会。

这是生活中经常会遇到的两难选择，一边是不可挽回的损失，另一边是为了挽回损失进行的更大的投入。其实选择并不难，稍加分析就可以看出，既然是不可挽回的损失，又何必追加投入？

为了那场不可挽回的演唱会而苦恼的人，其实是陷入了“沉没成本谬误”之中，在他们避免浪费的同时，已经造成了更大的浪费。这种两难选择的心理体验会对一个人的心情产生极大的负面影响。

其实，很多人心情苦恼，往往是为过去的、无法挽回的事情，或者是为不能确定的未来和能确定的不利未来而焦虑、忧心。当陷于这种情绪困境时，心理学中有一个较为普遍的共识——“活在当下”，通过培养积极的情绪体验来冲淡这种不良情绪。

简单地说，“当下”就是我们现在正在做的事，正在身处的地方，正在接触的人，正在体会的心情，是转瞬即逝的现在，是正在流失的分分秒秒。活在当下，就是要把关注的焦点集中在这些人、事、物上面，认真地对待、珍惜身边可以触摸到的一切，全心全意去接纳、投入和体验这一切。当人们活在当下的时候，没有苦恼的过去拖在后面，也没有未知的未来拽着向前走，个人全部的能力都集中在这一刻，生命因此具有一种巨大的张力。

西方一位哲人曾经说过：“过去和未来并不是‘存在’的东西，而是‘存在过’和‘可能存在’的东西，唯一存在的只有‘现在’。”处在过去和未来之间的“当下”像是在一条绳索上，两头都有危险——过去和未来是人类语言中最危险的两个词。但当你一旦品尝了“当下”片刻的生命就是现在，生命也从来没有一刻不是在当下，过去和将来都不会有。“当下”是唯一能够带领我们超越心智局限的切入点，它让我们可以进入无时间性且无形无相的本体范畴。

“活在当下”，是一种全身心地投入人生的生活方式。活在当下并不是不去考虑明天的事情，真正的智者会给自己制定一个大目标，每天又有为实现那个大目标的小目标。这些小目标逐渐完成，最后离大目标也就不远了。

泰戈尔说：“如果你为错过日出而流泪，那你也将错过群星。”用释然的胸怀从容应对生活中各种不如意，是一种宽广的气度，更是一种接纳当下、活在当下并驾驭当下的超然气度。

当我们的思维变了，情绪也就不会纠结在已经发生的事情中，人更容易看清生命的本质和生活的意义，关注自身最本真的感受和追求，更容易在内心深处充满坦然、喜悦、满足等积极情绪。这就犹如下面这段话：

“我不能左右天气，但我可以改变现在；我不能改变容貌，但我可以展现笑容；我不能控制他人，但我可以掌握自己；我不能预知明天，但我可以利用今天；我不可能样样顺利，但我可以事事尽力；我不能决定生命的长度，但我可以控制生命的宽度。”

千里之行始于足下，走好每一步，生命之路必定越走越宽。尊重“当下”，便能瓦解所有的不快和挣扎，让你感知喜悦和坦然。无论做什么，当以一种“当下”的觉知去行动时，我们就会在行动中注入关怀和爱。

挫折绽放成功之花

挫折带来的情绪体验能使你的人生绽放出最美丽的成功之花。从挫折中吸取教训，是迈向成功的基石。

玫琳·凯在美国可谓家喻户晓，然而在创业之初，她历经失败，走了不少弯路。但她从来不灰心、不泄气，最后终于成为一名化妆品行业的“皇后”。

20 世纪 60 年代初期，玫琳·凯已经退休回家，可是过分寂寞的退休生活使她突然决定冒一个险。经过一番思考，她把一辈子积蓄下来的 5000 美元作为全部资本，创办了玫琳·凯化妆品公司。

她的两个儿子为了支持母亲实现“狂热”的理想，也“槽往助之”，一个辞去一家月薪 480 美元的人寿保险公司代理商，另一个也辞去了休斯敦月薪 750 美元的职务，加入到母亲创办的公司中来，宁愿只拿 250 美元的月薪。玫琳·凯知道，这是背水一战，是在进行一次人生中的大冒险，如果失败，不仅自己一辈子辛辛苦苦的积蓄将血本无归，而且还可能葬送两个儿子的美好前程。

在创建公司后的第一次展销会上，她隆重推出了一系列功效奇特的护肤品，按照原来的想法，这次活动会引起轰动，一举成功。可是，“人算不如天算”，整个展销会下来，她的公司只卖出去 15 美元的护肤品。

在残酷的事实面前玫琳·凯不禁失声痛哭，而在哭过之后，她反复地问自己：“玫琳·凯，你究竟错在哪里？”

经过认真的分析，她终于悟出了一点：在展销会上，她的公司从来没有主动请别人来订货，也没有向外发订单，而是希望女人们自己上门来买东西……难怪在展销会上会落到如此的结果。

玫琳·凯擦干眼泪，从第一次失败中站了起来，在抓生产管理的同时，加强了销售队伍的建设。经过 20 年的苦心经营，玫琳·凯化妆品公司由初创时的 9 名雇员发展到现在的 5000 多人；由一个家庭公司发展成为一个国际性的公司，拥有一支 20 万人的推销队伍，年销售额超过 3 亿美元。

玫琳·凯终于实现了自己的梦想。

已经步入晚年的玫琳·凯能创造如此的奇迹，并不是因为上天的怜悯，而应归功于她面对挫折时，永不服输的精神。失败很常见，但失败之后，不“偃旗息鼓”，不被困难击倒，不向命运屈服，那么你的人生路上定会绽放美丽的成功之花。

不要惧怕挫折，挫折是一个人人格的试金石，在一个人输得只剩下生命时，潜在心灵的力量还有几何？没有勇气，没有拼搏精神，自认挫败的人的答案是零，只有无所畏惧，一往无前，坚持不懈的人，才会在失败中崛起，奏出人生的华章。

世界上有无数人，尽管失去了曾经拥有的全部资产，然而他们并不是失败者，他们依旧有着不可屈服的意志，有着坚忍不拔的精神，凭借这种精神，他们依旧能获得成功。

真正的伟人，面对种种成败，从不介意，所谓“不以物喜，不以己悲”。无论遇到多么大的失败，绝不失去信心，只有他们才能获得最后的胜利。正如温特·菲力所说：“失败，是走上更高地位的开始。”

许多人之所以获得最后的胜利，只是受恩于他们的屡败屡战。一个没有遇到过大失败的人，根本不知道什么是大胜利。事实上，只有失败才能给勇敢者以果断和决心。

积极的后悔才可能产生积极的情绪

人生一世，花开一季，谁都想让此生了无遗憾，谁都想让自己所做的每一件事都永远正确，从而达到自己预期的目的。可这只能是一种美好的幻想，人不可能不做错事，不可能不走弯路。做了错事，走了弯路都会让我们或多或少地错过一些美好事物。这个时候难免会有一种后悔的情绪。有后悔情绪是很正常的，它能让我们的情绪保持平稳而不亢奋，而且这是一种自我反省，是自我解剖的前奏曲，正因为有了这种“积极的后悔”，我们才会在以后的人生之路上走得更好、更稳。

但是，如果你后悔不已，或羞愧万分，一蹶不振；或自惭形秽，自暴自弃，那么你的这种做法就是蠢人之举了。要知道人生没有返程票，世上亦没有后悔药。

但还是有许多年轻人生活在悔恨的阴影里。他们简直成了一台名副其实的悔恨机器。对于我们来讲，悔恨的形成有其深刻的社会根源。其主要原因在于：如果你不感到悔恨，就会被人看作是“缺乏良知”；

如果不感到内疚，就会被人认为是“不近情理”。这一切都涉及你是否关心他人。如果你确实关心某人或某事，那么显示你的关心的方法就是为自己所做的错事感到悔恨，或者对其将来感到关注。这无异于表明，如果你是一个有责任感的人，就必须表现出神经机能性病的症状。

在各种误区中，悔恨是最为无益的，它无疑是在浪费你的情感。悔恨是你在现实中由于过去的事情而产生的惰性。然而，时光一去不复返，无论你怎样悔恨，已经发生的事情是无法挽回的。

在这里，我们有必要指出，悔恨与吸取教训是存在很大区别的：悔恨不仅仅是对往事的关注，而且是过去某件事情产生的现时惰性。这种惰性范围很广，其中包括一般的心烦意乱直至极度的情绪消沉。假如你是在吸取过去的教训，并决意不再重蹈覆辙，这就不是一种消极悔恨。但是，如果你由于自己过去的某种行为而到现在都无法积极地生活，那就变成了一种消极的悔恨了。

吸取教训是一种健康有益的做法，也是我们每个人不断取得进步与发展的必要环节。悔恨则是一种不健康的心理，它白白浪费自己目前的精力。这种行为既没有好处，又有损身心健康。实际上，仅靠悔恨是绝不能解决任何问题的。我们不应该让自己陷入无尽的悔恨当中。

其实，令人后悔的事情，在生活中经常出现。许多事情做了后悔，不做也后悔；许多人遇到了要后悔，错过了更后悔；许多话说出来后悔，不说出来也后悔……人的遗憾与后悔情绪仿佛是与生俱来的，正像苦难伴随生命的始终一样，遗憾与悔恨也与生命同在。

必须接受和适应那些不可避免的事情，这不是很容易学会的一课。错过了就别后悔，后悔不能改变现实，只会消弭未来的美好，给未来的生活增添阴影。要是得不到我们希望的东西，最好不要让忧虑和悔恨来打扰我们的生活，且让我们原谅自己，学得豁达一点。

·第四章·

情绪传导

——微小情绪的强大力量

情绪具有感染力

将一个乐观开朗的人和一个整天愁眉苦脸、抑郁难解的人放在一起，不到半个小时，这个乐观的人也会变得郁郁寡欢。道理很简单，情绪具有感染力，悲观者将自己的苦闷、抑郁传递给了他。那就让我们及时调整好自己的情绪，不要让你的负面情绪到处去“惹祸”了。

有这样一幅漫画：

有个小男孩被老师批评了一顿，心情非常不好，在路边遇到一条觅食的小狗，便狠狠踢了它一下，吓得小狗狼狈逃窜；小狗无端受了惊吓，见到一个西装革履的老板走过来，便“汪汪”狂吠；老板无故被狗这么一闹，心情很烦躁，在公司里抓住他的女秘书的一点小小过错就大发雷霆；女秘书回家后，越想越气，把怨气一股脑儿全撒给了丈夫，夫妻俩吵了一架，把以前陈芝麻烂谷子的事都抖了出来；第二天，这位身为教师的丈夫如法炮制，把自己一个不长进的学生狠狠批评了一顿；挨了训的学生，碰巧就是前面提到的那个小男孩。小男孩怀着愤怒的心情放了学，归途又碰见了那条小狗，二话没说又一脚踹去……

看过漫画，大家都忍不住哈哈大笑，漫画用夸张的手法给我们展示了一条不良情绪的传染链。其实，我们每个人都是不良情绪的始作俑者，每个人也都是不良情绪的受害者。其实，只要处于这条传染链中间的某个人控制住自己的情绪，这个恶性循环就不会再传递下去。

良好的情绪会带给周围人无尽的欢乐，如果我们仔细回想一下，一定能够想到许多因他人的良好情绪而感染我们的例子。比如某小区的物业人员总是真诚、友善地和你道一句“你好”、“再见”之类的话语，你可能本来因忙碌而觉得心烦，但一听到他的问候、看到他的笑脸，你的内心也会绽放出一朵花来。许多经常来往的人会互相影响，也是基于这样的道理。但如果是负面情绪的传染，有时会带来毁灭性的灾难。

俄亥俄州大学社会心理生理学家约翰·卡西波指出，人们之间的情绪会互相感染，看到别人表达的情感，会引发自己产生相同的情绪，尽管你并未意识到在模仿对方的表情。这种情绪的鼓动、传递与协调，无时无刻不在进行，人际关系互动的顺利与否，便取决于这种情绪的协调。

情绪的感染通常是很难察觉的。专家做过一个简单的实验，请两个被实验者写出当时的心情，然后请他们相对静坐等候研究人员到来。两分钟后，研究人员来了，请他们再写出自己的心情。这两个实验者是经过特别挑选的，一个极善于表达情感，一个则是喜怒不形于色。实验结果，后者的情绪每次都会受到前者的感染，那么，这种神奇的传递是如何发生的呢？

人们会在无意识中模仿他人的情感表现，诸如表情、手势、语调及其他非语言的形式，从而在心中重塑自己的情绪。这有点像导演所倡导的表演逼真法，要演员回忆产生某种强烈情感时的表情动作，以便重新唤起同样的情感。

研究发现，人容易受到负面情绪的传染，如果带着满肚子闷气，绷着脸回到家，摔摔打打，看什么都不舒服，立刻便将负面情绪传染给了全家。同样，在家里怄了气，也会把负面情绪带到外面。这就像一个圆圈，以最先情绪不佳者为中心，向四周荡漾开，这就是常被人们忽视的“情绪污染”。用心理学家的话说：情绪这种无形的“病毒”就像瘟疫一样从这个人身上传播到另一个人身上，一传十、十传百，其传播速度有时要比有形的病毒和细菌的传染还要快。被传染者常常一触即发，越来越严重，有时还会在传染者身上潜伏下来，到一定的时期重新爆发。这种负面情绪传染给人造成的身心损害，绝不亚于病毒和细菌引起的疾病危害。

同样，你听同一首歌，在家听的感受与到演唱会现场去听的感受肯定是大相径庭，因为你在现场情绪受到了感染。认识到情绪这种特殊的“传染病”，我们就要重视它，并积极利用正面情绪，克制、舒缓负面情绪，这样才能赢得成功的品质。

人是情绪传染中的“导体”，要学会找出情绪在传递和传染过程中的“元凶”。有的“元凶”显而易见，在人际交往中占主导地位，这类人喜欢表达自己，任何情绪都能用语言或动作轻松地传给别人，抑或转嫁给别人。

有些人在情感上比较强势，喜欢通过影响他人的情绪获得一种成就感。这类人喜欢让别人与自己同喜同悲。有些人则在情绪传递中占劣势地位，很容易受他人的情绪感染、影响与控制。这类人或极为敏感，或富有同情心，或善于察言观色，不知不觉就会受到他人情绪传染。女性通常更容易受到他人的情绪传染。

要提高自己对负面情绪的“免疫力”，避免被负面情绪感染。尽量远离消极的人，可以有计划地避开那些有严重消极情绪的人，如改变自身的行为习惯。无法远离时，就要学会与消极的人相处。如果消极的人是自己的同事，与他相处时就要尽量避开敏感话题，以免使同事产生消极情绪。敏锐觉察同事的情绪，必要时制定对策。

做个有主见的人，培养乐观积极的心态。有主见的人往往不易受他人的情绪传染。要从根本上避免受不良情绪传染，还得培养乐观积极的心态。心态积极的人能有效而准确地处理外界信息。此外，还可以用言语进行积极的自我暗示，可以提高保护自身情绪方面的意识。如不理会流言蜚语，不知所措时暂时逃离，坚信自己有能力应付各类难题，等等。

自己的情绪自己做主，别被他人的情绪左右。提升自身对他人不良情绪的免疫能力，让自己每天都处于积极情绪的包围中。同时，自己也不要做个喜怒无常的人，让自己的心理状态完全被情绪左右，那样伤害的不只是别人，自己也会因此失去更多机会。

“退一步”中的情绪感染

当关系陷入僵局，各方互不相让的时候，通常会想起这句话：“忍一时，风平浪静；退一步，海阔天空。”这里的“忍”和“退”其实就是一种让步。让步是一种人生智慧，它不是牺牲利益的单方付出，只是一种表达诚意的姿态。通过让步，不仅可以有效缓解冲突，避免不良情绪的恶性传导，甚至在某些时候，微小的让步也能获得意想不到的大收获。

这并不奇怪，生活中有很多这样的例子。其实，让步是先给予、后索取的策略。如，在谈判中，僵局的打破往往并不是因为有巨大的突破，而只是一方先做出了细小的让步，不仅彰显了诚意，同时获得了对方的好感，使人情绪平稳。这样容易达成合意，签下合约。

这是因为，对绝大多数人来讲，一旦接受了对方的好处，哪怕仅仅是蜻蜓点水般的恩惠，也会产生一种奇怪的心理——并未付出代价就得到了不属于自己的东西，心中会觉得亏欠，过意不去，当对方再提出一些要求时，便难以拒绝。

从这个角度看，让步并没有真的失去什么，仅仅是姿态的转换，就得到了实质的好处，确实是一种技巧，也是一种智慧。表面上看，给予者似乎吃了亏，但却换来他人对自己情感上的亏欠，使他人产生愿意尽快补偿对方的心情。这是很重要的一枚砝码，因为人际天平已经开始朝自己这一端倾斜。此时，让步者距离目标犹如探囊取物，呼之欲出。

但是，让步也需要注意方式方法。事实上，并非任何一种让步都能获得你想要的效果。对此，国外心理学家曾做实验来进行印证：

试验模拟谈判的环境，心理学家就某个问题分成三组同参与者进行谈判，结果令人大为震惊：当心理学家做出较大让步的时候，双方不仅没有达成合意，反而对方连较低的代价也不愿意付出；当心理学家做出与对方同等程度的让步时，双方仅在一个很小的范围内达成合意；当心理专家做出比参与者更小的让步时，对方愿意付出更高的代价去达成协议。

这个结果乍看不可思议，仔细推敲之下会发现这正是很多人都会有的一种心理：在谈判过程中，如果一方突然大幅度做出让步，不会令对方喜出望外，尽快达成合意，反而会让人产生怀疑，以为开始的条件是故意抬高的缺乏诚意的举动，或者是东西不好才主动让步。相反，如果双方开始时僵持不下，经过长久的谈判、磨合，做出很小的让步，反而会让对方产生信任感和安全感，从而促进双方达成协议。

这就是心理学上著名的细小让步定律：想要快速赢得人心，有时只需做出细微的让步，效果却比做出较大的让步更加令人满意。

当然，作为一种高级的处世智慧，并不是所有的微小让步都能达到预期目的，技巧把握不好也会收到适得其反的效果，比如在让步的时机、幅度及心态的把握和表达上都要讲究一定的技巧。

1. 让步的时机选择

所谓让步的时机选择，其实就是应该何时做出让步的问题。让步不同于宽容，让步是一个有舍才有得的过程，它带有一定的目的性。这里的“舍”就是下一步钓鱼的诱饵，因而一定要舍在明处。不仅如此，还应该择机尽量明确地告诉对方有关自己的需要，这样对方才能及时准确地做出回应。如果此时保持沉默，可能让步换来的只是些并不需要的东西，因为对方不知道你的需求在哪里。还要注意的是，需求的暴露不能太早太直白，同时也不能太晚或太隐晦，分寸的把握往往在毫厘之间。

2. 让步的幅度

如同前面实验中提到的，让步的幅度不能太大，所谓细小让步定律就是用微小的让步换取数倍、几十倍的利益。让步过大或是无原则的妥协，并不会给对方带来明显的信任感，反而会让对方产生疑问，开始怀疑合作的前提、基础，滋生出更多的不信任。从这个角度来讲，让步不能过大，如果一次微小让步不能令对方满意，可以采取细水长流的策略，缓慢地做出多次微小让步，但一定不能做出一味妥协退让的姿态。除此以外，在表达方面应该“放大”这种让步，渲染做出让步决定的艰难程度，让这个让步看起来更具价值。

3. 让步的心态把握

当双方意见产生冲突的时候，许多负面情绪随之来临。无论是拂袖离去、偃旗息鼓，还是各执一词、互不相让都是下策。此时如果能在姿态上稍稍降低，对对方观点表示认同，平静、耐心地听对方说完，再有针对性地介绍自己的观点，会比大家唇枪舌剑地乱吵一通效果更佳，或许对方会在理智思考后改变态度。

有策略也要有原则，需要让步的时候不要犹豫，不该让步的时候要坚持到底，这需要具体问题具体分析。如果对方认为双方合作的基础即最初的条件是合理的、可接受的，那么此时的让步就具有实际意义，而且很可能加速合意的达成。相反，如果对方一直认为双方合作的基础是不负责任、毫无根据的，那么如果让步和妥协，就会使对方更确信这种观点，此时或许唯有坚持能赢回一份信任。

用笑容改善情绪气场

人与人第一次见面的时候，如果真诚地微笑，将会收到很好的效果，彼此留下美好的印象，此时“微笑”代表了“接纳、亲切”的意义。微笑能带给人很多正面的情绪反应，一张笑脸能给双方带来安心的感觉。也就是说，当人们发出一个微笑的表情，等于是发出一个“我喜欢你”、“希望和你成为朋友”的亲切信息。

不要怀疑，微笑被认为是最具效率和感染力的交际语言，是人类特有的，也是最好的情绪传导方式。微笑不仅在人际交往中，而且在工作中也有着举足轻重的意义。

一家公司曾这样要求自己的员工：上班表情不佳，影响到部门其他员工工作情绪的每次扣罚 10 元。

这个规定看似有些荒诞，但有很大的正面效应。制定这样的制度，是源于总经理经常接到员工对部门经理“表情僵硬”的举报：“某部门经理总是愁眉苦脸，员工情绪受到影响，工作积极性下降”；“部门开会的时候，由于部门经理表情僵硬，眉头紧锁，导致几名员工在办公室门外不敢进入，严重影响会议效率”等等。

为此总经理特意召开会议，传达了“老板不笑，员工烦恼”的新型理念。还做出新的规定要求公司中层领导以上的员工在工作中一定要保持良好的表情，让整个办公环境保持一种愉快的气氛。

开始，这个规定让人哭笑不得，但在有意识地关注这个问题后，问题很快得到了解决。不久，那些部门经理能明显感到微笑给自己带来的愉快心情。不仅如此，员工的情绪也变得饱满，提高了工作积极性。

看似荒诞的公司规定，却能带来如此良好的效果，微笑的作用确实不容忽视。关于笑容的奇妙作用曾有实验人员验证过：面对微笑的图片 2 分钟，诸如悲伤、痛苦等负面情绪会很快得到缓解和改善；反之，面对痛苦表情 2 分钟的人，情绪会受到暗示，之前快乐、激动等正面情绪会开始低落。除此以外，实验人员还发现，在所有的表情中，保持目光交流，并保持微笑的人最具有吸引力，如果是异性发出这样的表情，吸引力会更强。

微笑的人通常给人一种自信、乐观、潇洒的印象，容易赢得他人的认同，容易让人对其产生信任感。那么，如何微笑呢？

1. 分清场合和对象

微笑能够传递友好和信心，但毕竟是一种愉快、轻松的情绪，在有些场合并不适用。如，参加追悼会，或是庄严的集会活动，或是大家在讨论严肃、不幸的话题时，就应避免微笑，此时微笑将招人厌恶。此外，面对不同的人，应当使用不同的微笑。

不同的微笑能传达不同的感情，主要区别体现在眼神上。面对长者应该报以尊重、真诚、谦逊的微笑；面对孩童应该报以关切的、慈爱的微笑；面对同辈的人可以轻松一些，根据场合报以不同的微笑。

但是无论面对的是谁，都要从内心发出微笑，这样的微笑才能充满自信，才能打动周围的人，传递出友善的信息。号称“酒店帝国”

的希尔顿家族就将“今天你微笑了吗”作为座右铭，这是创始人希尔顿先生在创业过程中发现的一条黄金定律，不仅能吸引大量的顾客，而且简单易行，更重要的是不需要经济成本。由此看来，微笑真是人类世界创造的一个奇迹。

2. 发自内心，自然而然

微笑是美好善意的窗口，只有发自内心的微笑才能直达对方心中，切记不要皮笑肉不笑，或是为了笑而笑。人们对他人的笑容具有很强的甄别力，其中的真情假意、蕴涵的深意只需一眼就可以敏锐地判断出来。

微笑的时候，请一定用真诚的眼神看着对方。这样的微笑才能把温暖和问候直接送到对方心中，使双方产生情感的互动，在愉快的交流中留下美好的回忆。

3. 微笑的其他细节

微笑不仅是向对方表示一种礼节和尊重，而且也是自身修养和仪态的体现，但这并不意味着需要时时刻刻微笑。把握好“微笑”之“微”不仅体现在笑的幅度、持续时间，也体现在频率上。蒙娜丽莎的微笑之所以倾倒世界，就在于她的眼睛、嘴角、整个面部都在酝酿一个美丽的微笑，含蓄、迷人、恰到好处。如果笑得夸张、没有节制，就会适得其反，收到相反的效果，引起对方的反感。当对方视线掠过的时候，可以迎着他的视线微笑并轻轻点头。

所以，想要给他人积极的情绪感染，不用花太多力气与心思就可以实现，一个小小的微笑就能唤起别人的好心情，还可以得到别人回报给我们一个微笑。生活中多一些这种互动，正面情绪也就不难产生。

不要太在乎别人对你的看法

当我们听到别人的赞美时，好心情油然而生；而当我们接受负面评价时，情绪也向负面转移。其实，舆论是世界上最不值钱的商品，每个人都有许多看法，随时准备加诸他人身上。不管别人怎么评价，都只是他们单方面的说法，有很多是没有经过认真思考的，事实上并不会对我们造成任何影响。我们希望听到别人公正的评价，但不管别人怎么说，都不要太在意。

一大清早，鹤就拿起针线，它要在自己的白裙子上绣一朵花，以显示自己的娇艳美丽，它绣得很专注。可是刚绣了几针，孔雀探过来问它：“你绣的是什么花呀？”“我绣的是桃花，这样能显出我的娇媚。”鹤羞涩地一笑。“干吗要绣桃花呢？桃花是易落的花，还是绣朵月月红吧。”鹤听了孔雀姐姐的话觉得有道理，便把绣好的部分拆了改绣月月红。

正绣得入神时，只听锦鸡在耳边说道：“鹤姐，月月红花瓣太少了，显得有些单调，我看还是绣朵大牡丹吧，牡丹是富贵花呀，显得雍容华贵！”

鹤觉得锦鸡说得对，便又把绣好的月月红拆了，重新开始绣起牡丹来。绣了一半，画眉飞过来，在头上惊叫道：“鹤姐姐，你爱在水塘里栖息，应该绣荷花才是，为什么要去绣牡丹呢？这跟你的习性太不协调了，荷花是多么清淡素雅啊！”鹤听了，觉得画眉说得很对，便把牡丹拆了改绣荷花……

鹤每当快绣好一朵花时，总有不同的建议提出。它绣了拆，拆了绣，直到现在白裙子上还是没有绣上任何花朵。

我们自己是不是也经常这样：做事或处理问题没有自己的主见，或自己虽有考虑，但常屈从于他人的看法而改变自己的想法，一味讨好和迎合别人，最后因为违心而变得心情糟糕。

所以做人千万不能像这只鹤一样，一定要有头脑，要把控好自我情绪，不随人俯仰，不与世沉浮，这才是值得称道的情商品质。而随波逐流，闻风而动的人，恰是活在他人的价值标准和情绪世界里，终归会迷失自己。

胜负取决于自己的内心。有时，周围的人对你说："你能胜过他。"可是你心里很清楚你不如那个人，也没想过要和他决一胜负，也就不会产生嫉妒的情绪。反过来，周围人说："你不如他。"或许你心里会想："我一定能赢他。"也就不会产生悲观的情绪。所以，做事也好，做人也罢，我们都要有自己的主见，不要太在乎别人对自己的看法。

世间任何事情都没有绝对，所以只要你心胸开阔，何必在乎别人怎么看、怎么说呢？如果我们以别人的看法为指南，存有这种潜意识，生活中难过就会多于快乐。毕竟不尽如人意的事情太多了，如果只是为了别人的情绪而活，痛苦难过的就只有自己。

杰克是一位年轻的画家。有一次他在画完一幅画后，拿到展厅去展出。为了能听取更多的意见，他特意在他的画旁放上一支笔。这样一来，每位观赏者，如果认为此画有败笔之处，都可以直接用笔在上面圈点。

当天晚上，杰克兴冲冲地去取画，却发现整个画面都被涂满了记号，没有一处不被指责的。他对这次的尝试深感失望。他把遭遇告诉了一位朋友，朋友告诉他不妨换一种方式试试。于是，他临摹了同样一张画拿去展出。但是这一次，他要求每位观赏者将其最为欣赏的妙笔之处标上记号。

等到他再取回画时，结果发现画面同样被涂遍了记号。一切曾被指责的地方，如今都换上了赞美的标记。他不无感慨地说："现在我终于发现了一个奥秘：无论做什么事情，不可能让所有的人都满意，因为在一些人看来是丑恶的东西，在另一些人眼里或许是美好的。"

不要因众人的意见而情绪低落，进而淹没了你的才能和个性。你只需听从自己内心的声音，做好自己就足够了。自己的鞋子，自己知道穿在脚上的感受。我们无论做什么事，一定要对自己有一个清楚的认识，不要轻易地被别人的见解所左右，这才是认识自己和事物本质的关键所在。

一味听信于人，便会丧失自己，便会做任何事都患得患失，诚惶诚恐。这种人一辈子都不会取得成功。他们每天活在别人的情绪中，太在乎上司的态度，太在乎老板的眼神，太在乎周围人对自己的态度。这样的人生，还有什么意义可言呢？每个人都有自己的生活方式，我们不必为一份没有得到的理解而遗憾叹惜，要懂得坚持自我。以下是坚持自我的一些经验之谈：

对别人的看法要平衡，别人并非是先知先觉，他和你我都是一样的平凡。

只要认准了方向，就要勇往直前，不要顾及是否会引起别人的嫉恨。

选择不喜好闲言碎语的人为友，这将有助于你不再为“别人怎么说、怎么想”而产生恐惧。

在处理问题时，相信“别人”和你并无本质差异。

我们要时刻保持积极正面情绪。做人有两种可能，一种是像巴甫洛夫的狗，只听从外来的信息；另一种就是抛开他人对你的看法，相信自己，坚持自己选择的道路。你做人是选择前者还是后者？

领导者情绪的扩散效应

任何一个人，都有机会成为一名出色的领导者，但真正成为领导者的人并不多。这是因为要做一个优秀的领导者，必须注意到管理情绪这个问题。领导者需要有比非领导者更出色的能力，而这些能力并不神秘，只要努力，我们都可以做到。心理学上有一个“踢猫效应”的故事就形象地说明了这一点。

一公司老板因急于赶时间去公司，结果闯了两个红灯，被警察扣了驾驶执照。

到了办公室，他把秘书叫进来问道：“我给你的计划打好了没有?”她回答说：“没有。我……”老板立刻火冒三丈，指责秘书说：“不要找任何借口！赶快去做。如果你办不到，我就交给别人，虽然你在这儿干了3年，但并不表示你将终生受雇!”秘书用力关上老板的门出来，抱怨说：“真是糟透了!”

秘书回家后仍然在发怒。她进了屋，看到8岁的孩子正躺着看电视。在极其愤怒之下，她嚷道：“我告诉你多少次了，放学回家要做作业，以后不许看电视!”

8岁的儿子一边走出客厅一边说：“真是莫名其妙！妈妈也不给我机会解释到底发生了什么事，就冲我发火。”就在这时，他的猫走到面前。小孩狠狠地踢了猫一脚，骂道：“给我滚出去！你这只该死的臭猫!”

这个故事说明了负面情绪是可以传染的，如果领导者把这个情绪带给周围的人，那么这个负面情绪有可能像滚雪球一样越来越大。

领导者，是最容易将情绪进行扩散的人，因为他们的手中拥有权力。如果领导者不善于控制自我情绪，就会像上面例子中的老板一样，肆意向下属发泄自己的负面情绪，而下属却不能对这种情绪有自己真实地反应，一般都会隐忍。这样的结果就会造成领导者越来越放纵自己的情绪，却没有人向他提及这种情绪的危害性。很多员工在受到领导的负面情绪影响后，自己也到了要发泄情绪的关口，而不能发泄给领导，就只能发泄给周围的人。

所以，一般的人际关系之间的情绪互动，都是双方内部的，以一对一的形式进行，不会涉及不相干的人，但是在领导与下属这种典型情景中，情绪互动就成了链条式的，许多不相干的人也都会被牵扯进来，负面情绪就会像空气一样，不断向外扩散。

由于敌军实力强大，所以拿破仑所率的军队在战役中接连战败。在长达三天三夜的顽强抵抗后，队伍损失惨重，形势非常危急。就在这个时候，拿破仑也因一时不慎掉入泥潭中，弄得满身泥巴，狼狈不堪。

拿破仑却浑然不顾这突如其来的狼狈。因为他内心只有一个信念，那就是无论如何也要赢得这场战斗，他要听到胜利的号角。只听他大吼一声："冲啊！"他手下的士兵见到他那副滑稽模样，忍不住都哈哈大笑起来，同时也被拿破仑的乐观自信所鼓舞。

一时间，战士们群情激昂、奋勇当先，终于取得了战斗的最后胜利。

这个故事告诉我们，正是拿破仑的积极情绪得到了扩散，才鼓舞了士气，取得了胜利。

作为领导者，应该重视对自身的情绪智力的开发和培养，提高领导效能。正确识别自身和他人情绪是提高情绪控制能力的基础。领导者可以通过以下 3 个方面来提高情绪识别能力：

1. 关注自身情绪

领导者首先必须对自己的情绪给予关注，从而对自己的情绪有准确的认知。

2. 学会准确表达自身情绪

准确地表达自身信息并能使他人准确接收是进行有效沟通和交流的基础。领导者首先必须学会运用语言或非语言的信息准确地表达自己的情绪。

3. 善于识别他人情绪

领导者要善于从一些细微的线索认知他人的情绪，这些线索包括：他人的面部表情、言语的语调和节奏、手势和其他身体语言等。

如果你恰好是一名领导，那么一定要做好自我情绪的控制，发挥领导真正该有的魅力与修养。如果你只是一名普通职员，在平时与领导的接触中，如果不小心接收了领导的负面情绪，就要注意不能将情绪发泄到身边的人，防止负面情绪的扩散。

·第五章·

情绪激励

——心理暗示能左右心情

绕过苦难直达目标需要积极暗示

积极的自我暗示能够不经意地影响我们的心理和行为，增强我们的自信心，克服我们的畏难心理，从而情绪也能向好的方向转变。

当我们要参加某种活动或面临竞争时，一定要用积极的自我暗示为自己注入情绪力量，让自己产生勇气、增强自信，从而取得出人意料的优异成绩。

多年前，一个世界探险队准备攀登马特峰的北峰，在此之前从没有人到达过那里。记者对这些来自世界各地的探险者进行了采访。

记者问其中一名探险者："你打算登上马特峰的北峰吗？"他回答说："我将尽力而为。"记者问另一名探险者，得到的回答是："我会全力以赴。"

记者问第三个探险者，这个探险者直视着记者说："我没来这里之前，我就想象到自己能攀上马特峰的北峰。所以，我一定能够登上马特峰的北峰。"

结果，只有一个人登上了北峰，就是那个说自己能登上马特峰北峰的探险者。他想象自己能到达北峰，结果他的确做到了。

你自信能够成功，那么成功的机会就越大。每当你相信“我能做到”时，自然就会寻找“如何去做”的方法，并为之努力。无论做什么事，我们都应该在实现目标之前进行积极的自我暗示，这样，情绪本来只有五分，会因你的积极暗示变成十分，我们就更容易成功。

我们的大脑存有两股力量，一股力量使我们觉得自己能够成为伟人；另一股力量却时时提醒我们：“你办不到!”这样一对矛盾的内部力量的斗争，在我们遇到困境与失败时，会变得更加激烈。我们做人最大的敌人是自疑和害怕失败。它们经常扯我们的后腿，不让我们去尝试，或在失败后给我们打击；它们吸取我们的能量，使得我们不能充分发挥自己的能力。

许多时候，在我们的征途中，我们会萎靡不振，感觉生活走到了尽头，好像人生的音乐从自己的生活中消失了。但是，其实音乐依然在我们心中。不论什么时候，不论在哪里，也不论我们的环境如何恶劣，我们的遭遇如何不幸，生活的音乐始终不会消失。它在我们的心里，只要我们注意听，我们就会发现它的美妙。

做任何事，我们都要想到成功，不要在心里制造失败，要想办法把“必定会失败”的意念排除掉。这样我们才能克服畏难的心理，消除悲观情绪的障碍，积极地向成功的目标迈进。

那么，如何进行积极的自我暗示呢？有没有什么技巧呢？以下是培养积极自我暗示的几种方法：

(1) 每天有意用充满希望的语调谈每一件事，谈你的工作、你的健康、你的前途。“存心”对每件事采取乐观的态度。

(2) 想着“我将要成功”而不是会失败。当你建立成功的信念后，你的才智会积极帮你寻找成功的方法。

(3) 乐于接受各种创意。要丢弃“不可行”、“办不到”、“没有用”、“那很愚蠢”等思想渣滓。

(4) 与自己亲近的人谈谈心，请他们帮助你告别过去，让他们在你犯下错误时提醒你。

(5) 不要说“我就是这样”，而说“我曾经是这样”。

(6) 不要说“我也没办法”，而说“只要努力一下，我就可以改变自己”。

(7) 不要说“我一直是这样”，而说“我一定要做出改变”。

(8) 不要说“我天生就是这样”，而说“我曾认为自己生性如此”。

不要小看这些细微的暗示，正所谓三人成虎，暗示如果多了，我们就会渐渐地信以为真。同时，暗示不是自我欺骗，是通过暗示产生积极正面的情绪，再由情绪带动我们的行动。所以，多一些健康的暗示，能让我们的生活远离苦难，渐渐驶向幸福的彼岸。

积极的自我暗示激发潜能

前面已经提过暗示是一种特殊的心理意识，对人的情绪有巨大的影响。现代科学证明，暗示对于人体的生理机能也有明显的影响。

有人曾做过这样一个实验，设计一个两端平衡的跷跷板，让实验者躺在上面假想自己正骑自行车。虽然身体未动一丝一毫，但不断地自我暗示使没有外力作用的平衡跷跷板朝脚底倾斜。原来假想的意向性运动使实验者的下肢血管扩张，血流向下肢，敏感的跷跷板就发生了变化。

暗示可以分为积极暗示和消极暗示。消极的暗示能扰乱人的情绪、行为及人体生理机能并造成疾病。许多神经衰弱官能症患者，往往由于消极的自我暗示而加重病情。心理学家指出，如果你反复进行消极的自我暗示，便会形成根深蒂固的消极模式，使自己在潜意识或无意识中做出行为。

当你发现自己的情绪被消极暗示束缚而无法自拔时，可以运用积极暗示，并且做到持之以恒，积极的暗示就会起潜移默化的作用，逐渐唤醒体内积极的暗示作用，达到健全心理机能的功效。

积极的自我暗示，是对某种事物有利、积极的叙述，是情绪的正面表达，这是使一种我们正在想象的事物保持坚定和持久的表达方式。进行肯定的练习，能让我们开始用一些更积极的思想和概念来替代我们过去陈旧的、否定性的思维模式，这是一种强有力的技巧，一种能在短时间内改变我们对生活的态度和期望的技巧。

自我暗示有很多种方法：可以默不作声地进行，也可以大声地说出来，还可以在纸上写下来，更可以歌唱或吟诵，每天只要十分钟有效的肯定练习，就能抵消我们许多年的思想习惯。归根到底，都是一种积极心态在起作用。我们经常意识到我们正在告诉自己的一切，如果选择积极的语言和概念，就能够很容易地创造出一个美好的现实。

摩拉里在很小的时候，就梦想站在奥运会的领奖台上，成为世界冠军。

1984年，一个机会出现了，他在自己擅长的项目中，成为全世界最优秀的游泳者。但在洛杉矶奥运会上，他只拿了亚军，梦想并没有实现。

他没有放弃希望，仍然每天在游泳池里刻苦训练。这一次目标是1988年韩国汉城奥运会金牌，他的梦想在奥运预选赛时就烟消云散了，他竟然被淘汰。

带着对失败的不甘，他离开了游泳池，将梦想埋于心底，跑去康乃尔念律师学校。在以后的三年的时间里，他很少游泳。可他心中始终有股烈焰在熊熊燃烧。

离1992年夏季赛不到一年的时间，他决定孤注一掷。在这项属于年轻人的游泳比赛中，他算是高龄者，就像拿着枪矛戳风车的现代堂吉诃德，想赢得百米蝶泳的想法简直愚不可及。

这一时期，他又经历了种种磨难，但他没有退缩，而是不停地告诉自己："我能行。"

在不停地自我暗示下，他终于站在世界泳坛的前沿，不仅成为美国代表队成员，还赢得了初赛。

他的成绩比世界纪录只慢了一秒多，奇迹的产生离他仅有一步之遥。

决赛之前，他在心中仔细规划着比赛的赛程，在想象中，他将比赛预演了一遍。他相信最后的胜利一定属于自己。

比赛如他所预想，他真的站在领奖台上，颈上挂着梦想的奥运金牌，看着星条旗冉冉上升，听到美国国歌响起，心中无比自豪。

摩拉里没有被消极思想所打败，在艰苦的环境中，他不断地进行积极的自我暗示，终于打破常规，获得奇迹般的胜利。

自我暗示是世界上最神奇的力量，积极的自我暗示往往能提升人的情绪力量，唤醒人的潜在能量，将他提升到更高的境界。

潜能是一个巨大的能量宝库，积极心态是开启这座宝库的金钥匙。不断地对自己进行积极暗示，就能够发掘这座巨大的能量宝库，发挥无穷的力量，创造出一个又一个奇迹。

积极的暗示让你更优秀

我们的情绪调节有时是很直接的，你看到一件喜悦的事，它会做出喜悦的反应；看到忧愁的事，它会做出忧愁的反应。当你习惯性地想象快乐的事，你的情绪调节便会习惯性地让你拥有一个快乐的心态。

因此我们要对自己进行积极的自我暗示，它会让你变得更优秀。

哈佛大学心理学专业的学生吉姆给自己找了一份兼职——照顾独居的威尔森太太，并帮她做一些家务。吉姆为人热忱，做事认真负责，深得老太太的信赖。

这天晚上，老太太敲响了吉姆的门："吉姆，很抱歉这么晚来打扰你。我的安眠药吃完了，怎么也睡不着觉，不知道你身边有没有？"

吉姆睡眠很好，从来就不吃安眠药，突然他灵机一动，就对老太太说："上星期我朋友从法国回来，刚好送我一盒新出的特效安眠药，我这就找出来。您先回去，我一会儿给您送过去。"

老太太走后，吉姆找出一粒维生素片，然后送到了威尔森太太的房间，告诉她："这就是那种新出的特效药，您吃了之后一定能睡个好觉。"

老太太高兴地服下了那粒"特效安眠药"。

第二天吃早餐的时候，她对吉姆说："你的安眠药效果好极了，我昨晚吃完后很快就睡着了，而且睡得很好，好久都没有这么舒服地睡觉了。那种安眠药你能不能再给我一些？"

吉姆只好继续让老太太服用维生素片，直到服完一整盒。事情过去一年多之后，老太太还时常念叨吉姆给她的"特效安眠药"。

吉姆用一粒维生素片就让老太太进入了梦乡，这其实就是心理暗示的作用，由于老太太平时对吉姆十分信赖，因此丝毫没有怀疑吉姆给她的"特效安眠药"，在强烈的心理暗示的影响下，她服用安眠药之后情绪达到一个稳定的状态，所谓的药才发挥了作用。

研究发现，积极的自我暗示能激发人的巨大潜能，使人情绪饱满，变得自信、乐观。要对自己进行积极的自我暗示，给自己输入积极的语言，比如，"在我生活的每一方面，都一天天变得更美好"、"我的心情愉快"、"我一定能成功"等。

日本有位心理学家这样说："当我们的头脑处于半意识状态时，是潜意识最愿意接受意愿的时刻，来进行潜意识的接收工作是再理想不过的了。"

因此，睡前醒后的时间进行自我暗示是再适合不过了，你可以躺在床上，每次花上几分钟，身体放松，进行以下自我心理暗示——描述自己的天赋和能力；想想你成功的景象。如：

我是一个能做大事的人，我的一生决不能碌碌无为！

我知道我想要的生活是怎样的，我必须实现它！

我是一个意志坚定的人，没有什么能动摇我的决心。

失败永远是暂时的，过去的失败只意味着将来更大的成功！

恐慌是顾虑造成的，我只要抛开杂念，专注于我的目标，就不会再恐慌。

我有巨大的潜能还没有开发，但是散漫的习惯影响了能力的发挥，一定要克服散漫。我越相信自己，我的能量就越大。

我完全可以干得比别人更好。

我只要专心致志，就能做好每一件事。

美国心理学家威廉斯说："无论什么见解、计划、目的，只要以强烈的信念和期待进行反复的思考，那它必然会置于潜意识中，成为积极行动的源泉。"

拳王阿里在每次比赛前他都会对着镜头喊："I'm the best（我是最好的）!"

"我是最好的"就是一种积极的自我暗示，事实也许并非如此，但又有什么关系？反复运用、经常暗示，你就会接受这种观点，而永远充满自信。

积极的心理暗示能调动人对成功的渴望，使人的情绪始终保持在积极状态。从现在开始，不妨每天花上几分钟时间，全身放松，对自己进行积极的心理暗示——“我能行”，“我是最棒的”……时间久了，“事实”就会朝着成功的方向发展。

意识唤醒法使人走出悲伤情绪

世事变幻无常，有时候人们难免会陷入失意情绪之中。心理学家认为，这是人们的自我意识没有被唤醒，一旦沉睡在他们心底的意识苏醒，他们会轻松跨过难关。心灵觉醒的人，能够清醒地看到自己的人生状态并会为自己的人生负责，他们的正面情绪也是觉醒的；而心灵沉睡的人，常常会迷失在生活里，他们的正面情绪也并不活跃。如果你能激发他们的心灵，他们就能从悲伤情绪中走出。

小姜的一个同学因患黄疸型肝炎被学校劝退休学，为此整天愁眉苦脸，总认为自己的病没有好转的可能，因而产生了悲观情绪，丧失了信心。小姜放假时，到这位同学住的医院探视他。一见面他就做出一副欣喜状，对这位同学说：“哥们儿，你的脸色比以前好多了嘛！听医生说，你的黄疸指数已有所下降，这说明你的病情在好转啊！”

小姜的话客观实在，使朋友的精神为之振作。于是，他乐观地接受治疗，加速了康复进程，不久便病愈出院了。

小姜富有情绪感染力的一句话，就让他的同学走出阴霾，重获希望。我们每个人的人生都不是一帆风顺的，人们在遇到各种变故的时候，产生负面情绪是正常的，例如烦躁、悲观、郁闷等。作为朋友的我们有责任帮他们走出负面情绪的泥沼，给他们安慰和鼓励。但是，安慰和鼓励并不代表帮助他们逃避自我的情绪问题，我们应该抓住某些好的方面，适时予以积极的暗示，这样才有助于唤起他们的自我意识，重新找回积极情绪。

上大四的小文恋爱三年了，不久前女朋友不知何故跟他分手了。他很伤心，整天精神恍惚。他的班主任王老师知道此事后，来做他的工作。

王老师一见到小文就说："我知道你失恋了，是来向你道贺的！"

小文很生气，转身就走。

"难道你不问问为什么吗？"小文停下来，等着听王老师的下文。

王老师说："大学生都希望自己快点成熟起来，失败能使人的心理、思想进一步成熟，这不值得道贺吗？大学生的恋爱大多属于非婚姻型，一是大学生在学习期间不大可能结婚，二是很难预料双方将来能否在一个地方工作。这种恋爱的时间又不长，随着知识的积累，人慢慢成熟了，就有可能重新考虑对方，恋爱变局也就悄悄发生了。应该说，这是大学生心理成熟的一种重要标志，你这么放任自己的感情，是心理成熟还是不成熟的表现呢？另外，越到高年级，大学生越倾向于用理智处理爱情。这时，感情是否相投，性格是否和谐，理想和追求是否一致，学习和工作是否互助互补，都会成为择偶的标准，甚至双方家庭有时也会成为重点考虑的条件，这就是择偶标准的多元化。这种标准多元化更是大学生心理逐渐成熟的表现，也符合普遍规律。你女朋友和你分手是不是出于择偶条件的全面考虑？你全面考虑过你的女朋友吗？如何处理你目前的感情失落，你该心中有数了吧？"

王老师先设置悬念——"祝贺你失恋"，把小文从情绪的泥沼中"唤"了出来，然后通过合情合理的分析，唤醒他的理智，多次用"大学生失恋不是坏事，而是心理成熟的标志"的观点来加以点拨。王老师就是通过一步步唤醒小文的自我意识，使他能够用理智来处理感情问题，从而约束自己的感情，恢复心理平衡。在这个过程中，小文沉睡的心灵得以苏醒，凝固的气场能量又能够重新流动。

从本质上讲，每个人都具有自我意识，只是被暂时的失意情绪蒙蔽了。因此，我们要帮助失意的人唤醒他们心底沉睡的狮子，即唤醒他们的自我意识、唤醒他们沉睡的心灵。这是一种对消除消极情绪非常有效的手段，可以用最短的时间使失意者幡然醒悟，重新面对积极的人生。

你就是最优秀的那个人

人能够获得对人生的乐观情绪，其中一个原因就是对自我的肯定。自我肯定可以增加一个人选择的自由度。我们要以真诚的方式表达自己，才能获得他人的尊重，同时也要尊重别人，这才是自我肯定的真谛。在生活中学习自我肯定的行为，以便有效地处理人际关系。

那些杰出人士大多这样认为："我喜欢我自己，我就是我，没有比这更美好的了，包括我的出生、我的成长，我因为我就是我而庆幸。无论我生在什么时代，我都不愿成为别的什么人，而只愿成为自己。"这种善于自我肯定的思考方法，对调控情绪有极大的帮助，它并不是天生的，它是在日常生活中通过不懈地修炼获得的。人们可以从有所成就的父母、优秀的老师、前辈、朋友那里得到鼓舞和勇气，受到激励。

一个哲学家到了晚年，知道自己时日不多了，就想考验和点化一下他的那位平时看来很不错的助手。他把助手叫到床前说："我需要一位最优秀的传承者，他不但要有相当的智慧，还必须有充分的信心和非凡的勇气……这样的人选直到目前我还未见到，你帮我寻找和发掘一位，好吗？这是我死前唯一的愿望了，希望你能帮我实现它。"

"好的，好的，"这位助手很认真、很坚定地说，"这么多年，您一直很照顾我，把我当亲人般看待，我一直很感激你，我一定竭尽全力去寻找，不辜负您的栽培和信任。”

于是这位忠诚的助手就开始想尽一切办法为自己的老师寻找继承人。然而他找来一位又一位，总不合哲学家的心意。有一次，病入膏肓的哲学家硬撑着坐起来，抚着那位助手的肩膀说：“真是辛苦你了，不过，你找来的那些人，其实还不如你……”

半年之后，哲学家眼看就要告别人世，最优秀的人还是没有找到。助手非常惭愧，泪流满面地坐在病床边，语气沉重地说：“我真对不起您，令您失望了！”“失望的是我，对不起的却是你自己，”哲学家说到这里，很失望地闭上眼睛，停顿了许久，又哀怨地说，“本来，最优秀的人就是你自己，只是你不敢相信自己，才把自己给忽略、给耽误、给丢失了……”话没说完，哲学家就永远离开了这个世界。

最优秀的人其实就是你自己。把眼光对准自己，人生就是另外一番景象。故事中哲学家的那位优秀的助手，也许他并不缺少智慧，也不缺少做人的忠诚，却唯独缺乏最重要的自信，缺乏告诉哲学家自己是最优秀的继承者的勇气。

所以，我们要对自己有信心，要学会自我肯定，学会用情绪感染自己，你想自己是最优秀的，那么你就是优秀的。怎样才能做到自我肯定呢？至少要做到如下几点：

（1）温和，但不羞怯，因为对自己有信心，就要重视自己的价值。

（2）坚持，但不顽固，这是一条重要的原则，即使在家人或外人的压力之下也不退却。

（3）关怀，重视别人的权益。

（4）语言表达清楚，声调、姿势、态度都要恰到好处，让别人或自己清楚感受到自己所要表达的内容。

（5）勇敢，有自信，不会畏惧压力或嘲笑。

（6）满意，能在环境中维护自己的权益，且不去侵犯别人的权益，双方都满足。

(7) 有自我价值感，通过与人平等的交往，自己能从别人的尊重中更重视自己为“人”的价值。

英国著名政治改革家和道德家塞缪尔·斯迈尔斯认为，一个人必须养成肯定事物的习惯。如果不能做到这点，即使潜在意识能产生积极的作用，仍旧无法实现愿望。与肯定性的思考相对的，就是否定性的思考，凡事以积极的方式去对待即是肯定的思考，而以消极的方式去对待则是否定的思考。我们要相信，多肯定自己一点，正面情绪就会多一点，两者是成正比的。

一位诗人说过：“不可能每个人都当船长，必须有人来当水手，问题不在于你干什么，重要的是能够做一个最好的你。”把身边的工作做好，你就是最优秀的人。

毕尔在19岁时开办了一个经营兽皮和皮革的商店，不久他破产了，但挫折并没有压倒这个年轻人，反而更加激励了他。不久，他开始寻找获得成功的新方法。

奇迹发生了。有一天他到新德里一条商业大街上悠闲地漫步，伫立在一个肉类市场的橱窗前面向上仰望，就在那一瞬间，得到了一个一闪而过的致富方法。

他大声宣称：“那就是它！我已得到了它！”他的伟大的发现就是“运用自动暗示致富”。

“当你每天有感情地、全神贯注地高声朗读两遍从帮助你致富的书中抄下来的语句时，就能使得你所期望的目标同你的下意识心理直接相通。重复这个过程，你还会自觉自愿地形成思想习惯。这对你努力把愿望转变为现实是有好处的。”

“在应用自动暗示的原则时，要把心力集中于某种既定的愿望上，直到那种愿望成为热烈的愿望。”最后他的自动暗示致富成功了。

毕尔虽然在19岁时失败了，但是现在他却成了著名的令人尊敬的威廉·维·麦克考尔，是澳大利亚最年轻的国会议员，著名的辛得立城可口可乐子公司董事会前董事长，以及一家为22个家族所拥有的著名公司的董事。

有些人经常否定自己，“凡事我都做不好”，“人生毫无意义可言，整个世界只是黑暗”，“过去屡屡失败，这次也必然失败”，“没有人肯和我结婚”，“我是个不善交际的人”……持这类想法的人，生活往往不快乐。当我们问及此种想法由何产生，得到的回答多半是：“这是认清事实的结果。”尤其是怀有忧郁情绪的人，他们会异口同声地说：“我想那是出于不安与忧虑吧！我也拿自己没办法。”

然而，换一个角度去想，情绪就不会那么糟糕，例如有些人会想：“我虽然一无是处，但也过得自得其乐，不是吗？”肯定自我，有了乐观而积极的想法，你才会找到新的人生方向和意义。

·第六章·

情绪释放

——给负面情绪找个出口

他人给的负面情绪不要留在心里

人们的情绪不仅受到自身行为、信念的影响，同时也受到他人情绪的影响。现代社会随时随地都发生着人与人的交往，处在这样的环境中，我们不可避免地会受到他人情绪的影响。他人健康的积极情绪会带来好的影响，而他人消极的负面情绪也会带来负面的影响。一旦他人的不良情绪影响到我们，能否正确地处理这些情绪将关系到是否能保持我们的身心健康。

对待别人给我们的负面情绪，每个人的解决方法不同，所以不必用别人的方法套用在自己身上。但是得到普遍认识的一点是，压制这种负面情绪是最不可取的方法。

心理学家在大量的实验后也发现，在受到来自他人的不良情绪影响时，一味地隐藏与压抑并不利于身心健康，长期的情绪压抑会导致沮丧和疲惫，甚至会诱发习惯性头痛。

但是情绪的表达并非在任何时候都有正面作用。如果情绪表达时过于激动，或者情绪发泄之后不能很快从其中走出来，那么情绪的发泄只会造成自身的损害。例如在双方意见不同时针锋相对，互不相让，则容易产生更多的情绪问题。

对于来自外界的情绪不速之客，没有统一、绝对的应对之法，唯有了解并掌握通常的应对技巧，才能最大限度地避免负面情绪的困扰。

1. 换位思考，对事不对人

当冲突发生的时候，首先应该做的就是冷静下来，理智地分析问题，把人做的事和做事的人区分开来，如果做事的人引起了我们的负面情绪，那么我们需要说服自己换位思考，试着站在对方的立场上思考问题，这是寻求解决之道的捷径。同时用尽量平静的语气告诉他："我的不满是针对你做的事，而并非针对你个人。"

2. 情绪释放要及时

如同之前提到的，释放情绪的方式并不适合每一个人，但这并不能否认情绪释放是个不错的方法。就好比艾克哈特·托尔曾描述过的两只鸭子，在动物的世界里并不缺少冲突，但它们处理冲突的方式有时也值得人类借鉴：两只鸭子在发生冲突之后，马上会各自分开并释放累积的多余能量。然后它们就能像冲突发生之前一样继续安详地在水面上漂流。

快速摆脱不良情绪是一种重要的情商，能够帮助人们将情绪释放或转移，同时减少压力，对身体状况亦会有正面的影响。

3. 情绪表达要适度

如果只是一味地换位思考，替他人着想或者压抑自己的情绪并不能解决问题，而且对我们的身心毫无益处，正确的做法是择机适度地表达出我们的不满、愤怒和谴责，在给自己不良情绪找到出口的同时也能让对方明白我们的立场。

重点在于"择机"和"适度"，这些并不是一朝一夕能够领悟的，这里有个表达方面的小技巧，比如要表达"你很自私"的意思时可以这样说"你在做这件事情的时候并没有考虑到我，我觉得被遗忘了"。

4. 压制而不压抑负面情绪

压制和压抑一字之差，却有根本的不同，虽然同样是控制情绪发泄，但从结果上讲，压制负面情绪能够让我们保持良好的人际关系，而压抑则会给我们的身心带来不好的影响。从意识上讲，压制是暂时地控制情绪发泄，是一种自动自发地控制，而压抑是长期的、习惯性地压制情绪，比如敢怒不敢言。

在负面情绪中，愤怒算是最为激烈的一种，有人说它应该被发泄，因为有益于身体健康；也有人说它应该被压制，因为有益于他人。心理学家卡罗尔·塔弗瑞斯更倾向于压制，他曾说，如果你是一个有责任感的人，那么你就应该压制愤怒，因为这是正确的做法。

当不可避免地被他人的负面情绪传染时，我们要对自己的情绪负责，积极主动地采取健康的、有益的措施化解他人的负面情绪对自己带来的影响。

为情绪找一个出口

情绪的宣泄是平衡心理、保持和增进心理健康的重要方法。不良情绪来临时，我们不应一味控制与压抑，而应该用一种恰当的方式，给汹涌的情绪找一个适当的出口，让它从我们的身上流走。

在我们的生活中，可能会产生各种各样的情绪，情绪上的矛盾如果长期郁积心中，就会引起身心疾病。因而，我们要及时排解不良情绪。很多时候，只要把困扰我们的问题说出来，心情就会感到舒畅。我国古代，有许多人在他们遭到不幸时，常常赋诗抒发感情，这实际上也是使情绪得到正常宣泄的一种方式。

有人经过研究认为，在愤怒的情绪状态下，伴有血压升高的状况，这是正常的生理反应。如果怒气能适当地宣泄，紧张情绪就可以获得松弛，升高的血压也会降下来；如果怒气受到压抑，长期得不到发泄，那么紧张情绪得不到平定，血压也降不下来，持续过久，就有可能导致高血压。由此可见，情绪需要及时地宣泄。

尽管自控是控制情绪的最佳方式，但在实际生活中，始终以积极、乐观的心态去面对不顺心的外部刺激，是非常难做到的。所以，人们在控制情绪时常常综合应用忍耐和自控的方法，而且，为了顾忌全局，暂时忍耐的方法用得更多。所以，尽管在面对不愉快时会努力做到自控，但往往并非能做到真正的洒脱，还需要检验个人的忍耐力。然而，每个人的忍耐力都是有极限的，当情绪上的烦躁、内心的痛苦达到一定程度，最终会非理性地爆发出来。所以，在实际生活中，不能一味地压抑情绪，要懂得适当地宣泄，为自己的负面情绪找一个“出口”，将内心的痛苦有意识地释放出来，而要避免不可控地爆发。

有天晚上，汉斯教授正准备睡觉，突然电话铃响了，汉斯教授接起了电话，他一听才知道电话是一个陌生妇女打来的，对方的第一句话就是：“我恨透他了！”“他是谁？”汉斯教授感到莫名其妙。“他是我的丈夫！”汉斯教授想，哦，打错电话了，就礼貌地告诉她：“对不起，您打错了。”可是，这个妇女好像没听见，如竹桶倒豆子一般说个不停：“我一天到晚照顾两个小孩，他还以为我在家里享福！有时候我想出去散散心，他也不让，可他自己天天晚上出去，说是有应酬，谁知道他干吗去了！”

尽管汉斯教授一再打断她的话，说不认识她，但她还是坚持把话说完了。最后，她喘了一口气，对汉斯教授说：“对不起，我知道您不认识我，但是这些话在我心里憋了太长时间了，再不说出来我就要崩溃了。谢谢您能听我说这么多话。”原来汉斯教授充当了一个听筒。但是他转念一想，如果能挽救一个濒临精神崩溃的人，也算是做了一件好事。

这位陌生的妇女之所以选择了汉斯教授作为自己情绪的出口，就是因为彼此不认识，这名妇女能轻松地将自己的情绪倾倒出来，而不会引起恶性循环。

所以，我们要找到合适的发泄情绪的管道，当有怒气的时候，不要把怒气压在心里，对于情绪的宣泄，可采用如下几种方法：

1. 直接对刺激源发怒

如果发怒有利于澄清问题，具有积极性、有益性和合理性，就要当怒则怒。这不但可以释放自己的情绪，而且是一个人坚持原则、提倡正义的集中体现。

2. 借助他物发泄

把心中的悲痛、忧伤、郁闷、遗憾借助他物痛快淋漓地发泄出来，这不但能够充分地释放情绪，而且可以避免误解和冲突。

3. 学会倾诉

当遇到不愉快的事时，不要自己生闷气，把不良心境压抑在内心，而应当学会倾诉。

4. 高歌释放压力

音乐对治疗心理疾病具有特殊的作用，而音乐疗法主要是通过听不同的乐曲把人们从不同的不良情绪中解脱出来。除了听以外，自己唱也能起同样的作用。尤其高声歌唱，是排除紧张、舒缓情绪的有效手段。

5. 以静制动

当人的心情不好，产生不良情绪体验时，内心都十分激动、烦躁、坐立不安，此时，可默默地侍花弄草，观赏鸟语花香，或挥毫书画，垂钓河边。这种看似与排除不良情绪无关的行为恰是一种以静制动的独特的宣泄方式，它是以清静雅致的态度平息心头怒气，从而排除沉重的压抑。

6. 哭泣

哭泣可以释放人心中的压力，往往当一个人哭过之后，发现心情会舒畅很多。

当然，宣泄也应采取适当的方式，一些诸如借助他人出气、将工作中的不顺心带回家中、让自己的不得意牵连朋友等做法都不可取，于己于人都不利。与其把满腔怒火闷在心中，伤了自己，不如找个合适的出口，让自己更快乐一些。

不要刻意压制情绪

马太定律指的是好的越好，坏的越坏，多的越多，少的越少的一种现象。最初，它被人们用来解释一种社会现象，例如，社会总是对已经成名的人给予越来越多的荣誉，而那些还没有出名的人，即使他们已经做出了不少贡献，也往往无人问津。

其实，这一定律同样适用于人的情绪。也就是说，那些快乐的人，会越来越快乐；相对应的，那些压抑的人，总是感到越来越压抑。我们经常会看到这样一些人，他们总是抱怨自己人生的不如意，并由此产生了一系列的压抑情绪的心理问题。

心理学研究表明，情绪需要的是疏导而不是压抑，要勇敢地表达自己的情绪，而非拼命地压制。当你大胆地表达出你的真实情感时，目标将有可能实现，反则将事与愿违。

白雪是一个很美丽的女子，老公是她的初恋，因为爱，她一直都在迁就他。从大学恋爱到结婚，一直如此。而他，则有着别人不能反抗、永远是他对你错的嚣张气焰。他不喜欢她工作，她就得放弃工作在家带孩子。他不喜欢她的朋友，她就乖乖地一个朋友都不见，渐渐失去了一切朋友。每当他心情不好时，她都对他百般迁就与迎合，希望老公在自己的关爱与包容下，情绪会有所改善。可是，日子一天天过去，他的脾气非但没有改善，反而愈演愈烈。在她稍稍不听话的时候，得到的就是一顿狂风暴雨式的武力伺候。

她纵然有一千个想法，也从来不敢表达。她努力地迎合公公婆婆，得到的却永远是白眼多于黑眼的冷漠。她不敢对老公说让公公婆婆搬走另住，只好继续默默承受着除了丈夫之外的公公婆婆的冷暴力。

她从此很少说话，保持着令人崩溃的沉默，把一切放在心里。但却不曾料到，在这样的环境中，小时候非常活泼可爱的女儿居然也学会了迎合她的情绪。看到白雪哭的时候，她会安慰妈妈，唱歌给妈妈听，说老师夸奖她之类的话，其实白雪知道老师并没有表扬她。孩子在学校非常的自闭，没有朋友，常常一个人呆呆地不说话。这让白雪非常揪心。

9 年的婚姻，9 年的迎合，她从一个活泼快乐的公主变成了一个深度抑郁的女人，还影响到了孩子的成长。虽然跟双方的性格有关，但更是她一味迎合、纵容的结果。

白雪一味将自己的情绪压抑下来，其实对她的婚姻一点好处都没有。我们常说不敢表达自己真实想法的人是怯弱的，一个人如果连自己的所思所想都不敢让别人知道，别人又怎敢相信他。所以不要压抑自己的真实想法与情绪，当自己想表达某种情绪时，就要勇敢地表达出来。

那么该如何排解自己的压抑情绪，让想法顺利地表达出来呢？我们通常可以采取以下几种方法：

1. 鼓励自己，给自己勇气

缺乏信心是我们不敢表露真实情绪的一个原因，由于在乎对方的看法或情感，于是我们开始压抑自认为不利于双方关系的情绪。

这个时候，我们需要给自己勇气，告诉自己即使对方不认可也没有关系，心里也会觉得坦然，情绪也就很自然地表露出来了。

2. 情绪表达要平缓

情绪即使再激烈，也可以选择一种相对轻缓的方式来表达。否则很容易遭到对方的情绪反抗，沟通也就不能再继续进行了。

我们要试着对别人说“我现在很生气……”，而不是用各种激烈的指责或行动来表达生气，情绪是可以“说出来”的。

3. 学会拒绝别人

在某些时候，如果你想拒绝别人，也要大胆地表达出来。但是拒绝是讲究技巧的，太直率的拒绝可能会影响双方的关系。在拒绝对方的时候，你要考虑到对方的心理感受，可以肯定而委婉地告诉他你没法答应，并表达你的歉意。

4. 学会赞美与肯定

赞美是一种有效的人际交往技巧，能在很短时间内拉近人与人之间的距离，消除戒备心理。每个人都渴望听到赞美和肯定的话，真诚的欣赏与赞扬，会使你的人际关系更加和谐，也便于你顺利表达自己的想法。

大自然水库的水位超过警戒线时，水库就必须做调节性泄洪，否则会危害到水库的安全。倘若此时不但没有泄洪，反而又不断进水时，水库就会崩溃。人的情绪也是一样，当需要表达的时候，请先勇敢地迈出沟通的第一步。

情绪发泄掌握一个分寸

关于情绪发泄，一个男人曾经这样说过：只要给女人发泄的机会，女人就会像开足马力的机器，让你无处可退，最终崩溃。相对于男人而言，女人更喜欢通过倾诉的方式释放和发泄自己的情绪，但是有些女人往往不能掌握情绪发泄的度，结果导致自己像个失控的魔鬼，影响到自己的生活。

其实，当人产生负面情绪时，发泄是一个很好的途径，能最快地甩掉情绪的包袱，但是我们现在很多人面临的问题是把握不住这个发泄的度。一旦发泄过度，就会对我们的人际关系产生影响，没有人喜欢和不分场合、不分时机、不分轻重随意发泄情绪的人做朋友。我们需要将情绪发泄得恰到好处，才能保证生活的平和。

赵佳是北京某技术公司的总经理，由于她经常出差，甚至有时候要加班，她发现自己大多数的时间都放在工作上，时间一长，她便对自己的工作状态感到烦躁。

当意识到自己的工作状态不佳时，她就想借助运动或者唱歌发泄一下。她喜欢打网球，每每工作烦躁的时候，她就叫上几个同伴一起打网球，或者去 KTV 发泄一下。她认为打网球和唱歌都是发泄的好办法，特别是将心中的郁结通过打网球打出去或者唱歌唱出来的那一瞬间，仿佛一切都放下了。等发泄完了，她又重拾好心情，继续工作。

赵佳借助网球或者唱歌的方式来发泄自己的负面情绪，其实就是一种恰到好处的发泄方式，这种方式不仅调整了自己的情绪，而且也获得了乐趣。

负面情绪必须释放出来，如果不发泄出来的话，心灵的堤坝就会崩溃。而释放与发泄情绪所要做的就是用语言或者是动作把情绪表达出来，从而让处于战争中的躯体和大脑达成共识。当我们处于负面情绪状态时，正确的疏导才能让情绪发泄得恰到好处。

首先，我们应该体察自己的情绪变化。了解自己的情绪波动是控制情绪的第一步，就像医生医治病人一样，必须先了解病人的病症，然后才能对症下药。如果你连自己的情绪变化都不了解，又谈何控制和治理。唯一不同的是情绪必须自己感知，然后自己控制。

但是适当的情绪释放与发泄并不容易掌握，大多数人常会犯这样的错误：本来是在诉说自己的情绪问题，最后却误转了矛头，本来倾听的那个人成箭靶子，你已忘记了你的初衷。

其次，分析自己的情绪。寻找自己情绪变动的原因并有针对性地找到解决方案。情绪发泄与释放首先要对自己的情绪负责，必须认识到无论有什么样的情绪，都不应责怪和转嫁给他人。分析情绪的过程也是梳理个人情绪变化的过程，当分析情绪时，个人处于一种冷静、理性的状态，便于找到情绪源，从而利于缓解不良情绪。

再次，情绪归类。分析完情绪之后，就要将我们的情绪归类，到底属于有益的负面情绪，还是有害的负面情绪，程度的深浅又是如何，自己以往有没有相同的情绪体验，当你把这一次的情绪贴好标签后，所有情况就会一目了然。

最后，调控情绪。心理学认为：“人的情绪不是由某一诱发性事件本身所引起的，而是经历了这一事件的人对这一事件的解释和评价所引起的。”这是心理学著名的一条理论。当找到诱发情绪的原因之后，接下来就是调节情绪了。当一个人情绪低落的时候，要学会找一种适合自己的调节方法，如转移注意力、运动发泄，等等，以促使自己的情绪始终处于平衡之中，使自己的心境始终处于快乐之中。

情绪发泄要恰到好处，就是要注意情绪发泄的度。发泄不满情绪，并不是单纯为了宣泄不满情绪，更不是“泼妇骂街”，不要因为过分的情绪发泄而摧毁了自己好不容易建立起来的光辉形象。在发泄情绪时千万注意要就事论事，不要进行人身攻击，否则事情的性质就改变了，也很难善后。

经营生活，其实就是经营心情。我们学会了不随意发泄情绪，也就能够成功地管理心情了，从而掌握好自己的人生。

把负面情绪写在纸上

释放负面情绪的方式很多，“把负面情绪写在纸上”是非常流行的一种排解负面情绪的方法。这种方法简单且随意，在动笔将负面情绪写在纸上的过程中，自己的情绪已经得到表达和排解，内心也会有一种欣慰和解脱之感。

其实，生活中的每个人都需要倾诉内心的喜怒哀乐，把负面情绪写出来是缓解压抑情绪的重要方法。它的做法非常简单：将那些自己无法解决的困难或烦恼逐条写在纸上，将无形的压力化作“有形”。这样，原本紧张的情绪便可得到舒缓，思路会变得清晰，自己也能更冷静地解决问题。

瞿先生在一家公司供职约十余年，近些天因为升职的事情，心里非常郁闷。身边和自己同时进公司的同事乃至比自己晚进公司的同事都得到升迁，唯独自己升迁的机会非常渺茫。

面对这种情况，瞿先生在很长的一段时间里情绪都非常低落。他说：“我非常恼火，而且这种感觉还一直在扩张，以至于我觉得非离开这家公司不可。但在写辞职信之前，我随手拿了一支红水笔，将我对公司领导层的意见都写在纸上，写着写着，我的心境就开朗起来，好像负面情绪悄悄离开了一样。写完之后，我就把这些纸张收起来，并和老朋友说了这件事。”

朋友建议瞿先生用另一种颜色的笔，将每一位领导的才能和优点写出来，然后又让他把自己想晋升的职位、需要具备的素质甚至未来的规划等都一一写在纸上。两种颜色的纸张一对比，瞿先生的愤怒便马上消减。他又充满了激情，明白了自己怎样努力才能实现目标。

自此，瞿先生就找到了一种发泄情绪的好办法。他总是随身带着纸笔，每当自己有什么想法的时候，就习惯性地先将想法写在纸上。“这是一种很好又很安全的控制情绪的方法，每当我写完之后，就感到一身清爽，时间长了，我控制和调节情绪的能力也越来越强。”他这样说道。

当情绪需要发泄时，不妨像瞿先生那样，养成将情绪写在纸上的习惯。作家罗兰在《罗兰小语》中写道：“情绪的波动对有些人可以发挥积极的作用。那是由于他们会在适当的时候发泄，也在适当的时候控制，不使它泛滥而淹没了别人，也不任它淤塞而使自己崩溃。”情绪宣泄的方法有很多种。如：倾诉、哭泣、高喊等。适度的宣泄可以把不快的情绪释放出来，使波动情绪趋于平和。当你心中有烦恼和忧虑时，可以向老师、同学、父母兄妹诉说，也可用写日记的方式进行倾诉。

生活中，我们不可避免地会遇到烦恼和不顺心的事，关键在于，遇到这些事后我们选择如何对待。将情绪埋在心里，长久压抑不是一种可行的方法，要学会笔头倾诉。这种方法可以在不影响他人的情况下，在笔端自由地进行自我倾诉。动笔将你在情绪上遇到的问题写下来，情绪在不知不觉中既可得到排解，还有助于理清思路。

第二篇

别让坏情绪毁了你

·第一章·

控制愤怒

——不要因一时的冲动毁灭自己

杀人不见血的“气”

世间万事，危害健康最甚者，莫过于愤怒。诸如：咆哮如雷的“怒气”、暗自忧伤的“闷气”、牢骚满腹的“怨气”、有口难辩的“冤枉气”等。“气”与人体健康关系密切。若“心不爽，气不顺”，必将破坏机体平衡，导致各部分器官功能紊乱，从而诱发各种疾病。所以《内经》就明确指出：“百病生于气矣。”

美国生理学家爱尔马为了研究情绪状态对人体健康的影响，设计了一个很简单的实验：把一支玻璃试管插在装有冰水混合物的容器里，然后收集人们在不同情绪状态下的“气水”。研究发现：当一个人心平气和时，他呼吸时水是澄清透明无杂的；悲痛时水中有白色沉淀；悔恨时有乳白色沉淀；生气时有紫色沉淀。爱尔马把人在生气时呼出的“气水”注射到大白鼠身上，12 分钟后，大白鼠竟死了。由此爱尔马分析认为：“人生气时的生理反应十分强烈，分泌物比任何情绪时都复杂，都更具有毒性。因此容易生气的人很难健康，更难长寿。”

震惊于实验结果的同时，我们更要清楚，我们每个人面对生活中的各种困惑、烦忧时，都应该学会宽容、学会理解、学会忍让、避免愤怒，牢记“气大伤身”，用宁静博爱的心态，对待世事是非，烦恼自会远离。哲人说：生气，其实就是拿别人的错来惩罚自己。

不错，何必为别人背沉重的情绪包袱？何必为别人犯下的错误承担责任？其实，人只要肯换个想法，调整一下态度，或者转移一下视角，就能让自己有一个新的心境。只要我们肯稍作改变，就能抛开坏心情，迎接新的处境。

我们不能让自己的情绪控制自己，我们必须学习“转念”，“少点积怨，多点包容”，“多洒香水，少吐苦水”，让愤怒情绪远离，而用乐观的思绪来迎接人生。

控制自己的愤怒的确是件非常不容易的事情，因为我们每个人的心中永远存在着理智与情感的斗争。如同所有的习惯一样，控制冲动也是一种经过训练而得到的能力。要具备这种能力，有两个基本方法：第一，你必须不断地分析你的行动可能带来的后果；第二，你必须让自己为了获得最大的利益而行动。

从前，有一名叫爱地巴的人，每次生气和人起争执的时候，就以很快的速度跑回家去，绕着自己的房子和土地跑三圈，然后坐在田地边喘气。

爱地巴工作非常勤劳努力，他的房子越来越大，土地也越来越广，但不管房地有多大多广，只要与人吵架生气，他还是会绕着房子和土地绕三圈。

爱地巴为何每次生气都绕着房子和土地绕三圈？所有认识他的人，心里都很疑惑，但是不管怎么问他，爱地巴都不愿意说明。

直到有一天，爱地巴很老了，他的房地面积也已经非常广大了，有一次他生气，拄着拐杖艰难地绕着土地和房子走，等他好不容易走完三圈，太阳都下山了，爱地巴独自坐在田边喘气。

他的孙子在身边恳求他：“阿公，您已经这么大年纪了，这附近地区的人也没有谁的土地比你更广大，您不能再像从前那样，一生气就绕着土地跑了！您可不可以告诉我这个秘密，为什么您一生气就要绕着土地跑三圈？”

爱地巴禁不起孙子恳求，终于说出隐藏在心中多年的秘密。

他说：“年轻时，我一旦和人吵架、争论、生气，就绕着房地跑三圈，边跑边想，我的房子这么小，土地这么小，我哪有时间，哪有资格去跟人家生气，一想到这里，气就消了，于是就把所有时间用来努力工作。”

孙子问：“阿公，你年纪老了，又变成最富有的人，为什么还要绕着房地走三圈？”

爱地巴笑着说：“我现在还是会生气，生气时绕着房地走三圈，边走边想，我的房子这么大，土地这么多，我又何必跟人计较？一想到这，气就消了。”

现实生活中，我们要像爱地巴那样进行自我心理调整，用平易温和的方式，使自己能够在此情绪中抚慰自己。在愤怒的时候，安抚自己的内心远比找其他的人发泄来得高明。不生“气”难做到，但并不意味着没有解决的办法。

在不幸面前，应保持冷静的思考和稳定的情绪，遇事冷静，客观地做出分析和判断。

要多方面培养自己的兴趣与爱好，如书法、绘画、集邮、养花、下棋、听音乐、跳舞、打太极拳等，可以修身养性、陶冶情操。

要有自知之明，遇事要尽力而为，适可而止，不要好胜逞能而去做力所不能及的事。不要过于计较个人的得失，不要常为一些鸡毛蒜皮的事发火，愤怒要克制，怨恨要消除。保持和睦的家庭生活和良好的人际关系、邻里关系，这样在遇到问题时可以得到各方面的支持。

一个拥有平和心态的人，在各方面都会顺其自然，不必在意太多，并总能找到排解愤怒的渠道。

愤怒有信号，多加观察

有人这样说：如果你愤怒，就说明你遇到了麻烦，或者出现了问题；但也有人说：只要愤怒是事出有因的，就不会有什么问题。其实，愤怒情绪有迹象可循。不管愤怒的爆发是否意味着爆发者出现问题，只要留意愤怒爆发前的信号，并能对将要愤怒的反应和感觉保持高度敏感，就可能及早平息即将爆发的愤怒情绪。

因此，要随时留意愤怒的迹象，在愤怒的时候，人们的手往往会不知不觉地攥成拳头，不停地走来走去，或嘴里不停念叨、诅咒，或紧咬牙关，所以，我们应在平常多留心观察自己是否会流露出这些小动作。

吉姆的妻子希望丈夫可以变得更加善于表达自己的情感，以使他们的婚姻关系更加亲密。吉姆听从了妻子的建议，不久之后，他逐渐变得善于表达自己，他甚至把多年来压在心底的各种情绪都向妻子表达出来。

妻子对吉姆的做法感到非常不满，甚至愤怒。为此，二人前去咨询心理医生。妻子说："吉姆现在整天说我让他多么生气，我烦透了。""不是你希望他更善于表达自己吗?"医生反问说。吉姆的妻子解释说自己只是想听一些正面的情绪，而不是整天听丈夫说他自己有多生气，生气是他的问题，可以不要说出来。

医生说，其实，吉姆现在很难控制自己的情绪，特别是没有在愤怒初期就控制好它而导致大怒，他仍然不善于表达自己的情绪。医生建议他们努力去发现对方愤怒的信号，共同解决问题。在医生和妻子的帮助下，吉姆再也不会轻易地生气了。

像吉姆一样，留心捕捉愤怒的信号，才更有利于控制自己的情绪。俗话说："当断不断，必受其乱。"同样的道理，愤怒时应立即采取措施。当我们发现自己发怒的信号时，可以通过数数，从 1 数到 10，先让自己平静下来。但是，90%的人在快要发怒时往往没有立即采取措施，以致愤怒很快就会升级到暴怒。不能任愤怒等情绪自然而然地发展，越早控制住自己的愤怒越好。

乔治和女朋友为一个周末共同制订了一些计划，但女朋友在未告知他的情况下擅自更改了计划，乔治为此感到闷闷不乐。他向一位心理专家咨询解决方法。专家听了他的诉说，说如果把生气的程度分为 10 个等级，问乔治当他听说女朋友改变主意时有多不高兴。乔治说大约 4 级。

专家把 1 到 3 级称为不高兴，把 4 到 6 级称为愤怒。那么，乔治的 4 级就是愤怒了。乔治当时也没有把那种生气的感觉告诉女朋友。他经常把怒火藏在心里。"接下来发生了什么？"专家问。

"后来我们一起出去吃饭，等了半天，餐厅的饭菜还没有上来，这时我越来越生气。"乔治说那时自己的生气程度已经达到 6 级或者 7 级，离暴怒只有一步之遥。"后来你怎么做？"专家又问。

乔治说他当时只想让自己平静下来，但并未采取任何措施。随后就和女朋友去看棒球比赛了。后来，他们就在车里吵了起来。乔治当时非常生气，愤怒地一拳打在汽车的通风口上，把它打碎了。乔治说那时他生气的程度肯定有 9 级或 10 级。

上述案例中，乔治没有注意到自己愤怒的信号，没有把自己生气的情绪告诉给他的女友，进而发生的一连串事情让他越来越生气，以致到最后完全爆发，情绪由愤怒变为暴怒。

在生气程度的 10 个等级中，"不悦"和暴怒分别处在等级序列的两端。通常情况下，你不必为自己的“不悦”而操心。感到不悦一般不是什么问题，但前提是这种感觉不会往前发展。那么，怎样才能抑制它的不断发展呢？不妨这样去做：不要把情况想得过分严重，用正确的眼光对待问题。不要把一些问题个人化。或许别人根本没有意识到给你带来的不快，你应该意识到这并不是针对你本人。不要只想着指责别人，应该换位思考，从别人的角度看问题。不要总想着报复。把某事归咎于某人后，下一步往往就是报复对方。

遇到不开心的事，要去想想怎样做才能不让这种不悦的感觉升级为愤怒。千万不要让负面情绪进一步发展，这样只会让你变得愈加愤怒。要告诉自己：不要因为这些小事情让自己的心情变得糟糕，让自己怒不可遏。随时随地留意愤怒，关注愤怒，化解愤怒，才能保持快乐和幸福。

愤怒是心灵在折磨自身

人经常不能控制自己的怒气，为了生活中大大小小的事情勃然大怒或者愤愤不平，愤怒是由对客观现实某些方面不满而生成，比如，遭到失败、遇到不平、个人自由受限制、言论遭人反对、无端受人侮辱、隐私被人揭穿、上当受骗等多种情形下人都会产生愤怒情绪。表面看起来这是由于自己的利益受到侵害或者被人攻击和排斥而激发的自尊行为。其实，用愤怒的情绪困扰心灵，乃是一种自我伤害。

对身体健康的伤害只是其中一个方面，愤怒对于心灵的摧残尤为严重。由心灵而生的愤怒情绪，又回过头来伤害心灵本身，让心灵变得躁动不安，失去原有的宁静和提升自己的精力和时间，这是心灵的一种自戕。

古代的皮索恩是一个品德高尚、受人尊敬的军事领袖。一次，一个士兵侦察回来，没能说清楚跟他一起去的另一个士兵的下落。皮索恩愤怒极了，当即决定处死这个士兵。就在这个士兵被带到绞刑架前时，失踪的士兵回来了。但结果出人意料：领袖由于羞愧更加暴怒，处死了两个人。

在这位军事领袖的身上，令人遗憾和痛心地表现出了愤怒摧毁理智的现象。而理智正是心灵的高贵所在，如果人们任由心灵自我伤害而不进行干预，这种无动于衷该有多么的悲哀。

正如思想家蒲柏所说："愤怒是由于别人的过错而惩罚自己。"文学家托尔斯泰也说："愤怒对别人有害，但愤怒时受害最深者乃是本人。"

我们愤怒于别人的言行，让愤怒占据了大部分的心灵空间，心灵负载着重担，再无法关照自身，更不能得到任何形式的提升，反而在愤怒情绪的支配下更加容易丧失理智，让自己远离高贵，变得蒙昧和愚蠢。

结果，导致我们愤怒的人依然故我，他们继续做着错的事，享受着愉悦的心情；

结果，因为愤怒，我们无法专注于眼前的工作，没能很好地履行自己的职责；

结果，我们只顾着愤怒，而无暇体验生命中原本存在的美和善。

折磨我们的是自己的愤怒情绪，而非别人的一些令人愤怒的行为。我们完全能够做到控制自己的愤怒情绪，避免让心灵受到伤害。

有一位智者曾在山中生活30年之久，他平静淡泊，兴趣高雅，喜爱花草树木，尤其喜爱兰花。他的家中前庭后院栽满了各种各样的兰花，这些兰花来自四面八方，全是年复一年地积聚所得。大家都说，兰花就是高人的命根子。

有一天高人有事要下山去，临行前当然忘不了嘱托弟子照看他的兰花。弟子也乐得其事，上午他一盆一盆地认认真真浇水，等到最后轮到那盆兰花中的珍品——君子兰，弟子更加小心翼翼了，这可是师傅的最爱啊！他忙了一上午有些累了，越是小心翼翼，手就越不听使唤，水壶滑下来砸在了花盆上，连花盆架也碰倒了，整盆兰花都摔在了地上。这回可把弟子给吓坏了，愣在那里不知该怎么办才好，心想：师傅回来看到这番景象，肯定会大发雷霆！他越想越害怕。

下午师傅回来了，他知道了这件事后一点儿也没生气，而是平心静气地对弟子说了一句话："我并不是为了生气才种兰花的。"

弟子听了这句话，不仅放心了，也明白了。

不管经历任何事情，我们都要制怒，在脉搏加快跳动之前，凭借理智的力量平静自己。

想一想，如果惹你生气发怒的人犯了错误，是由于某种他们不可控的原因，我们为什么还要愤怒呢？

如果不是这样，那么他们犯错一定是由于善恶观的错误。我们看到了这一点，说明在善恶观的问题上，我们的心灵比他们高贵，比他们更理性，更能辨明是非黑白。对于他们，我们只有怜悯，不应有一丝愤怒。

对于犯了错误的人，尽己所能平静地劝诫他们，没有必要生气，心平气和地向他们展示他们的错误，然后继续做你该做的事，完成自己的职责。

愤怒不能随心所欲

梁实秋说过："血气沸腾之际，理智不太清醒，言行容易逾分，于人于己都不宜。”富兰克林也曾说过：“以愤怒开始，以羞愧告终。”这就告诉我们要把握愤怒的度，愤怒要有底线，不可无顾忌地发怒，否则于人于己都不利。

我们都知道，愤怒往往是由于自己受到比较大的伤害，或者原本希望用理性的方式表达愿望，但在失望之后，才不得已采取了愤怒的方式。当然，社会允许你在一定范围内发泄情绪，也就是说愤怒是有底线的，因为极端的愤怒不是伤人就是伤己，有时还会造成两败俱伤的局面，它还会干扰人际关系，影响个人的思维判断，造成不可控制的后果。因而，正确理解愤怒的限度，才有可能把愤怒的苗头消灭在萌芽状态，特别是在愤怒发生时，正确地引导从而消解愤怒，解决矛盾，这才是最重要的。

伊凡四世是沙皇俄国的第一任沙皇，因为其残酷的执政手段，他被后人称为“恐怖的伊凡”，他经常将这种恐怖的手段施之于平民。

在他用军队征服了诺夫格罗德市之后，诺夫格罗德的居民因留恋自己独立开放的文明，他们仍习惯性地与立陶宛人、瑞典人进行贸易。尤其是在城市被侵占之后，这里的居民反抗、逃亡和袭击禁卫军的事件屡屡发生。伊凡知道这个小城市的居民袭击自己的军队之后，异常愤怒。他将其视为挑衅，并不停地咒骂，而且发布讨伐的命令。

他亲率禁卫军和1500名特种常备军弓箭手，于1570年1月2日来到诺夫格罗德城下。他命令士兵们在城市周围筑起栅栏，防止有人逃跑。教堂上锁，任何人不准入内避难。

之后在伊凡所在的广场，每天，大约有1000位市民，包括贵族、商人或普通百姓，被带到伊凡面前，不听取其任何的辩护，不管这些人有罪没罪，只要是诺夫格罗德城的人他就对其用刑。鞭打、裂肢、割舌头等各种残酷的刑法他都用尽。很多居民还被扔入冰冷的水里，浮出水面的人，伊凡就命令士兵用长矛将其活活地刺死。这场恐怖的

屠杀共持续了5个星期，诺夫格罗德城大概有两万多人被屠杀，这场残酷的屠杀在历史上是非常罕见的，也是令人发指和痛斥的。

伊凡的残暴不仁，是因为他手中有可怕的权力，这是一个比较极端的例子，但是也能说明不受控制，没有底线的愤怒，就像愈烧愈烈的火焰一样，直到把身边的一切都烧毁。我们手中没有至高无上的权力，所以我们的愤怒不会大面积燃烧。但是，没有底线的愤怒还是会对我们身边的人造成伤害。

在愤怒的时候，人们往往容易冲动，大脑失去了理智的控制，后果不堪设想。人们也常常用极端的方式来发泄自己的愤怒，以父母批评孩子为例，因为孩子的成绩不好或者表现不佳，父母有时对孩子大打出手，结果孩子不仅身体觉得疼痛，心理上也会受到伤害，他们可能会仇视父母，而且心理上还可能会埋藏下阴影，对其未来的发展非常不利。

因而，在“愤怒”的时候，要善于将愤怒的“冲动”变成“理性”的思考。当遇到不平的事情之后，可以愤怒，但是不能表现得太过激烈。激愤的时候要懂得控制自己的情绪，避免出现丑态，更不能恶语伤人，甚至出现暴力等过激行为。由于情绪失控而做出伤害别人的事情，日后要想弥补就很困难了。

愤怒还可以用理智予以控制，对一些不开心的小事，与其憋在心里，让自己生闷气，不如把它抛到脑后，以保持心境的平静。确立了这种意识，就可以逐步实现控制愤怒情绪的目标，并且能够提高自己的忍耐力和毅力。

战胜冲动这个魔鬼

人们经常会因为一些事情陷入愤怒的情绪之中，愤怒其实是一种冲动。这种冲动是最无力的情绪，也是最具破坏性的情绪。许多人都会在情绪冲动时做出使自己后悔不已的事情来。培根说：“冲动就像地雷，碰到任何东西都一同毁灭。”每个人都有冲动的时候，尽管它是一种很难控制的情绪，但不管怎样，一定要努力去做。如果不注意培养自己冷静平和的性情，一旦碰到不如意的事情就暴跳如雷，情绪失控，就会让自己陷入自我戕害的囹圄之中。

南南的爸爸妈妈大吵了一架，起因是妈妈放在自己外套里的300元钱不见了，妈妈认定是爸爸拿的，但爸爸却不承认。下班后，爸爸直接去保姆家接南南，保姆一边帮南南穿衣服，一边说：“昨天我给南南洗衣服，从她口袋里找出300元钱，都被我洗湿了，晾在……”没等保姆把话说完，爸爸立刻就把南南拽了过去，狠狠打了她两个耳光，南南的嘴角立刻流血了。“你竟敢偷钱！害得我和你妈妈大吵了一架，这样坏的孩子不要算了！”他丢下南南掉头就走了。南南根本不知道发生了什么事，只觉得脸很痛就哭了起来。保姆对南南妈妈说：“你家先生也太急躁了，不等我把话说完就打孩子，这么小的孩子怎么可能偷钱啊！100元钱对她来说就是张花纸。一定是她拿着玩时顺手放到口袋里的。”南南被妈妈抱回家后，总是不停地哭闹，妈妈只好带她去医院做检查。

检查结果让夫妻俩完全惊呆了：孩子的左耳完全失去听力，右耳只有一点听力，将来得戴助听器生活。由于失去听力，孩子的平衡感会很差，同时她的语言表达能力也将受到严重影响。

南南爸爸简直痛不欲生，他一时冲动打出的两个巴掌竟然毁了女儿的一生，他永远也无法原谅自己，并将终生背负着对女儿的亏欠。

愚蠢的行为大多是在冲动之下产生的。每个父亲都是爱自己的孩子的，南南的爸爸也一定希望女儿有一个美好的未来，但愤怒的冲动却使他亲手毁了这一切。

在遇到与自己的主观意向发生冲突的事情时，若能冷静地想一想，不仓促行事，也就不会有冲动和愤怒，更不会在事后懊悔了。

因交通拥堵在应聘面试时迟到；在超市付款时，一个顾客推着装得满满的购物车插队到自己的前边；为了一个至关重要的项目辛苦了几个月，懒散的同事却得到了提升，等等。遇到这样的事情会让你冲动发怒吗？在你拍案而起或爆发前，深吸一口气，然后提醒自己：冲动是魔鬼。

当冲动发生，愤怒不可避免时，这样的人有何种表现呢？人所共知，他们鼻孔鼓鼓的，脸涨得红红的，拳头握得紧紧的。但这时他们的身体里产生了什么样的变化呢？他们血液里的肾上腺素、去甲肾上腺素和葡萄糖增多，产生所谓的生物化学紧张、脉搏加快的现象。每分钟流经心脏的血液猛增，对氧气的需求也增加。经常这样，易导致高血压、动脉粥样硬化、偏头痛、多尿症……

为了排解愤怒的冲动，古罗马人手里总是拿着特别的樽（古代饮器），气愤时能随时把它打碎。日本人在事务所里放一个上司的泥塑，供下属下班后敲打发泄。如果没有多余的餐具，也没有泥塑，可以通过其他途径出气。

另外，我们还可以换一种思路，果敢地告诉自己，生气是拿别人的过错惩罚自己。

当你怒火中烧的时候，一定要克制冲动的情绪。当你被愤怒控制，处于激动之中时，会做出许多傻事。遇到这种情况，就要清醒地告诉自己：冲动是魔鬼。然后配合下面这些小动作，你将能以最快的速度避免自己陷于水深火热之中。

即使是装，也要微笑，因为微笑会创造奇迹。你开口笑，脑海里会立刻浮现一些愉快的事，所有器官从准备“战斗”的状态中获得解放，血液趋于均匀，心脏跳动变得有节奏，大脑供氧得到改善。想一想，感情是很有感染力的。如果说，冲动引来愤怒，那么，微笑会回报微笑。

不会生气的人是笨蛋，不去生气的人才是聪明人。情绪是理智的大敌，一个人，特别是易怒的人，必须学会控制自己的情绪，做个不冲动、不生气的聪明人。

及时停住你的愤怒冲动

人在紧张状况下，很难控制自己的情绪，一时心中生起千堆火，哪里还考虑事情的后果呢？这个时候的行为往往具有自伤和伤人的性质。而冲动情绪常常发生在与别人争吵或者受到批评的时候，是一瞬间爆发出来的怒气。冲动害人不浅，它给我们带来的负面影响远超过我们的想象。

王先生是国内某知名企业的一位高级主管。在决策时，由于自己一时疏忽，造成了该企业的利润直接下降了 7 个百分点。故障出现后，企业内部人心惶惶，唯恐老板把怒气发泄到自己的身上。王先生更是提心吊胆，做好了接受处罚的准备。

终于，秘书汇报说，老板让他过去一趟。“嗨，算了，该来的总会来，没必要紧张。”王某安慰着自己，但还是怀着忐忑的心情来到了老板的办公室。一进门，老板不但没有大发雷霆，反而让他坐下喝茶。王先生心里越发纳闷了。不知老板葫芦里卖的什么药。

“听到这个消息时，我整个人都要疯掉了。你知道你犯的错误有多严重吗!”老板开口说道。

“对不起，是我的失职。我请求惩处。”王先生立马起身赔罪。

“我本来是要重重处罚你。但是，做每件事情都要合情合理，不能冲动。于是，我考虑了一下，你曾经为咱们企业做出了很大的贡献。”

老板拿出自己的笔记本，上面写满了王某的成绩。“每当我控制不住自己的冲动情绪，想要对某人发火时，我就强迫自己坐下来，拿出纸和笔，写出某人的好处。每当我完成这个清单时，自己的怒气也就消了，就能理智地看待问题了。”

听完老板的一席话，王先生豁然开朗。有这样的老板，自己以后必须要多多学习，努力工作。

冲动的情绪容易蔓延，如果这时的情绪不能在源头得到控制，那么你就会陷入愤怒的情绪无法自拔。所以，当你发现自己的情绪将要爆发起来，就要及时采取措施，抑制冲动情绪。否则，愤怒在你的胸口不断膨胀，最终你承受不了这巨大的压力，将会做出让自己后悔的事情。上例中的老板，虽然由于员工的错误让自己的企业受到了巨大的损失，但是他没有大发雷霆，严厉地斥责那位主管，而是先冷静分析该主管的成绩，然后做出判断。因此，只要采取正确的手段，冲动的情绪是可以遏制的。

首先，当某件事情让你感到无法控制自己的愤怒时，你可以立即转移注意力。迅速离开原来的场景。这不是一种逃避的方法，而是通常所说的“眼不见，心不烦”。你可以先把这件事情放下，做其他的事情。当你的怒气消了之后，再回过头来考虑这件事情。比如，你在做一份报表，但是你的下属交给你的数据一塌糊涂。这个时候，你可以先让下属核对一下，再交给你。或者，你先看另外一份资料。不仅能够及时避免冲动，也能给员工留下成熟稳重的好印象。

其次，当你感觉快要控制不住自己的冲动时，不妨坐下来。研究表明，人坐着的时候，血液循环和新陈代谢的速度都不如站着。这样，愤怒所需要的能量就无法源源不断地供应，从而切断了冲动的根源。这样，你的生理反应就会降到最低。这就是为什么坐着比站着更容易缓解情绪的原因。

再次，在你控制不住的时候，果断闭上嘴巴。愤怒是一种软弱的表现，真正强大的人是不会轻易动怒的。保持沉默是心灵真正强大的表现。愤怒只会让你既伤身又伤心。当你冲动的情绪实在难以控制了，不妨先给自己一分钟的深呼吸时间。管住你的嘴巴，不要让它到处惹祸。动不动就发脾气的人是不会受人欢迎的。

最后，在你的周围挂上醒目的“制怒”标志。这是心里暗示法的灵活运用。在你快要控制不住自己的冲动时，只要抬起头，看看这样的标语，相信你的怒气就消了一半。再加上周围同事的提醒，你的怒火就彻底扑灭了。所以，不妨写点座右铭或者让周围的人帮助你，改掉易怒的脾气，从根源上制止自己的冲动情绪。

当然，克制住自己的冲动情绪并不是一蹴而就的，需要你时时刻刻提醒自己。同样，克制住了冲动，还要想想自己冲动的原因，争取在遇到类似的事情时，能做到控制自己的情绪。

·第二章·

释放悲伤

——学会释怀，坦然心境

沉浸在失去的痛苦中不能自拔

许多人都有过丢失某种重要或心爱之物的经历，如，不小心丢失了刚发的工资，最喜爱的自行车被盗了，相处了好几年的恋人分手而去，等等。这些大多会在我们的心理上投下阴影，情绪一直处于低落中，有时甚至因此而备受折磨。究其原因，就是我们没有调整好心态面对失去，没有从情绪上承认失去，只沉湎于已不存在的过去，而没有想到去创造新的未来。人们安慰丢东西的人时常会说："旧的不去，新的不来。"其实事实正是如此，与其为失去的自行车懊悔，不如考虑怎样才能再买一辆新的；与其为恋人的离开而痛不欲生，不如振作起来，重新开始，去赢得新的爱情。

日本有个70岁的老先生，拿了一幅祖传的画到电视台上节目，要求"开运鉴定团"的专家鉴定。他说，他的父亲说这是价值数百万日元的宝物，他总是战战兢兢地保护着，由于自己不懂艺术，想请专家鉴定画的价值。

结果揭晓，专家认为它是赝品，连一万日元都不值。主持人问老先生："您一定很难过吧？"来自乡下的老先生脸上的线条却在短时间内变得无比柔软，他憨厚地微笑道："啊！这样也好，不会有人来偷，我可以安心地把它挂在客厅里了。"

老先生的自我解嘲令人感慨：失去竟然可以比拥有轻松。其实，失去并不可怕，可怕的是我们内心的希望和快乐也因此而失去。面对生活，我们完全可以剔除棱角，不要沉浸在悲伤的痛苦中。

失去的时候许多人通常会难过不已，往往越是这样越是关上了通向未来的门，打开的只是那扇能够看到过去的窗户，所以，我们看到的不是未来的美好，而是过去的伤痛。

人生在世，有得有失，有盈有亏。有人说得好，你得到了名人的声誉或高高在上的权力，同时就失去了做普通人的自由；你得到了巨额财产，同时就失去了淡泊清贫的欢愉；你得到了事业成功的满足，同时也失去了奋斗的目标。我们每个人如果认真地思考一下自己的得与失，就会发现，在得到的过程中也确实失去了某些东西。整个人生就是一个不断地得而复失的过程。在这个过程中，你会失去许多，但是，你同样也会收获很多。

有一位住在深山里的农民，一天，从外地来的商贩那里意外地获得了一粒粒不起眼的种子。据商贩讲，这不是一般的种子，而是一种叫作"苹果"的水果的种子，只要将其种在土壤里，两年以后，就能长成一棵棵苹果树，结出数不清的果实，拿到集市上，可以卖好多钱。

欣喜之余，农民急忙将苹果种子小心收好，但脑海里随即涌现出一个问题：既然苹果这么值钱、这么好，会不会被别人偷走呢？于是，他特意选择了一块荒僻的山野来种植这种颇为珍贵的果树。

经过近两年的辛苦耕作，浇水施肥，小小的种子终于长成了一棵棵茁壮的果树，并且结出了累累硕果。

这位农民看在眼里，喜在心中。嗯！因为缺乏种子的缘故，果树的数量还比较少，但结出的果实也肯定可以让自己过上好一点儿的生活。

可是，这位农民并未能如愿。那一片红灿灿的果实，竟然被山里的飞鸟和野兽们吃了个精光，只剩下满地的果核。想到这两年的辛苦劳作和热切期望，他不禁伤心欲绝，大哭起来。他的财富梦就这样破灭了。在随后的岁月里，他的生活仍然艰苦，只能苦苦支撑下去，一天一天地熬日子。

几年后，当他偶然来到那片种了果树的山野，却发现他面前出现了一大片茂盛的苹果林，树上结满了累累硕果。

原来，这一大片苹果林都是他自己种的。几年前，当那些飞鸟和野兽在吃完苹果后，就将果核吐在了旁边，经过几年的时光，果核里的种子慢慢发芽生长，终于长成了一片更加茂盛的苹果林。

农民意外失去少量苹果，几年后却换来一大片苹果林。有时候，失去是另一种获得。生活中，一扇门如果关上了，必定有另一扇窗为你打开。你失去了一种东西，必然会在其他地方收获另一种东西。关键是要有乐观的心态，正确对待你的失去。

每个人都曾失去过，有的人总是向别人反复表明他失去的东西有多么好、有多么珍贵。有些人却有不同的表现，比如，他们在失去了原有的工作之后，不是一味地伤感，而是主动寻找新的工作。他们相信，失去并不意味着失败，失去后还可以重新拥有。

在失去不可避免的时候，你需要做的不是空怀惆怅，让自己陷入悲伤的情绪中，而是多思考一下，从失去中获取所得，从悲伤、痛苦的消极情绪中走出来。

认为难以找到理解自己的人

有些人感到悲伤的原因在于，茫茫人海中找不到可以理解自己的人。一个人的过错，常常不是他一个人所造成的，如果我们试着对他人多一些谅解，将温暖传递给他，就能将他从负面情绪的泥沼中拖拽出来。

但是，有的时候我们却找不到真正理解自己的人，仿佛高山流水觅知音的故事只是一个传说。想到这些，悲伤的情绪就难以抑制地喷涌而出，无法控制。但是，我们要明白，世界上没有两个一模一样的灵魂，也就没有人能真正做到百分之百地理解我们，大可不必因此而悲伤。

有个上海女孩小王嫁给了湖南小伙子小丁，两人感情非常好，但总是因吃饭问题闹矛盾。小王做菜要放糖，因为上海人爱吃甜食；小丁做菜喜欢放辣椒，因为湖南人嗜辣如命。吵来吵去，婚姻出现裂痕，最终导致离异。

第二年，另一个白马王子被小王相中。婚后小王犯难了：这第二任丈夫小马，祖籍四川，也是个“吃辣大王”。第一次的失败婚姻记忆犹新，经过深思熟虑，小王终于想出一招妙计。婚后第一餐，她就抢着买菜烧菜，每样菜里都放了辣椒，四川丈夫小马吃得津津有味。可是，小马偶尔一看妻子，只见她被辣得满头大汗，惊问：“你既然不爱吃辣椒，菜里面放这么多辣椒干啥?”小王听罢，心中甜丝丝的，笑道：“因为你爱吃辣椒啊!”小马非常感动。

第二天，小马抢着买菜做菜，他在每样菜里都加了糖，小王一吃，挺对胃口的，就问丈夫：“你不爱吃甜的，为什么每样菜都放糖呢?”小马笑了：“因为你喜欢吃啊!”小王听了，泪水便止不住地流了下来。她暗想，要是当年和小丁在一起生活时也能像如今这样“换位思考”，也不至于和小丁分道扬镳!

两个人走在一起，组建成一个家庭，虽然文化和性格都可能存在一定的差异，但是只要相互间多一分理解，控制好自己的情绪，我们就会有一个幸福的家。

其实，很多时候我们找不到了解自己的人，是因为我们自己也没有试着去换位理解别人。正如感情是需要互动的，情绪也是要互动的。只要一方理解另一方是不太可能赢得尊重的。

理解，是人生路上未语先香的“瑰丽宝贝”，总是那么温馨、那么暖人。理解对方，就需要我们进行换位思考。因为不了解对方的立场、感受及想法，我们就无法正确地思考与回应，沟通便被阻断。

真正的换位思考必然是一个“移情”的过程，要从内心深处站到他人的立场上去，要像感受自己一样去感受他人的思想和情绪。但不幸的是，许多人的换位思考却缺少了“移情”这个根本要素。他们或是站在自己的位置上去“猜想”别人的想法及感受，或是站在“一般人”的立场上去想别人“应该”有什么想法和情绪，或是想当然地假设一种别人所谓的情绪。这样的换位思考，其实仍然局限于自己设定的小圈子之中，绝对无法体验他人真正的想法和情绪。当我们不肯去理解他人时，他人也不会花精力理解我们，这种彼此之间的冷漠自然会酿成悲伤的情绪。

人们常说，良好的沟通是心与心的沟通，也就是情绪与情绪的沟通。生活中那些“善解人意”的人往往受到大家的喜爱和尊敬，原因就是他们能够做到移情换位，用别人的眼光来想问题、看世界，以别人的心情来品尝生活，以别人的情绪来处理事情，这样便拉近了人与人之间的距离。我们也就不难找到理解自己的人了。

总为逝去的昨天流泪

曾为英国首相的劳合·乔治有一个习惯——随手关上身后的门。

一天，有一个朋友来拜访他，两个人在院子里一边散步，一边交谈，他们每经过一扇门，乔治总是随手把门关上。

朋友很是纳闷，不解地问乔治："有必要把这些门都关上吗？"乔治微笑着回答："哦，当然有这个必要。我这一生都在关我身后的门，这是必须做的事。当你关门时，也就是把过去的一切留在了后面，不管是美好的成就，还是让人懊恼的失误，然后，你才可能重新开始。"

把过去的一切关在身后，也就是卸下情绪上的包袱，放弃曾经拥有的一切，这样才会更好地开始新的生活，然而这个问题却往往被我们所忽略。大多数人总是习惯于让过去的事情，挤占在脑海里不忍抛弃，结果情绪负载过重，浪费了精力，影响了事业的发展。所以，你应该试着学会经常把身后的门关上，把过去的一切留在身后。

关上身后的门，只是关掉过去各种情绪的门，并不是把你过去的经验和教训也关在身后，这些都是你人生的宝贵财富。你应把它们潜移默化地融化到自己的血液里，让其变成一种本能，成为一种习惯，这样更有利于你奔向成功。

每个人来到这个世界上，都希望自己将美好梦想尽可能多地变为绚丽现实。于是，在人生路上行进时，我们犹如天真的孩童，总是在瞪大好奇的眼睛期待珍宝的出现，并在行走中欣喜地将它拾起。人生经历的行囊，在不断地捡拾中变得越来越重，直到我们举步维艰。是断然放弃还是继续珍藏？这是我们每个人都不可避免遇到的难题，是每个想前行的人都要遇到的麻烦。

其实，关上这一扇门，也是一种伤感的美丽……

当情绪低落到极点，悲伤到极点，为何不去把行囊中的悲伤扔掉？也许曾经收入行囊时，它们对于我们来说是值得珍视的，给我们带来了无穷的欢快。但随着岁月的流转，随着光阴的飞逝，当它们的存在只会触痛我们的伤痕，它们的出现只能给我们留下黑夜辗转难眠时无声的泪水，为什么还要保存着它们？扔掉它们，打开尘封已久的行囊，把它们倾倒出来。也许，这会使我们痛苦，但是，扔掉之后，你会发现，心会如此灵动，情绪会如此积极。

内心世界没有阳光

“我之所以高兴，是因为我心中的明灯没有熄灭。道路虽然艰难，但我却不停地去求索我生命中细小的快乐。如果门太矮、我会弯下腰；如果我可以挪开前进路上的绊脚石，我就会去动手挪开；如果道路太泥泞，我可以换条路走。我在每天的生活中都可以找到高兴事儿。信仰使我能够以一种快乐的心态面对事物。”歌德夫人如是说。

许多人内心世界没有阳光，以致陷入悲伤情绪，不能自拔。一样的事情，可以选择不同的态度来对待。内心充满阳光，并做出积极努力，就一定会看到前方的风景。

心中有乐者，人生字典里就没有“悲观”二字。

有两个见解不同的人在争论三个问题。

第一个问题——希望是什么？悲观者说：是地平线，就算看得到，也永远走不到。乐观者说：是启明星，能告诉我们曙光就在前边。

第二个问题——风是什么？悲观者说：是浪的帮凶，能把你埋葬在大海深处。乐观者说：是帆的伙伴，能把你送到胜利的彼岸。

第三个问题——生命是不是花？悲观者说：是又怎样，开败了也就没了！乐观者说：不，它能留下甘甜的果实。

突然，天上传来了上帝的声音，也问了三个问题：

第一个：一直向前走，会怎样？悲观者说：会碰到坑坑洼洼。乐观者说：会看到柳暗花明。

第二个：春雨好不好？悲观者说：不好！野草会因此长得更疯！乐观者说：好，百花会因此开得更艳！

第三个：如果给你一片荒山，你会怎样？悲观者说：修一座坟茔！乐观者反驳：不！种满山绿树！

于是上帝给了他们两样礼物：给了乐观者成功，给了悲观者失败。

上述是一个两种见解的典型范例。悲观者和乐观者在面对同一个问题时，会有不同的看法。同样是人，会有截然不同的人生态度，不同的人生态度会看到截然不同的人生风景，不同的世界观会导致截然不同的人生结局。

心里装着哀愁，眼里看到的就全是黑暗。抛弃已经发生的令人不愉快的事情或经历，才会迎来新心情下的新乐趣。

在曲折的人生旅途上，如果我们需要承受所有的挫折和颠簸，就要学会化解与消释所有的困难与不幸，这样我们才能够活得更加长久，我们的人生之旅才会更加顺畅、更加开阔。

找一件自己喜欢的事情，全身心投入地去做，本身就是一种快乐的享受。这种快乐，要比花费钱财到游乐场寻找乐趣要划算得多。快乐本来不需要刻意为之，为快乐而快乐，抓住生活中的每一个小惊喜，尽情发挥，你会发现，这种“碰巧为之”的乐趣是任何娱乐形式都无法比拟的。

感觉挫折像暴雨一样袭来

如果一个人在 46 岁的时候，因意外事故被烧得不成人形，4 年后又在一次坠机事故后腰部以下全部瘫痪，他会怎么办？你能想象他后来变成百万富翁、受人爱戴的公共演说家、扬扬得意的新郎及成功的企业家吗？你能想象他去泛舟、玩跳伞，在政坛角逐一席之地吗？

米契尔全做到了，甚至有过之而无不及。在经历了两次可怕的意外事故后，他的脸因植皮而变成一块“彩色板”，手指没有了，双腿细小，无法行动，只能瘫痪在轮椅上。

意外事故把他身上65%以上的皮肤都烧坏了，为此他动了16次手术。手术后，他无法拿起叉子，无法拨电话，也无法一个人上厕所，但以前曾是海军陆战队员的米契尔从不认为自己被打败了。他说：“我完全可以掌握自己的人生之船，我可以选择把目前的状况看成倒退或是一个起点。”6个月之后，他又能开飞机了。

米契尔为自己在科罗拉多州买了一幢维多利亚式的房子，另外也买了一架飞机及一家酒吧。后来他和两个朋友合资开了一家公司，专门生产以木材为燃料的炉子，这家公司后来变成佛蒙特州排行第二的私人公司。坠机意外发生4年后，米契尔所开的飞机在起飞时摔回跑道，把他背部的12块脊椎骨压得粉碎，腰部以下永远瘫痪。“我不解的是为何这些事老是发生在我身上，我到底做了什么错事？要遭到这样的报应？”

米契尔仍不屈不挠，日夜努力使自己能达到最高限度的独立，他被选为科罗拉多州孤峰顶镇的镇长。后来竞选国会议员时，他用一句“不只是另一张小白脸”的口号，将自己难看的脸转化成一项有利的资产。尽管面貌骇人、行动不便，米契尔却坠入爱河，且完成了终身大事，也拿到了公共行政硕士学位，并持续着他的飞行活动、环保运动及公共演说。

米契尔说：“我瘫痪之前可以做10000件事，现在我只能做9000件，我可以把注意力放在我无法再做好的1000件事上，或是把目光放在我还能做的9000件事上。如果你不把挫折拿来当成放弃努力的借口，那么，或许你可以用一个新的角度来看待一些一直让你裹足不前的经历。你可以退一步，想开一点，然后你就有机会说：‘或许那也没什么大不了的。’”

挫折是弱者的绊脚石，却是强者成功的起点。弱者因挫折产生消极悲观的情绪，强者却从中激发积极乐观的情绪。要想成功，就必须做生命的强者，做情绪的主人。

莎士比亚说：“与其责难机遇，不如责难自己。”这就是人生的基本课程。我们只要仔细回顾一下生活中坏运变为好运的大量实例，就会发现挫折和厄运仅仅是强者成功的起点罢了。

我们的一生犹如处在变幻不定的大海上，前一秒可能还是风平浪静，下一刻也就可能惊涛骇浪。挫折就如同惊涛骇浪，只是暂时的风景，大海最后还会归于平静。所以在这大海上航行时，尽量做到情绪稳定，只有这样你才能战胜挫折，到达成功的彼岸。

人生的光荣，不在于永不失败，而在于越战越勇。有智能的人往往能从失败的经验中获得成功，所以失败常常是人生的一种宝贵财富。

挫折让我们更能体会到成功的喜悦，没有挫折的人生是不完整的。

忘不了苦难和不快

有人这样问：“爱情没有了，回忆起来甜蜜多一点，还是痛苦多一点？”我们常常会遇到这样的问题，很多人觉得失去当然是痛苦大于甜蜜，想起分手时的那些伤害，心中就会隐隐作痛。而有一个人却说：“分手了，我记得最多的还是甜蜜，因为我忘记了那个人和那些痛苦，留在记忆里的是有一份很美的爱情。”

的确，很多时候，我们有痛苦悲伤的情绪，主要还是因为我们无法忘记。我们总是无法忘记那些伤痛和失意，那些记忆犹如明镜一般被我们悬挂起来，每天都在看，每时都在想，这样我们又怎能快乐呢？所以，在失意的时候，人应当学会忘记，忘记那些不快，才能够真正快乐，才能开始新的生活。

生于尘世，每个人都不可避免地要经历凄风苦雨，面对艰难困苦，乐观面对就是天堂，悲观失望就是地狱。而忘记就是一剂良药，弥合你的伤口，使你怀着新的希望上路。

人的一生，就像一趟旅行，沿途中有数不尽的坎坷泥泞，但也有看不完的春花秋月。如果我们的一颗心总是被灰暗的风尘所覆盖，干涸了心泉、暗淡了目光、失去了生机、丧失了斗志，我们的人生岂能美好？如果我们能保持一种健康向上的心态，即使我们身处逆境、四面楚歌，也一定会有“山重水复疑无路，柳暗花明又一村”的那一天。

悲观失望者的呻吟与哀叹虽然能得到短暂的同情与怜悯，但最终的结果必然是别人的鄙夷与厌烦；而乐观上进的人，经过长期的忍耐与奋斗，最终赢得的将不仅仅是鲜花与掌声，还有饱含敬意的目光。

很多人在失意的时候学会了用负面情绪武装自己，甚至陷入悲伤的深渊，难以自拔。忘不掉别人给予的伤痛，莫过于拿别人的错误来惩罚自己。就如失恋，不是因为你自己不够优秀，也不是因为你自己倒霉，而是你在错误的时间遇到了不适合的人，分开很正常，因为你需要腾出时间和位置留给那个适合的人。但是自从你沉沦悲伤的那一刻起，你的记忆里装满的都是曾经的伤痛，又怎能给新的那个人留出空间呢？所以，一个塞满了回忆的大脑，永远无法让新鲜的东西容进来。

在生活中，有很多的无奈要我们去面对，有很多的道路需要我们去选择。忘记一些原本不应该属于自己的，把握和珍惜真正属于自己的，去追寻前方更加美好的；忘记一些烦琐，为情绪减负，忘记那些怅惘，为了轻快地歌唱；忘记一段凄美，为了轻柔地梦想。忘记，是一种伤感，但更是一种美丽。

悲苦地面对生活

如果我们心情豁达、乐观，我们就能够看到生活中光明的一面，即使在漆黑的夜晚，我们也知道星星仍在闪烁。一个心理健康的人，思想高洁，行为正派，能自觉而坚决地摒弃病态的想法。我们既可以坚持错误、执迷不悟，也可以痛改前非，改过自新，这都取决于我们自己。这个世界是大家创造的，因此，它属于我们每个人，而真正拥有这个世界的人，是那些热爱生活、乐观向上的人。

乐观开朗的人的特点是把眼光盯在未来的希望上，把烦恼抛在脑后。培养乐观、豁达的性格，将会让你终身受益。

具有乐观、豁达性格的人，无论在什么时候，他们都感到光明、美丽和快乐的生活就在身边，他们眼睛里流露出来的光彩使整个世界都流光溢彩。在这种光彩之下，寒冷会变成温暖，痛苦会变成舒适。这种性格使智慧更加熠熠生辉，使美丽更加迷人灿烂。那种生性忧郁、悲观的人，永远看不到生活中的七彩阳光，春日的鲜花在他们的眼里也顿时失去了娇艳，黎明的鸟鸣变成了令人烦躁的噪音，无限美好的蓝天、五彩纷呈的大地都像灰色的布幔。在他们眼里，创造仅仅是令人厌倦的、没有生命和没有灵魂的苍茫空白。

乐观像一股永不枯竭的清泉，乐观像一首没有歌词的永无止境的欢歌。它使人的灵魂得以宁静，使人的精力得以恢复，使美德更加芬芳。人的精神、灵魂、美德都从这种愉悦的心情中得到滋润，尽管烦恼和不安总在时时吞噬着这种美好的心情，各种挫折和磨难会一点一滴地消耗它，但这如清泉甘露般的美丽心情永远不会枯竭。

要远离悲伤的情绪，保持乐观的心态，微笑着面对生活，还必须注意以下几条原则：

1. 要朝好的方向想

有时，人们变得焦躁不安是由于碰到自己所无法控制的局面。此时，你应承认现实，然后设法创造条件，使之向着有利的方向转化。此外，还可以把思路转到别的事上，诸如回忆一段令人愉快的往事。

2. 不要过于挑剔

大凡乐观的人往往是“憨厚”的人，而愁容满面的人，又总是心胸狭窄的人。他们看不惯社会上的一切，希望人世间的一切都符合自己的理想模式，这才感到顺心。挑剔的人常给自己戴上是非分明的桂冠，其实是在消极地干涉他人的人格。怨恨、挑剔、干涉是心理软弱、“老化”的表现。

3. 偶尔也要屈服

当你遇到重创时，往往变得浮躁、悲观。但是，浮躁、悲观是无济于事的。你不如冷静地承认发生的一切，放弃生活中已成为你负担的东西，放弃不能取得的活动希望，并重新设计新的生活。大丈夫能屈能伸，只要不是原则问题，不必过分固执。

4. 要意识到自己是幸福的

有些悲观的人，在烦恼袭来时，总觉得自己是天底下最不幸的人，谁都比自己强。其实，事情并不完全是这样，也许你在某方面是不幸的，但在其他方面依然是很幸运的。请记住这样一句话：“我在遇到没有双足的人之前，一直为自己没有鞋而感到不幸。”生活就是这样捉弄人，但又会给人以继续下去的希望，想到这些，你也许会感到轻松和愉快。

哀莫大于心死，我们在生活中一定要远离这句话。我们要时刻怀着一颗乐观、充满希望的心。无论你心态怎样，生活总是在继续，它不会仅仅因为你的伤心和难过而改变。与其悲伤不已，不如学会享受生活，乐观地笑对生活。

·第三章·

挑战恐惧

——内心淡定的人才无所畏惧

时刻怀疑自己的能力

对于消极失败者来说，他们的口头禅永远是“不可能”，这使他们离梦想越来越远，恐惧情绪由此爆发。这已经成为他们的失败哲学，他们遵循着“不可能”哲学，一直与失败为友。

那些成功人士，如果当初都在一个个“不可能”面前，因恐惧失败而退却，放弃尝试的机会，则不可能获得成功的青睐。没有经过勇敢的尝试，就无从得知事物的深刻内涵，而勇敢做出决断，即使失败，也会获得宝贵的体验，从而愈发坚强，愈发聪慧，愈发接近梦想。

古代有位国王，想挑选一名官员担任一项重要的职务。

他把那些智勇双全的官员全都召集起来，想试试他们之中究竟谁能胜任。官员们被国王领到一座大门前。面对这座国内最大的、谁也没有见过的大门，国王说：“爱卿们，你们都是既聪明又有力气的人。现在，你们已经看到，这是我国最大最重的大门，可是一直没有打开过。你们中谁能打开这座大门，帮我解决这个久久没能解决的难题呢？”

不少官员远远地望了一下大门，连连摇头。有几位走近大门看了看，退了回去，没敢去试着开门。另一些官员也都纷纷表示，没有办法开门。这时，有一名官员走到大门旁，先仔细观察了一番，又用手四处探摸，用各种方法试探开门。几经试探之后，他抓起一根沉重的铁链子，没怎么用力拉，大门竟然开了！原来，这座看似非常坚牢的大门，并没有真正关上，只要拉一下看似沉重的铁链，甚至不必用多大力气推一下大门，都可以打得开。如果连摸也不摸，看也不看，自然会对这座貌似坚牢无比的庞然大物感到束手无策。

国王对打开了大门的大臣说：“朝廷中重要的职务，就请你担任吧！因为你不仅限于你所见到的和听到的，在别人感到无能为力时，你也会仔细观察，并有勇气冒险试一试。”他又对众官员说，“其实，对于任何貌似难以解决的问题，都需要我们开动脑筋，仔细观察，并有胆量冒一下险，勇敢地试一试。”

那些没有勇气试一试的官员们，一个个都低下了头。

“不可能”并非真的不可能，而是被夸大的困难吓住了前进的脚步。困难就像是“虚掩的门”，只要敢于直面困难、把问题踩在脚下，最终你会发现：所有的“不可能”，最终都有机会变为“可能”。

“不可能”经常被人们所引用，它使人们对自己或他人失去信心，也让人们不相信奇迹的发生。“不可能”只是失败者心中的禁锢，具有积极情绪的人，从不将“不可能”放在心上，更不会因为“不可能”而恐惧。

科尔刚到报社当广告业务员时，经理对他说：“你要在一个月内完成20个版面的销售。”

20个版面一个月内完成，人们认为这个任务是不可能的。因为报社内最好的业务员一个月最多才销售15个版面。

但是，科尔不相信有什么是“不可能”的。他列出一份名单，准备去拜访别人以前招揽不成功的客户。去拜访这些客户前，科尔把自己关在屋里，把名单上的客户的名字念了10遍，然后对自己说："在本月之前，你们将向我购买广告版面。"

第一个星期，他一无所获；第二个星期，他和这些"不可能的"客户中的5个达成了交易；第三个星期他又成交了10笔交易；月底，他成功地完成了20个版面的销售。在月度的业务总结会上，经理让科尔与大家分享经验。科尔只说了一句："不要因恐惧被拒绝，尤其是不要因恐惧的情绪被第一次、第十次、第一百次，甚至上千次的拒绝。只有这样，才能将不可能变成可能。"

报社同事给予他最热烈的掌声。

在生活中，我们时常碰到这样的情况：当你准备尽力做成某件看起来很困难的事情时，就会有人走过来告诉你，你不可能完成。其实，"不可能完成"只是别人下的结论，能否完成还要看你自己是否去尝试，是否去尽力。是否去尝试，需要你克服恐惧失败的情绪；是否去尽力，需要你克服一切障碍，获得力量。以"必须完成"或者"一定能做到"的心态去拼搏奋斗，你一定会做出令人羡慕的成绩。

在积极者的眼中，永远没有"不可能"，不要被别人认为"不可能"的事情吓倒，取而代之的是"不，可能"。积极者用他们的意志和行动，证明了"不，可能"。

输给自己的假想敌

到了一个阴森森、黑漆漆的地方，我们会感到毛骨悚然，心跳加速，好像危险的事就要发生，于是步步惊魂，随时提高警惕，严阵以待，但是到了最后，往往什么事也没发生，自始至终，都是我们自己在吓自己。所有紧张、恐惧的情绪其实全都来自于自己的想象。

小光刚到深圳打工时，在一家酒吧做服务生。

自从第一天上班，老板便特别提醒小光："我们这一带有一个人，经常来白吃白喝，心情不好的时候，还会把人打得遍体鳞伤，因此，如果你听到别人说他来了，你什么也别想，想尽办法赶快跑就对了。因为这个人实在太蛮横了，连警察都不放在眼里，上一个酒保被他打伤，到现在还躺在医院里。"

某一天深夜，酒吧外面忽然一阵大乱，有人告诉小光说那个经常闹事的人来了。

当时，小光正在上厕所，等到他走出来时，酒吧里的客人、员工早就跑得干干净净，连个影子也见不到了。

这时，只听见"砰"的一声，前门被人踢开了，一个凶神恶煞般的男人大步走进门。他的脸上有一道刀疤，手臂上的刺青一直延伸到后背。

他二话不说，气势汹汹地在吧台前坐了下来，对小光吼道："给我来一杯威士忌。"

小光心想，既然已经来不及逃跑了，不如就试着赔笑脸，尽量讨这个人的欢心，以保全自己吧！于是，他用颤抖的双手，战战兢兢地递给那个男人一杯威士忌。

男人看了小光一眼，一口气把整杯酒饮干，然后重重地把酒杯放下。

看到这一幕，小光的心脏简直快要跳出来了，若不是酒吧里还放着音乐，他的心跳声一定会被人听见。小光勉强鼓起勇气，小声地问道："您……您要不要再来一杯？"

"我没那时间！"男人对着他吼道，"你难道不知道那个喜欢闹事的人就要来了吗？"

不久之后，那个男人就走了，小光这才重重地舒了一口气。小光这才发现，其实那个人并不可怕，只是人们无形之中把恐惧扩大了。

很多时候，人们就像案例中的小光一样，到事情结束后才发现恐惧是自己制造的。

对于我们来说，世界是一个宏大的舞台，其中就有很多镁光灯照不到的地方，而我们有的时候就被迫在这些带给我们不安的黑暗中去跳舞，想象着各种危险，有的时候甚至逃避着这一切。

其实这个社会中不仅只有你一个人面临这些焦虑和恐惧，很多人都曾在某个时刻被突如其来的未知恐惧所打垮。

与陌生人的交往就是这么一种典型状况，我们把陌生人想象成很可怕的样子，然后害怕与他们交往。

一份来自美国的研究资料称，约有40%的美国人在社交场合感到紧张，那些神采奕奕的政界人士和明星，也有手心出汗、词不达意的时候，还有一些人表面上侃侃而谈、镇定自若，实际上手心早已一把汗。

事实上，我们每个人都需要面对自己的焦虑、紧张情绪，如果你承认并接纳这种紧张情绪，你很快就能抛开它。而那些让紧张情绪影响工作和生活的人，则被心理专家定性为患有社交焦虑症或社交恐惧症的人，他们的糟糕表现，往往是因为不能承认自己的焦虑和紧张情绪所致。

对某些事物或情景适当的恐惧，可使人们更加小心谨慎，有意识地避开有害、有危险的事物或情景，从而更好地保护自己，避免遭受挫折、失败和意外事故。过度的恐惧则是最消极的一种情绪，并且总是和紧张、焦虑、苦恼相伴，而使人的精神经常处于高度的紧张状态。严重影响一个人的学习、工作、事业和前途。因此它必然损害健康，引起各种心理性疾病，长期的极端恐惧甚至可使人身心衰竭。

为了自己的健康和进步，有恐惧心理的人必须下定决心，鼓足勇气，努力战胜自己不健康的恐惧心理。

现在，请闭上眼睛，什么都不要想，彻底放松，除去一切的紧张，然后让憎恨、愤怒、焦虑、嫉妒、艳羡、悲痛、烦忧、失望等精神中的一切不利因素离你而去，你会感到轻松无比。

内心怯懦容易导致失败

有句名言说，失败的人不一定懦弱，而懦弱的人却常常失败。这是因为，懦弱的人害怕有压力的状态，因而他们害怕竞争。在对手或困难面前，他们往往不善于坚持，而选择回避或屈服。

懦弱通常是恐惧的同伴。懦弱带来恐惧，恐惧加强懦弱。它们都束缚了人的心灵和手脚。恐惧的字眼和言语，却常常将我们所恐惧的东西招到身边。

“如果你是懦夫，那你就是自己最大的敌人；如果你是勇士，那你就是自己最好的朋友。”美国最伟大的推销员弗兰克如是说。对于内心胆怯而做事又犹豫不决的人来说，一切都是不可能的，正如采珠的人如果被鲨鱼吓住，怎能得到名贵的珍珠呢？

那些总是担惊受怕的人，得不到真正自由的人生，因为他总是会被各种各样的恐惧、忧虑包围着，看不到前面的路，更看不到前方的风景。

在波士顿的一个小镇上有一个名叫杰克的青年，他一直向往着大海。一个偶然的机会，他来到了海边，那里正笼罩着浓雾，天气寒冷。他想：这就是我向往已久的大海吗？他的希望和失望落差很大，他想：我再也不喜欢海了。幸亏我没有当一名水手，如果是一名水手，那真是太危险了。

在海岸上，他遇见一个水手，他们交谈起来。

“海并不是经常这样寒冷又有浓雾的，有时，海是明亮而美丽的。但在任何时候，我都爱海。”水手说。

“当一个水手不是很危险吗?”杰克问。

“当一个人热爱他的工作时，他不会想到什么危险。我们家里的每一个人都爱海。”水手说。

“你的父亲现在何处呢?”杰克问。

“他死在海里。”

“你的祖父呢?”

“死在大西洋里。”

“你的哥哥呢?”

“当他在印度的一条河里游泳时，被一条鳄鱼吞食了。”

“既然如此，”杰克说，“如果我是你，我就永远也不到海里去。”

水手问道：“你愿意告诉我你父亲死在哪儿吗?”

“死在床上。”

“你的祖父呢?”

“也死在床上。”

“这样说来，如果我是你，”水手说，“我就永远也不到床上去。”

如果在海边你就开始惧怕海中的波浪，那么你注定无法体验到海的魅力。

学者马尔登曾说过：“人们的不安和多变的心理，是现代生活多发的现象。”他认为，恐惧是人生命情感中难解的症结之一。面对自然界和人类社会，生命的进程从来都不是一帆风顺、平安无事的，总会遭受各种各样、意想不到的挫折、失败和痛苦。当一个人预料将会有某种不良后果产生或受到威胁时，就会产生这种不愉快情绪，并为此紧张不安、忧虑、烦恼、担心、恐惧，程度从轻微的忧虑一直到惊慌失措。

恐惧，就是常常预感着某种不祥之事的来临。这种不祥的预感会笼罩着一个人的生命，像云雾笼罩着爆发之前的火山一样。

世界上没有永远的成功者，也没有永远的失败者。有人畏缩，得到的也会失去；有人勇敢，失去的也会重新得到。只要不断尝试、不断磨砺，我们就一定能战胜恐惧，获得积极正面的情绪。只要告别恐惧，勇敢地朝前走，别人能做到的我们也能做到。畏惧是人生路上一道深深的壕沟，跨过去你就拥有了出路和希望。

不轻易给自己下判决书

也许你遇到过这样的情况，当领导分配给你一项超出你能力的工作时，就会感到害怕，害怕不能如期完成，害怕不能达到领导的要求，害怕耽误自己的业绩。有了这些恐惧之后，你就会觉得困难重重，无论如何也不可能漂亮地完成领导分配的工作。此时，你所遇到的困难已经远远超过做事情本身，恐惧给你的工作和情绪产生了不良的影响。

这种恐惧人人都有，许多年轻人也不例外。有些人对一切都怀着恐惧之心：他们怕风，怕受寒；他们吃东西时怕中毒，经营商业时怕赔钱；他们怕人言，怕舆论；他们怕困苦时刻的到来，怕贫穷，怕失败，怕收获不佳，怕雷电，怕暴风……他们的生命中，充满了恐惧。

恐惧能摧残人的创造精神，能使人的精神机能趋于衰弱。一旦心怀恐惧的心理、不祥的预感，则做什么事都会出现困难，也不可能有效率。恐惧代表着、指示着人的无能与胆怯。这个恶魔，从古至今都是人类最可怕的敌人，是人类文明事业的破坏者。

当整个心态和思想随着恐惧的心情而起伏不定时，干任何事情都不可能收到功效。在实际生活中，真正的困难其实并没有我们想象中的那么大。如果我们能以一颗积极的心对待，那些使得我们未老先衰、愁眉苦脸的事情，那些使得我们步履沉重、面无喜色的事情，就能克服了。

恐惧是人类最大的敌人。不安、忧虑、嫉妒、愤怒、胆怯等，都是恐惧的一种表现。恐惧剥夺了人的幸福与能力，使人变为懦夫；恐惧使人失败，使人流于卑贱。因此，克服恐惧，已成为每个人都要面对的重大问题。

恐惧纯粹是一种心理想象，是一个幻想中的怪物，一旦我们认识到这一点，我们的恐惧感就会消失。如果我们的见识广博到足以明了没有任何臆想的东西能伤害到我们，那我们就不会再感到恐惧了。

勇敢的思想和坚定的信心是治疗恐惧的良药，它能够中和恐惧思想，如同化学家通过在酸溶液里加一点碱，就可以破坏酸的腐蚀性一样。当人们恐惧不安时，当忧虑正消耗着我们的活力和精力时，人们是不可能获得最佳效率的，也不可能事半功倍地将事情办好。

恐惧虽然阻碍着人们力量的发挥，给人们做事情带来一定的困难，但它并非是不可战胜的。只要人们能够积极地行动起来，在行动中有意识地纠正自己的恐惧心理，就会减少人们做事情的畏难情绪，那它就不会再成为人们的威胁了。

那么，怎样排除恐惧呢？

首先，你要进行自我激励，不断地在内心里对自己说：“没什么可恐惧的，我一定可以把事情做好。”自我激励就是鼓舞自己做出抉择并且行动起来。自我激励能够提供内在动力，例如，本能、热情、情绪、习惯、态度或想法等，能够使人行动起来。

其次，行动起来，用事实克服恐惧。很多事情没有做的时候，常常会感到恐惧。恐惧给我们带来了很大的困难，但是一旦做起来，就不会恐惧了。特别是事情做成功了，就可以克服恐惧，树立起信心。

最后，把事情的最坏结果想象出来，如果最坏的结果你能够承受，那么就没有必要恐惧了。

我们要认识到自己现在对生活的恐惧是早期没有树立信心造成的，这种恐惧不克服就会使自己做事情时产生更多的畏难情绪，严重影响到今后的发展，在恐惧所控制的地方，不可能达成任何有价值的成就。所以，一个做事有“手腕”的人要想成功，就要改变自己，克服恐惧，肯定自己，将畏难情绪紧锁起来。

直面恐惧才能消除恐惧

恐惧能摧残一个人的意志和生命。它能影响人的胃、降低人的修养、削弱人的生理与精神的活力，进而破坏人的身体健康；它能打破人的希望、消退人的意志，使人的心力“衰弱”以致不能创造或从事任何事业。

恐惧有时候就像是一道门，实际上你没有必要害怕，那扇门是虚掩着的。一旦你勇于面对恐惧，就会立刻醒悟：自己拥有的能力竟然远远超过原来的想象。

约翰是一个非常平凡的上班族，却在40岁那年做出了一个令人惊讶的举动，放弃他薪水优厚的办公室工作，并把身上仅有的3美元捐给了街角的乞丐，只带了换洗的衣裤，他决定从自己的老家——阳光灿烂的加州出发，靠搭便车与陌生人的好心，到达东岸一处叫作“恐怖角”的地方。

他之所以做出这样仓促的决定，完全是因为自己的精神即将崩溃，虽然他有一份好工作、温柔美丽的妻子、善良可敬的亲友，但他发现自己这辈子从来没有下过什么赌注，平顺的人生从没有高峰或低谷。

他觉得自己的前半生在懦弱中虚度了。

他选择“恐怖角”作为最终目的，借以表明他征服生命中所有恐惧的决心。

为了检讨自己的懦弱，他很诚实地为自己的“恐惧”开出一张清单：从小时候开始算起，他就怕保姆、怕邮差、怕鸟、怕猫、怕蛇、怕蝙蝠、怕黑暗、怕大海、怕飞、怕城市、怕荒野、怕热闹又怕孤独、怕失败又怕成功、怕精神崩溃……他无所不怕，唯一“英勇”的一次是他当众向妻子表白求婚。

这个懦弱的40岁男人上路前竟还接到母亲的纸条：“你一定会在路上被人杀掉。”但他成功了，4000多里路，78顿餐，仰赖82个陌生人的好心。

身无分文的他从没接受过别人在金钱上的帮助，在暴风骤雨中睡在潮湿的睡袋里，风餐露宿只是小事，他还曾经碰到精神病患者的骚扰，遇到几个怪异诡秘的家庭，甚至还会时不时地觉得有人像杀人狂魔和银行抢劫犯。经历这无数的“恐惧”之后，他终于来到“恐怖角”，接到妻子寄给他的提款卡（他看见那个包裹时恨不得跳上柜台拥抱邮局职员）。他不是为了证明金钱无用，只是用这种正常人会觉得“无聊”的艰辛旅程来使自己面对所有恐惧。

“恐怖角”到了，但令人意外的是，这“恐怖角”并不恐怖，原来“恐怖角”这个名称，是由一位探险家取的，本来叫“Cape Faire”，被讹写为“Cape Fear”，只是一个失误。

约翰终于明白：“这名字的不当，就像我自己的恐惧一样。我现在明白自己一直害怕做错事，我最大的耻辱不是恐惧死亡，而是恐惧生命。”

地位、声望、财富、鲜花……这些美好的东西都是给富于勇气的人准备的。一个被恐惧控制的人是无法成功的，因为他不敢尝试新事物，不敢争取自己渴望的东西，自然也就与成功无缘。胆怯、逃避是毫无用处的，只有直面恐惧，才能战胜它。

恐惧心理有很多类型：担心事情发生变化、害怕遭遇未知的难题、因放弃稳定的收入而感到不安。每个人都有自己惧怕的事情或情景，而且不少事物或情景是人们普遍惧怕的，如怕雷电、怕火灾、怕地震、怕生病、怕高考、怕失恋，等等。但是，有的人的恐惧异于正常人，如一般人不怕的事物或情景，他（她）怕；一般人稍微害怕的，他（她）特别怕。这种无缘无故的与事物或情景极不相称、极不合理的异常心理状态，就是恐惧心理。它是一种不健康的心理，严重的就是恐惧症。

恐惧心理，就像干扰电波一样，让我们的情绪一直处于不正常值，生活和工作都会因它而有损害，所以我们一定要尽快克服恐惧心理。以下是几种战胜恐惧的方法：

1. 学习科学知识

一位心理学家说得好："愚昧是产生恐惧的源泉，知识是医治恐惧的良药。"的确，人们对异常现象的惧怕，大多是由于对恐惧对象缺乏了解和认识引起的。

2. 勇于实践

经常主动接触自己所惧怕的对象，在实践中去了解它、认识它、适应它、习惯它，就会逐渐消除对它的恐惧。例如，有的人惧怕登高、惧怕游泳、惧怕猫、惧怕毛毛虫等。害怕异性，可以勇敢地去和异性交流，只要经常多实践、多观察、多锻炼、多接触，就会增长胆识，消除不正常的恐惧感。

3. 转移注意力

把注意力从恐惧对象转移到其他事物上，以减轻或消除内心的恐惧。例如，要克服在众人面前讲话的恐惧心理，除了多实践多锻炼外，每次讲话时把自己的注意力从听众的目光、表情转移到讲话的内容上，再配合“怕什么!”等积极的心理作用，心情就会平静，说话就比较轻松自如了。

直面恐惧，让自己成为一个冒险家，人生便不再黑暗，敢于争取、敢于斗争的人才会给自己争取到成功境界里的一席之地，如果你无法战胜自己的恐惧心理，成功也就永远与你无缘。所以，不要害怕，去勇敢面对荆棘、坎坷，你才会活得有声有色。

勇敢去做让你害怕的事

每个人的内心都或多或少存在着害怕或者恐惧，害怕和恐惧会阻碍个人在生活和事业上取得的成功。

害怕具有强大的破坏力，它深藏在你的潜意识当中影响你、束缚你，让你消极地去看待世界。害怕的本质其实是一种内心的恐惧，由于担心被拒绝、被伤害，你的行为就被阻止。而恐惧和自我肯定处于对立的位置，就像跷跷板一样。害怕程度越高，自我肯定程度就愈低。采取行动去提升自我肯定程度，或许就会降低让你裹足不前的恐惧。采取行动去降低你的恐惧，或许就会更加自信，从而获得成功。

要摒除害怕的情绪，就要不断鼓励自己要勇敢行动。举例来说，假如你害怕拜访陌生人，克服害怕的方式就是不断面对它直到这种害怕消失为止。这就叫作“系统化地解除敏感”，是建立信心与勇气最好、最有效的方法。就如同美国散文作家、思想家、诗人拉尔夫·瓦尔多·爱默生所说：“只要你勇敢去做让你害怕的事情，害怕终将灭亡。”

一位推销员因为经常被客户拒之门外，慢慢患上了“敲门恐惧症”。但是推销是他的工作，他不得不勇敢地去敲门，可是每次看到大门，他的手就颤抖。

迫不得已，他去请教一位推销大师，推销大师在弄清楚他恐惧的原因后，就问他：“现在假如你正想拜访某位客户，你已经来到客户家门前了，我先向你提几个问题。”

“好的。”推销员答道。

“请问你现在站在何处?”

“客户家门前。”

“那么你想做什么?”

“进入客户家里，和客户交流。”

“如果你进入客户家里了，出现的最坏情况会是什么呢?”

“被客户拒绝，然后赶出来。”

“赶出来之后呢，你又会站在哪里?”

“又站在了客户的门外。”

在一问一答中，推销员惊喜地发现，原来敲门并不是他想象的那么可怕。在那之后，每当他来到客户门口，他就不再害怕了。他告诉自己，就当作自己的尝试了，如果不成功的话，还可以累积经验。反正最坏的结果就是回到原点，也没什么损失。

最终，这位推销员战胜了“敲门恐惧症”，而且由于其突出的推销成绩，他被评为全行业的“优秀推销员”。

不仅在销售领域，在生活中的任何场合、对于任何事情，害怕的唯一原因就是像案例中的推销员最初的心理一样：担心被拒绝。由于对被拒绝的恐惧，心里就会产生很大的压力，会极不愿意去做某件事，这时别停止不前，勇敢地敲开面前的那扇门。

勇气往往能给人带来意外的机会，无论是处在逆境或者顺境，勇气都能给你带去力量和指引。在面对各种挑战时，也许失败并不是因为自己智力低下，不是因为缺乏全局观念，也不是因为思维逻辑的问题，而仅仅是因为把困难看得太清楚、分析得太透彻、考虑得太详尽，才会被困难吓倒，举步维艰，因而缺乏勇往直前的力量。

一个人缺乏勇气，就容易陷入不安、胆怯、忧虑、嫉妒、愤怒情绪的旋涡中，结果事事不顺。其实，恐惧无非是自己吓唬自己。世界上并没有什么真正让人恐惧的事情，恐惧只是人们心中的一种无形障碍罢了。摆脱害怕的心态，勇气是最好的解药。

勇气可以给人很多前进和成功的动力，也能帮助人冷静和自省。《勇气的力量》一书的作者认为，“勇气需要培植和坚守，真正的勇气是能够让心灵始终与正义通行”。也唯有如此，我们才能保持生命的力量，勇敢迈向未来。

·第四章·

切勿焦虑

——自我减压，生活才可以更轻松

现代人的“焦虑之源”

在现代社会，生活节奏越来越快，各种压力纷至沓来：来自考试升学的压力，来自就业的压力，来自职场中的压力，来自恋人的压力，来自父母的压力，来自子女的压力，来自房子、车子与更高级的毕业证书的压力，来自疾病的压力……面对众多的压力，很多人难以控制自己的情绪，结果不仅在众人面前情绪崩溃，言行不受控制，还给周围的人带来恶劣的影响。

快节奏的生活给现代人的情绪带来了恶劣的影响，你肯定也有过这样的体会：莫名其妙地发脾气、内心烦躁，看什么都不舒服；出门在外的时候，看旁边两个人有说有笑就生气；别人不小心踩了你的脚，你就像找到发泄的机会一样，跟人大吵一架。其实，这些负面情绪都是压力带给你的，当压力越来越大，你的情绪就越来越差。然而，这还不是最可怕的，一旦压力超过了你的心理承受极限，大脑神经系统功能就会紊乱，出现烦躁、失眠、头痛、焦虑、心慌、胃部不适等精神症状和躯体症状，进而引发身体疾病。

陈先生是一家企业的营销主管，每年的销售任务都很重，同行业竞争又特别激烈。他说自己都快成“空中飞人”了，一个城市接一个城市地出差，没有节假日，有时候午饭都没时间坐下来吃，常常是边走边吃边思考。最近他经常感到胸闷，刚开始没有太在意，后来，情况更加严重，出现气短、心跳加快、出虚汗等现象，到医院检查才知道患了冠心病。

生活中，像陈先生这样的人还有很多。由于工作节奏不断加快，人们身不由已地过着超速的日子，许多人在不知不觉中损害了自己的身心健康。人们不得不时时刻刻想着自己的工作，累了、倦了、病了也要坚持，因为他们害怕一旦慢下来、停下来就会被别人超越，那么以前的努力就付诸东流了。在这种思想的控制下，人的精神处于越来越紧张的状态。受压抑的感情冲突未能得到宣泄时，就会在肉体上出现疲劳症状，甚至引起心理的扭曲变态，导致心理疲劳。在此种情况下，一旦发生心理疲乏，势必造成精神上的崩溃。

长期从事快节奏工作的人身体会出现各种不适，例如，烦躁不安、精神倦怠、失眠多梦等神经症状，以及心悸、胸闷、筋骨酸痛、四肢乏力、腰酸腿痛和性功能障碍等其他症状，甚至可能引发高血压、冠心病、癌症等疾病。可以说，快节奏工作的人永远在寻找“奶酪”，但永远无法有充足的时间享受“奶酪”。

快节奏的生活，只会搞得自己身心疲惫，在忙乱劳碌中，日子一晃而过，没有机会和心情享受生活的乐趣，无法体味生活的和谐、宁静与幸福。

有人认为，发达国家生活节奏一定很快，其实不然。意大利有一个有名的“慢城市”布拉，那里的人们善于综合现代和传统生活中那些有利于提高生活质量的因素，生活得十分悠闲快乐而不懒散。

放慢生活的脚步，不要再做速度和效率的崇拜者和践行者。让自己不要那么忙，慢一点，去做那些自己想做却一直没有时间去做的事情，让自己在繁忙的都市里找到一片宁静的地方放松身心，休息过后，在快速与缓慢之间找到一种平衡，找回自己本身的节奏，让自己过上真正的生活。

学会让自己放轻松

200 年前，欧洲有一首民谣："我们背井离乡，为的是那小小的财富。"而现在，西方流行的观念是"过普通人的生活"。的确，拼命地工作挣钱，却没有时间和精力来享受安闲、舒适的生活，确是一件悲哀的事情。

在竞争越来越激烈、生活节奏越来越快、压力越来越大的现代社会中，要想生活得轻松自在一些，应该放松生命的弦，减轻自己的压力，清除自身的焦虑情绪，让金钱、地位、成就等追求让位于"普通人的生活"。

弗兰克是位生意人，赚了几百万美元，而且也存了相当多的钱。他在事业上虽然十分成功，但却一直未学会如何放松自己。他是位神经紧张、焦虑的生意人，并且把他职业上的紧张气氛从办公室带回了家里。

弗兰克下班回到家里在餐桌前坐下来，但心情十分烦躁不安，他心不在焉地敲敲桌面，差点被椅子绊倒。

这时候弗兰克的妻子走了进来，在餐桌前坐下。他打声招呼，便用手敲桌面，直到一名仆人把晚餐端上来为止。他很快地把东西吞下，他的两只手就像两把铲子，不断把眼前的晚餐一一铲进嘴中。

吃完晚餐后，弗兰克立刻起身走进起居室。起居室装饰得十分美丽，有一张长而漂亮的沙发，华丽的真皮椅子，地板上铺着高级地毯，墙上挂着名画。他把自己投进一张椅子中，几乎在同一时刻拿起一份报纸。他匆忙地翻了几页，急急瞄了一眼大字标题，然后，把报纸丢到地上，拿起一根雪茄，引燃后吸了两口，便把它放到烟灰缸里。

弗兰克不知道自己该怎么办。他突然跳了起来，走到电视机前，打开电视机。等到影像出现时，又很不耐烦地把它关掉。他大步走到客厅的衣架前，抓起他的帽子和外衣，走到屋外散步去了。

弗兰克这样子已有好几百次了，他没有经济上的困扰，他的家是室内装潢师的梦想，他拥有两部汽车，事事都有仆人服侍他——但他就是无法放松心情。不仅如此，他甚至忘掉了自己是谁。他为了争取成功与地位，已经付出他的全部时间，然而可悲的是，在赚钱的过程中，他却迷失了自己。

从故事中可以看出，弗兰克先生所有的症结就在于他的焦虑情绪，他繁乱的生活是因为他没有掌握放松自己的秘诀。

富兰克林·费尔德说过："成功与失败的分水岭可以用这么五个字来表达——我没有时间。"当你面对着沉重的工作任务感到精神与心情特别紧张和压抑的时候，不妨抽一点时间出去散心、休息，直至感到心情轻松后，再回到工作上来，这时你会发现自己的工作效率特别高。

只要你能在这个繁忙的世界中做到松弛神经，过得轻松愉快，你就是一个幸运者——你将会幸福无比。学会放松，就会让你拥有一个无悔的人生。

删除多余的情绪性焦虑

年轻人大多都有过这样的经历，在学校的时候总是担心自己毕业后找不到工作，每天焦虑重重；找到工作后又害怕自己在激烈的竞争中被淘汰，天天提心吊胆；有的人还害怕自己没有能力迎接突如其来的挫折，等等。

适当的焦虑可以促使人奋发向上，激发向上的原动力。但是，过度焦虑并不可取，它只会让人成天忧心忡忡，久而久之成为习惯，会影响你的心情，影响你获取成功。

凡事能够退一步想，不要那么耿耿于怀，焦虑就会减轻。只有删除多余的焦虑，我们的生活才能更加舒畅。比如说今天上班迟到了，也可以这样安慰自己：说不定上班的人今天都起早了，一路过去都畅通无阻。万一塞车了，老板可能也会没到。

凯瑟女士的脾气很坏，很急躁，总是生活在紧张的情绪之中：每个礼拜，她要从在圣马特奥的家乘公共汽车到旧金山去买东西。可是在买东西的时候，她也特别担心——也许自己的丈夫又把电熨斗放在熨衣板上了；也许房子烧起来了；也许她的女佣人跑了，丢下了孩子们；也许孩子们骑着他们的自行车出去，被汽车撞了。她买东西的时候，常会因担心而冷汗直冒，然后冲出商店，搭上公共汽车回家，看看是不是一切都很好。后来，她的丈夫也因受不了她的急躁脾气而与她离了婚，但她仍然每天感到很紧张。

凯瑟的第二任丈夫杰克是个律师——一个很平静、事事能够加以冷静分析的人，很少为什么事情而焦虑。

杰克充分利用概率法则来引导凯瑟消除紧张、焦虑。每次凯瑟神情紧张或焦虑的时候，他就会对她说：“不要慌，让我们好好地想一想……你真正担心的到底是什么呢？让我们看一看事情发生的概率，看看这种事情是不是有可能会发生。”

有一次，他们去一个农场度假，途中经过一条土路，碰到了一场很可怕的暴风雨。汽车一直往下滑，没办法控制，凯瑟紧张地想，他们一定会滑到路边的沟里去，可是杰克一直不停地对凯瑟说：“我现在开得很慢，不会出什么事的。即使汽车滑进了沟里，根据概率，我们也不会受伤。”他的镇定使凯瑟慢慢平静下来。

不要无谓地焦虑，要适时地安慰和劝导自己。像杰克那样根据概率分析事情发生的可能性。如果根据概率推算出事情不可能发生，这样通常能消除你90%的焦虑。

焦虑会使你的心情紧张，总是担心和惦记某些事情并不能有助于你解决问题。坐飞机时即便你心里想一千遍会不会遇到飞鸟撞机事件，或者飞机坠毁等意外，在到达目的地前，你也只能老老实实待在机舱里。

焦虑就像不停往下滴的水，而那不停地往下滴的焦虑，通常会使人心神不宁，进而精神失控。焦虑也像一把摇椅，你在上面一直不停摇晃，却无法前进一步。

生活中情绪性的焦虑是多余的。生活中不如意之事很多，要善于把握自我，控制好自己的情绪，找出让自己高兴的方式和途径，远离焦虑，迎接阳光灿烂的每一天。

说出自身的焦虑

焦虑，是人在面临不利环境和条件时所产生的一种情绪抑制。它是一种沉重的精神压力，使人精神沮丧，身心疲惫。有的时候是我们把问题想得过于糟糕，本来一件很简单的事，我们却要思虑很久，设想各种结果，随着自己各种各样的怀疑、猜忌、担心，焦虑的情绪就难以避免了。其实人生真的没有那么多的事用来焦虑，只是我们放大了去看而已。

焦虑是一种过度忧愁和伤感的情绪体验。每个人都会有焦虑的时候，但如果是毫无原因的焦虑，或虽有原因，却不能自控，每天心事重重、愁眉苦脸，就属于心理性焦虑了。

焦虑会使人的容颜快速衰老，甚至对其健康产生很大威胁。所以说，过度焦虑不可取。凡事退一步想，不要耿耿于怀，焦虑就会减少。

总之焦虑是有百害而无一利的，那么我们需要做的就是大声地说出自己的焦虑，让焦虑的阴霾远离我们。

把心事说出来，这是波士顿医院所安排的课程中最主要的治疗方法。下面是我们在那个课程里所得到的一些概念，其实我们在家里就可以做到。

1. 准备一本“供给灵感”的剪贴簿

你可以在剪贴簿上贴上自己喜欢的能够给人带来鼓舞的诗篇，或是名人名言。今后，如果你感到精神颓丧，也许在这个本子里就可以找到治疗方法。在波士顿医院的很多病人都把这种剪贴簿保存好多年，他们说这等于是替你在精神上“打了一针”。

2. 要对你的邻居感兴趣

对那些和你在同一条街上共同生活的人保持兴趣，这样就没有孤独感了，你对邻居感兴趣，那么你会很快与他们成为朋友，随之而来的就是邻居的热情与关爱，最后，焦虑会不自觉地远离你。

3. 上床之前，先安排好明天工作的程序

很多家庭主妇都为忙不完的家事感到疲劳。她们好像永远做不完自己的工作，老是被时间赶来赶去。为了要治好这种焦虑，波士顿医院的医生们建议各个家庭主妇，在头一天就把第二天的工作安排好，结果呢？她们能完成很多的工作，却不会感到疲劳。同时还因为自己取得的成绩而感到非常骄傲，甚至还有时间休息和打扮。

4. 避免紧张和疲劳的唯一途径就是放松

再没有比紧张和疲劳更容易使你苍老的事了。也不会有别的事物对你的外表更有害了。如果你要消除焦虑，就必须放松。

当一些问题的确是超出了我们的能力所能解决的范围时，我们就需要乐观一些，就像杨柳承受风雨一样，我们也要承受无可避免地事实。哲学家威廉·詹姆士说：“要乐于承认事情就是这样的情况。能够接受发生的事实，就是能克服随之而来的任何不幸的第一步。”

每个人都希望自己的生活过得一帆风顺，轻轻松松，简简单单，然而生活中却充满多种焦虑。例如，追求的失落，奋斗的挫折，情感的伤害，等等，都让我们的心灵背上了沉重的负荷。面对这样的焦虑，我们要适当地说出来，要想获得平和的心，最重要的方法就是注意为自己的心灵留出适当的空白，使自己的内心保持一定的余裕。

事实上，刻意地使心灵空白的确能有效地为人们带来心安的感受。在这个过程中你可以将头脑中焦虑、不安、沉重、憎恶等不良情绪“清空”，取而代之的是愉悦、安定、轻松、满足的心境。

总之，我们不要把焦虑隐藏在心中，要大声地说出来。许多人感到焦虑与不安时，总是深藏在心里，不肯坦白说出来。其实，这种办法是很愚蠢的。内心有焦虑烦恼，应该尽量坦白讲出来，这不但可以给自己从心理上找一条出路，而且有助于恢复理智，把不必要的焦虑除去，同时找出消除焦虑、抵抗恐惧的方法。

生活中不如意之事很多，只要你善于把握自我，控制好自己的情绪，说出焦虑，远离焦虑，自然就可以迎接阳光灿烂的每一天。

及时说出压力，清理情绪垃圾

适当的压力有益于生活、学习和工作，但压力一旦过度，既会影响身心健康，也会影响日常生活、学习和工作。

不及时说出烦心事或内心的想法，心理负担就会加重。碰到难题时，如果及时向人诉说，互相交流，便可得到放松，减轻心理压力，焦虑情绪自然不会来。

要形成说出压力的好习惯。用有声言语做出结论，对身心有引导、定型和安抚的作用。因而，有压力别闷在心里，要找人说出来。

常婷婷是一家公司的人力资源主管，每天琐碎的事情有一大堆，她经常要做各种计划，所以就很容易焦虑，身居高位，既害怕做错事被自己的领导批评，又担心下属难以管教。外人看见的她总是衣着光鲜，其实没有人了解她心里的苦。每当婷婷有焦虑的情绪产生时，她就会大吃大喝以排解自己的压力，结果反倒弄得自己的肠胃也跟着受罪。

婷婷的妈妈看到辛苦的女儿，很是心疼。一次拉过婷婷的手，说道："孩子，有压力就要说出来，憋在心里会出问题的。"婷婷却假装坚强地说："妈，我没事，您放心吧。"此时，妈妈摸了一下女儿的头发，又说道："婷婷啊，你知道爸爸妈妈为什么给你取这个名字吗？就是希望你生活压力不要太大，一辈子都要不时停下来，放松一下自己。我们是你最亲近的人，和我们说说你的压力，不会给我们造成负担，我们都希望你快乐！"婷婷听完后，眼泪立刻就流了下来，和妈妈整整聊了一个晚上。

很多人就像婷婷一样，出于各种原因，不愿将自己的压力说出来，这样焦虑的情绪也就得不到释放。其实，心平气和地向别人倾诉一下心中的焦虑，不仅情绪压力没有了，别人的一个鼓励和拥抱，还能激发我们更多的正面情绪。

如果负荷长时间过重，身心就会受不了。压力也同样如此，背负得太久，迟早有一天会滑向崩溃的边缘，所以，我们需要在有压力时就及时说出来。

不及时说出内心的想法会让人痛苦不堪，也许就会出现精神错乱，甚至还会出现更可怕的恶果。

因而，找人诉说压力，在诉说的过程中宣泄那些焦虑情绪。说的过程也是在讨论问题，在听取别人的意见时，可能就会找到解决问题的方法。或许，自己当时面临的问题并不难解决，只是当时内心焦虑，难以平静下来。如果能够当即说出这些问题，并和听者进行沟通交流，找到症结所在，问题即可迎刃而解，焦虑情绪自然就能得到排解。

社会精英，谁动了你的健康

现在越来越多的人为了实现自我价值而拼命地工作，最后他们成了人人羡慕的社会精英。但是在羡慕背后，却藏着许多苦涩，焦虑情绪就是其中之一。许多社会精英都承受着别人想象不到的情绪压力，这些情绪压力直接影响到他们的身体健康，致使他们的生活不再如意，工作也不再顺心了。

2000 年，36 岁的王志国从政府机关辞职，只身来到北京，创办了一家律师事务所。那时候，他的家里刚刚贷款买了房，太太为照顾幼小的女儿，一直没有上班，他为了在北京站稳脚跟，半年时间，只是请客吃饭、交通住宿就花了 6 万多元。小案子不愿接，大案子也没有。不但没能挣到钱，而且一直往外投钱。

那是正常人无法体味的痛苦，王志国夜夜躺在床上，辗转反侧不能入睡。早上起床后，看见什么都想发脾气，双手不停地发抖，恶心，头痛欲裂。那时的他甚至想自杀。在外人眼里，王志国是一个硕士，有自己的公司，事业有成，家庭美满。但他不足 40 岁，却因为工作中遇到的一点挫折而痛苦不堪。

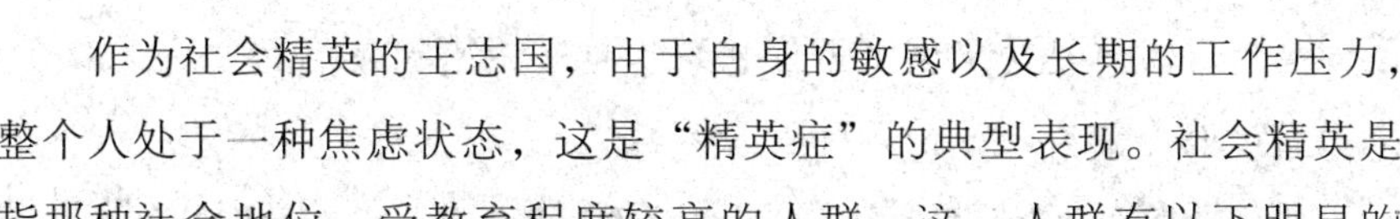

作为社会精英的王志国，由于自身的敏感以及长期的工作压力，整个人处于一种焦虑状态，这是“精英症”的典型表现。社会精英是指那种社会地位、受教育程度较高的人群。这一人群有以下明显的特征：

（1）事业心强，有成就感。

（2）有强烈的工作动机，勤奋地工作。

（3）对工作充满激情，似乎永远不知疲倦。

（4）很看重自己的声望，对自己要求严格，有很强的历史使命感。

（5）他们总是处于一种应激状态。

精英人群所具备的这些特征，对其工作和生活带来了严重的负面影响：

首先，生存压力很大。为了生活，他们拼命工作，不断自我加码，最后容易引发生命危机。

其次，受过高等教育的人往往比较敏感。当他们实际得到的和期望得到的、自己得到的和他人得到的之间存在很大差距时，就情绪失衡，容易愤怒，无名发火，这种属于表面愤怒，它的起因还是焦虑情绪。从身心健康的角度讲，焦虑情绪会进一步加重他们的心理负担，影响他们的身体健康。

再次，根据研究，长期处于压力状态下的人会经历“警觉”、“反抗”和“耗尽”三个阶段。这就是说应激精神状态可以导致身心疾病，甚至造成“过劳死”。

“过劳死”最简单的解释就是超过劳动强度而致死，是指“在非生理的劳动过程中，劳动者的正常工作规律和生活规律遭到破坏，体内疲劳淤积并向过劳状态转移，使血压升高、动脉硬化加剧，进而出现致命的状态”，而造成这种状况的根本原因，还是由于心理压力过大。

社会要发展，竞争在加剧，精英在社会中的作用、地位越来越重要，与此同时，社会精英的健康状况也越来越引起人们的关注。那么，究竟有没有好的办法来应对呢？专家建议：

(1) 工作1小时就安排15分钟的体育活动，活动要达到心跳适当加快、微微出汗的效果。

(2) 要多学习关于健康的知识，以利于形成健康的生活意识和方式。

(3) 及时进行有针对性的体检，对存在的健康隐患及早处理，防患于未然。

为了生存，我们必须要面对各种各样的压力，这是无法改变的现实。但是，如果所有压力都被自己背起来，焦虑迟早会让你的生活亮起红灯。放下压力，赶走焦虑，我们就能享受健康的生活。

·第五章·

远离抱怨

——别给人生蒙上悲观的色彩

做不到顺其自然

有的时候，抱怨情绪的产生源于我们心境不够坦然。我们在生活中，应当遵循的是自己的自然本性和自身的习惯，做到凡事顺其自然。当你顺其自然地做某件事的时候，就会有意外而又有趣的事来临，我们经常会从中获得一些有益的经验，若是拘泥于计划就永远得不到那些经验。

冯友兰先生曾说："幸福是相对的，顺自然之性便能获得幸福。"为解释这句话，他曾说了这样一个小故事：

三伏天，智者院里的草地上一片枯黄。"快撒点草籽吧！好难看哪！"徒弟说。

"等天凉了……"智者挥挥手，"随时！"

中秋，智者买了一包草籽，叫徒弟去播种。秋风起，草籽边撒、边飘。

"不好了！好多种子都被吹跑了。"徒弟喊。

"没关系，吹走的多半是空的，撒下去也发不了芽，"智者说，"随性！"

撒完种子，跟着就飞来几只小鸟啄食。“真糟糕！种子都被鸟吃了！”徒弟急得跳脚。

“没关系！种子多，吃不完！”智者说，“随遇！”

半夜下了一阵骤雨，徒弟一早冲进智者的房间：“老师！这下真完了！好多草籽被雨水冲走了！”

“冲到哪儿，就在哪儿发芽，”智者说，“随缘！”

一个星期过去了，原本光秃秃的地面，居然长出许多青翠的草苗，一些原来没播种的角落，也泛出了绿意。徒弟高兴得直拍手。

智者点头：“随喜！”

这个富有禅意的小故事告诉我们，要一切顺其自然，做任何事情都不勉强自己。随不是随便，是顺其自然，不怨怼、不躁进、不过度、不强求；是把握机缘，不悲观、不刻板、不慌乱、不忘形。

俗话说：“强扭的瓜不甜。”如果我们在学习生活中，做事情总是勉强自己，比如：勉强自己学习优秀的同学或朋友的学习方法和生活习惯，而忽视自己的方法和养成的习惯，你会发现自己不但活得很累，而且没有取得好成绩。我们无论做任何事，都不要勉强自己，否则只会徒增抱怨，增添自身的痛苦。

风靡欧美的《简单生活》一书的作者丽莎指出：“每天都给自己一段独处的时间，好好问问自己，到底想过什么样的生活？什么是可有可无的？什么是必须去不懈追求的？这样的追问可以一直延续下去，还可以把每天的想法记录下来，这样你会看到，随着生活阅历的增加，思考的深入，你的回答也不断成熟。只要我们不再一味追求外界的认可，疲惫无奈地生活在他人的注视之下，我们就会赢来丰富多彩的人生，成为自己命运的主宰者。”

这段话告诉我们：在我们的学习和生活中，只要坚持反问自己，是不是做事太过于执着和勉强了，然后以一种顺其自然的态度来学习和生活，那么我们将不再疲惫。强扭的瓜是不会甜的，顺自然之性才能获得幸福。

对未来不再抱有希望

生活中，有些人的抱怨是因为他们对生活失去了希望，却渴求别人的一点同情，就像鲁迅笔下的祥林嫂一样，生活中的不幸丝毫不会对他人产生影响，却让我们产生情绪的连锁反应，由抱怨变成了自卑或痛苦。所以对于我们每个人来说，遇到不幸的事情，抱怨不但于事无补，反而更加影响自己的生活，失去的会越来越多。

当一个人开始抱怨的时候，他只能想到自己的不幸，社会中的不公平，而且越想越伤心，越想越生气，当这种情绪不断蔓延的时候，根本没有心情去做事情。其实，与其抱怨不如将时间用来努力想办法改善自己的生活条件。

抱怨这种情绪是最没有营养的东西，倘若我们的生活中充斥着抱怨情绪，就应从根本上改变自己的心态，由消极变为积极，由推诿变为主动，由事不关己变为责任在我。即使自己的抱怨情绪具备十足的理由，那也要谨慎自己的言行。当抱怨情绪到了要呼之欲出的关口时，你不妨想想绝境能给自己带来巨大的力量，同样是一种可遇不可求的人生体验。当你遇到某一个难题时，也许另一个珍贵的机会正在悄悄地等待着你。抱怨并不能解决实际问题，只有去行动才有解决问题的可能。

有一个年轻的农夫，划着小船，为另一个村子的居民运送自家的农产品。那天的天气酷热难耐，农夫汗流浃背，苦不堪言。他心急火燎地划着小船，希望尽快完成运送任务，以便在天黑之前返回家中。

突然，农夫发现，前面另外一只小船沿河而下，迎面就要撞上了，但那只船并没有丝毫避让的意思，似乎是有意要撞农夫的小船。

“让开，快点让开！你这个白痴！”农夫大声地向对面的船吼叫道。“再不让开你就要撞上我了！”但农夫的吼叫完全没用，尽管农夫手忙脚乱地企图让开水道，但为时已晚，那只船还是重重地撞上了他。农夫被激怒了，厉声斥责道：“你会不会驾船，这么宽的河面，你竟然撞到了我的船？”当农夫怒目审视时，他吃惊地发现，小船上空无一人。原来他大呼小叫，厉声责骂的只是一只挣脱了绳索、顺河漂流的空船。

农夫的抱怨最后竟然成了一场笑话，生活就是这样，当我们抱怨的时候，其实根本没有听众来接受我们的负面情绪，苦难也不会因为你的抱怨而消失。所以，当我们苦闷的时候可以尝试着放松心情，暗示自己这是很正常的事情，很快就会过去。人生处处都有希望，只要你想去做、尽力做，就能做得更好，这比抱怨要有效得多。

盲目攀比，不自觉地抱怨

生活的差别无处不在，于是人们在差别中不由自主地产生了攀比的心理，而盲目攀比却让人们习惯性地将自己所做的贡献和所得的报酬与一个和自己条件相当的人进行比较。如果这两者之间的比值大致相等，那么彼此就会有平衡感。如果某一方的比值大于另一方，那么另一方就会心理失衡，从而不自觉地产生抱怨情绪。

攀比是不满足的前提和诱因，在没有原则、没有节制地比安逸、比富有、比阔气中，致使人们心理失衡，越发不满足。有的人则为自己能够在这些错误的攀比中出人头地、占据上风而无限度地追求个人名利，驱使自己不断走向腐化堕落的深渊。

某单位的小季，过着安分守己的平静生活。有一天，他接到一位高中同学的电话，邀请他参加同学聚会。十多年未见，小季带着重逢的喜悦前往赴会。昔日的老同学经商有道，住着豪宅，开着名车，一副成功者的派头。聚会完毕，小季重返机关上班，好像变了一个人，整天唉声叹气，逢人便诉说心中的烦恼。“这位同学，考试老不及格，凭什么有那么多钱?”他说。

“我们的薪水虽然无法和富豪相比，但不也够花了吗?”他的同事安慰他说。

“够花？我的薪水攒一辈子也买不起一辆奔驰车。”小季从椅子上跳了起来。

“我们是坐办公室的，有钱我也犯不着买车。”他的同事看得很开。但小季却终日郁郁寡欢，后来得了重病，卧床不起。

由此可见，攀比是一把刺向自己心灵深处的利剑，对人对己毫无益处，伤害的只是自己的快乐和幸福。

俗话说，人生失意无南北，宫殿里也会有悲恸，茅屋里同样也会有笑声。只是，平时生活中无论是别人展示的，还是我们所关注的，总是风光的一面，得意的一面。所以，不要把你的生命浪费在和别人攀比上，你应该跟自己的心灵去赛跑。

其实我们不必对自己太苛求，我们怎么确定别人一定比自己过得好？事实上每个人都有令人羡慕的东西，也有自己缺少的东西，没有一个人能拥有世界的全部，重要的在于自己的内心感受。那些心态平和的人也许生活中物质的享受并不比任何人高，但是他能接受自己，接受生活。

那些总是抱怨自己不幸的人，不要用沉重的欲望迷惑自己，不要总是看到你还不曾拥有的东西，而要静下心来，放下心灵的负担，仔细品味你已拥有的一切。学会欣赏自己的每一次成功、每一份拥有，你就不难发现，自己竟会有那么多值得别人羡慕的地方，幸福之神已在向你频频招手。

人世间没有永远的赢家，也没有绝对的输家，正如自然界中，长青之树无花、艳丽之花无果的道理。“梅须逊雪三分白，雪却输梅一段香”。人各有其长，各有其短，每个人都有自己的优势，远离抱怨情绪，走进“不抱怨的世界”，生活必定会充满快乐。

对拥有的东西不去珍惜

只要你还有饭吃，有衣穿，你就是幸福的。因为在这个世界上，还有很多人吃不饱，穿不暖，想想他们，你就应该明白，自己对生活不停地抱怨，是多么不值得。

一名飞行员在太平洋上独自漂流了 20 多天才回到陆地。有人问他，从那次历险中他得到的最大教训是什么。他毫不犹豫地说：“那次经历给我的最大教训就是，只要还有饭吃，有水喝，你就不该再抱怨生活。”

飞行员开始远离抱怨情绪，珍惜生活中现有的一切，他也就回归到了一种快乐的生活中。抱怨情绪的产生往往不是因为生活本身，而是源于自己那颗不懂得珍惜的心。

抱怨之不可取在于：你抱怨，等于你往自己的鞋子里倒水，使行路更难。困难是一回事，抱怨是另一回事。抱怨的人认为不是自己无能，而是社会太不公平，如同全世界的人合伙破坏他的成功，这就把事情的因果关系弄颠倒了。

喜欢抱怨的人在抱怨之后，自己的生活没有丝毫改变，反而因为自己停滞不前，而更为糟糕。

人们喜欢那些乐观的人，是因为他们珍惜自己所拥有的一切，并且努力留住这些快乐。生活需要的信心、勇气和信仰，乐观的人都具备。他们在自己获益的同时，又感染着别人。人们和乐观、豁达、坚韧、沉着的人交往，会觉得困难从来不是生活的障碍，而是勇气的陪衬。即使是残疾人，还有机会参加奥运会，即使是失去了双手，还有艺术家能用双脚来弹钢琴。所以，珍惜自己所拥有的，才是一个对生活大彻大悟的人该有的智慧与豁达。

抱怨失去的不仅是勇气，还有朋友，因为谁都不喜欢牢骚满腹的人。失去了勇气和朋友，人生的路会变得更加艰难，所以一定要停止抱怨。人生有许多简单的方法可以让我们快乐地生活，停止抱怨是其中的真谛之一。

抱怨相当于赤脚在石子路上行走，而乐观是一双结结实实的靴子。

受控于自己的缺陷

智者再优秀也有缺点，愚者再愚蠢也有优点。缺陷和不足是人人都有的，不是你自己的专属产品。很多人抱怨，就是看到了自己的缺陷，却不认为缺陷的存在也是正常的，于是开始了对自己不停地抱怨。

一个圆环被切掉了一块，圆环想使自己重新完整起来，于是就到处去寻找丢失的那块。可是由于它不完整，因此滚得很慢，它欣赏路边的花儿，它与虫儿聊天，它享受阳光。它发现了许多不同的小块，可没有一块适合它。于是它继续寻找着。

终于有一天，圆环找到了非常适合自己的小块，它高兴极了，将那小块装上，然后又滚了起来，它终于成为完美的圆环了。它能够滚得很快，以致无暇观赏花儿或和虫儿聊天。当它发现飞快地滚动使得它的世界再也不像以前那样快乐时，它停住了，把那一小块又放回到路边，缓慢地向前滚去。

这个故事告诉我们，也许正是失去，才令我们完整。也许正是缺陷，才体现我们的真实。

很多人因为自己的缺陷和不足灰心丧气，从而丧失了自信，终日与抱怨为伍。

人无完人，金无足赤。有了缺点和不足不要抱怨，只要你把“缺陷、不足”这块堵在心口上的石头放下来，别过分地去关注它，它也就不会成为你的障碍。假如能善于利用你那已无法改变的缺陷、不足，那么，你会是一个有价值的人。

不要因为不完美而抱怨自己。你有很多的朋友，他们没有一个是十全十美的。那些伪装完美、追求完美的人，其实正在拿自己一生的幸福开玩笑。

世界上根本没有完美，反而正是有了缺憾，才使我们整个生命有了追求前进的动力，珍惜缺憾，它就是下一个完美。

人生就是充满缺陷的旅程。从哲学的意义上讲，人类永远不满足自己的思维、自己的生存环境、自己的生活水准。这就决定了人类不断创造、追求，从简单的发明到航天飞机，从简单的词汇到庞大的思想体系。没有缺陷，产品便不会一代代更新。没有缺陷就意味着圆满，绝对的圆满便意味着没有希望，没有追求，便意味着停滞。人生若圆满，人类便停止了追求的脚步。

所以，在你又一次发现自己身上有缺点时，不妨以大度一点的胸怀接纳它们，如果是你想要纠正的缺点，就及时去纠正。如果是无伤大雅的缺点，它们可能就是你生活的乐趣，是你快乐情绪的来源。所以，抱怨情绪是否会产生，在于我们以何种眼光看待世界，看待自己。

随时随地放大抱怨

在我们的身边，大部分终日抱怨的人，实际上并不是遭受了多大的不幸，而是内心素质存在着某种缺陷，从而导致对生活的认识存在偏差。如果你一个星期抱怨十次以上，那么你可能已经陷入惯性的抱怨状态，这样对你和你身边的人都没有任何好处。

“烦死了，烦死了！”一大早李敏就不停地抱怨！李敏是公司的行政助理，事务繁杂，事无巨细，好多事情需要她处理。

其实，李敏性格开朗，整天忙得晕头转向，恨不得再多长出几只手来。她工作认真负责，该做的事情，一点也不曾怠慢，但是她那满腹的牢骚总是让同事们很不开心。

刚交完电话费，财务部的丁明来领胶水，李敏不高兴地说：“昨天不是刚来过吗？怎么你的事情这么多？”她把抽屉开得噼里啪啦，翻出一个胶棒，往桌子上一扔，“以后东西一起领！”丁明忙赔笑脸：“你看你，每次找我报销时都对我特亲热，一有点事求你，脸色马上就变难看。”

这时，销售部的关晴风风火火地冲进来，原来复印机卡纸了。李敏脸上立刻晴转多云，不耐烦地挥挥手：“知道了。烦死了！和你说一百遍了，先填报修单。我去看看。”李敏边往外走边嘟囔：“综合部的人都去见上帝了吗，为什么所有事情都找我！”对桌的齐光军气坏了：“这叫什么话啊？综合部的同事们怎么得罪你了？”

月底，老板找李敏谈话，告诉她她被辞退了。李敏觉得很委屈，为什么我这么辛苦，却从来没有人体谅？

其实，很多人都很同情李敏，但并不是同情她每天付出的辛苦的劳动，而是为她感到遗憾：直到最后，她也不明白自己被辞退的原因，她不仅不懂得反省，而且还在继续抱怨生活。虽然很多人会心生同情，但却没有人会体谅她，因为她从来不懂得体谅别人。

生活中，你是不是也像李敏一样陷入了抱怨情绪的“陷阱”？静下心来想一想，你所抱怨的事情真得有那么严重吗？生活的现实对于我们每个人都是一样的，根本没有那么多惊天动地的事情和难以忍受的人值得我们去抱怨，我们往往夸大事情的后果，所以情绪也会随之增大，最后抱怨不止把别人压得喘不过气来，也把自己压得身心疲惫。

所以，在我们的抱怨爆发之前，请先冷静几秒钟，思考一下要抱怨的事情是否真得让自己很烦恼很痛苦。往往经过你几秒钟的情绪冷处理，抱怨就会烟消云散。

将抱怨视作理所当然的事情

我们可以发现，几乎在每一个公司里，都有“牢骚族”或“抱怨族”。他们每天轮流把“枪口”指向公司里的任何一个角落，肆意发泄情绪，到处抱怨，而且从上到下，很少有人能幸免。处处都令他们不满意，因而处处都能看到或听到他们的批评、发怒或生气。

本来他们可能只是想发泄一下情绪，但后来却一发而不可收。他们理直气壮地抱怨别人如何对不起他们，自己如何受到不公平待遇等等，牢骚越讲越多，使得他们也越来越相信，自己完全是遭受别人践踏的牺牲品。不停抱怨的“牢骚族”，他们的抱怨只会妨碍和干扰自己的阵脚，受害最大的还是自己。

事实上，你很难看到一个成功人士大发牢骚、抱怨不停，因为成功人士都明白这样的道理：抱怨如同诅咒，越抱怨越退步。

于强在一家电器公司担任市场总监，他原本是公司的生产工人。那时，公司的规模不大，只有三十多人，有许多市场等待开发，而公司又没有足够的财力和人力，每个市场只能派去一个人，于强被派往西部的一个市场。

于强在那个城市里举目无亲，吃住都成问题。没有钱坐车，他就步行去拜访客户，向客户介绍公司的电器产品。为了等待约好见面的客户，他常常顾不上吃饭。他租了一间破旧的地下室居住，晚上只要电灯一关，屋子里就有老鼠们在那里载歌载舞。

那个城市的气候不好，春天沙尘暴频繁，夏天时常下暴雨，冬天天气寒冷，这对于于强来说简直就是一个巨大的考验。公司提供的条件太差，远不如于强想象的那样。有一段时间，公司连产品宣传资料都供应不上，好在于强写得一手好字，自己花钱买来复印纸，用手写宣传资料。在这样艰苦的条件下，不抱怨几乎是不可能的，但每次抱怨时，于强都会对自己说："开拓市场是我的责任，抱怨不能帮助我解决任何问题。"他坚持了下来。

一年后，派往各地的营销人员都回到公司，其中有很多人早已不堪忍受工作的艰辛而离职了。后来，于强凭着自己过硬的业绩当上了公司的市场总监。

即使在恶劣的环境下，于强也没有选择抱怨，对自己工作的坚持，使他在事业上得到了飞速发展。一名员工，无论从事什么工作都应当选择不抱怨的态度，应该尽自己最大的努力去争取进步。把不抱怨的态度融入自己的本职工作中，你才能不断进步，才能得到社会的认可，才能受到老板的青睐。

你是否能够让自己在公司中不断得到进步，这完全取决于你自己。如果你永远对现状不满，以抱怨的态度去做事，那你在公司的地位永远都会变得重要，因为你根本就不能做出重大的成绩。

抱怨的人很少以积极正面的方式去选择情绪发泄的方法，不会从观念上认为主动独立地完成工作是自己的责任，却将抱怨视为理所当然。任何一个聪明的员工都应该明白这样的道理：一个人一旦被抱怨束缚，不尽心尽力应付工作，在任何单位里都会自毁前程。如果希望改变一下自己的处境，希望自己能够取得不断进步，希望自己远离抱怨情绪，那么首先应该从不抱怨自己的工作开始。

· 第六章 ·

消灭嫉妒

——为自己喝彩，为他人鼓掌

心胸狭隘让你“情非得已”

有的人因为别人比自己的业绩突出，于是耿耿于怀，甚至设计圈套陷害别人；有的人因为别人穿的衣服比自己漂亮，就眼红心热，不惜违心去讽刺别人；还有的人甚至因为别人受到老板的一句表扬，而心生不满，在背后肆意传播这个人的谣言……这些现象在我们的生活中还是比较常见的。这些都是由于心胸狭隘而产生的嫉妒情绪，然后做出可能连自己都想不到的恶劣行径。

有一位名叫卡莱尔的书店经理，无意中发现了店员写的一封对他极尽辱骂讽刺的信，说他是个能力很差的经理，希望副经理能马上接替他的职务。卡莱尔读了这封信以后，就带着信跑到老板的办公室。他对老板说：“我虽然是一个没有才能的经理，但我居然能用到这样的一位副经理，连我雇佣的店员们都认为他胜过我了，我对此感到非常自豪。”卡莱尔一点也没有嫉妒，没有感到自己的虚荣心受到损害，只是为自己雇用了那样能干的副经理而感到自豪。后来，他的老板不但没有撤换他，反而更重用他了。

案例中，如果书店经理对被别人认为能力胜过自己的副经理心怀嫉妒，结果，可能就大不一样了。狭隘是心灵的地狱，心灵狭隘的人总是拿别人的优点来折磨自己。在他们 40 岁的脸上就写满 50 岁的沧桑。

心灵狭隘不但会破坏友谊、损害团结，还会给他人带来各种负面情绪，既贻害自己的心灵，又殃及自己的身体健康。心胸狭隘是一种不健康的嫉妒情绪。在嫉妒情绪的影响下，人的身心健康就会受到损害，狭隘的人内心经常充满了失望、懊恼、悲愤、痛苦和抑郁，有的人甚至陷入绝望之中，难以自拔。因此，要健康，要成就事业，必须学会宽容大度。南宋长寿诗人陆游曰：“长生岂有巧？要令方寸虚。”“宰相肚里能撑船”，做事要有雅量，做人又何尝不是如此？保健也好，养生也好，关键就是“养气”、“扩量”，即修炼一种“海纳百川”之“宰相度量”。

那么，怎样才能克服气量狭隘的毛病呢？

1. 拓宽心胸

要想改掉自己心胸狭隘的毛病，首先要加强个人的品德修养，破私立公，遇到有关个人得失荣辱之事时，经常想到国家、集体和他人，经常想到自己的目标和事业，这样就会感到用不着计较这些闲言碎语，也没有什么想不开的事情了。

2. 充实知识

人的气量与人的知识修养有着密切的关系。一个人知识多了，立足点就会提高，眼界也会相应开阔一些，此时，就会对一些“身外之物”拿得起、放得下、丢得开，就会“大肚能容，容天下能容之物”。当然，满腹经纶、气量狭隘的人也很多，但这并不意味着知识有害于修养，而只能说明我们应当言行一致。培根说：“读书使人明智。”经常读一些心理卫生学方面的书籍，对于开阔自己的胸怀有很大益处。

3. 缩小“自我”

你一定要不断提醒自己，在生活中不要期望过高，要降低你的期望。如果你不降低期望，以使期望和现实达到平衡，那么你就会产生很多抱怨，让事情变得更糟。

许多人的人生之路越走越窄，这和自己狭隘的心态具有直接的联系。狭隘，生命不能承受之重。狭隘，只会让我们步入情绪的深谷。心胸开阔，天地自然宽广。告别狭隘心理，以宽广的心量去接纳生活中的一切不如意，这样我们会看到更多亮丽的风景。

极度自卑导致妒火中烧

嫉妒，从某种意义上来说，是一种自卑。一个自信的人，绝不会嫉妒别人比自己优秀，相反，自卑的人往往容易产生嫉妒，因为他总在否定自己，怀疑自己不如别人。

从本质上说，嫉妒是看到与自己有相同目标和志向的人取得成就而产生一种不恰当的不适应感，是一种承认自己被别人挫败后的反应。由于羡慕较高水平的生活，想得到较高的社会地位，或者想获得较贵重的东西，自己没得到别人却得到了，因此内心觉得不平衡。

莎士比亚著名剧作《奥赛罗》中的主人公，正是由于内心有着很强的自卑情结致使其听信谗言，误杀爱妻，最后悔不当初，自寻短见。

自卑和嫉妒好比一对孪生兄弟，因为觉得比不上他人，所以产生自卑，可又不愿意承认别人比自己好，嫉妒心理由此就产生了。然而，嫉妒并不等同于自卑，它比自卑更为恐怖，它可以使一个人迷失心智。它像一条蛆虫，既蛀蚀自己，也毁坏他人，危害远远超过自卑。

当然，人们之所以嫉妒，无非是想让自己变得更好而已。既然如此，当看到自己与别人的差距时，就应该奋勇向前，而不是看着别人眼红而妒火中烧。“箭欲长而不在于折他人之箭”，要想超过强于自己的人，不能靠毁灭、扼杀他人，而应该努力提高自身的价值与素养才最重要。

嫉妒心是破坏乐观情绪的罪魁祸首，也是将自己和别人的关系带入深渊的魔鬼。因为嫉妒心重的人常自寻烦恼。嫉妒心是幸运和幸福的敌人。对于别人取得的成绩，平静地看待，真诚地祝福，这才是拥有幸福人生的秘诀。

虚荣心如何引发嫉妒

虚荣心是最易滋生嫉妒情绪的温床。关于虚荣心，《辞海》有云：表面上的荣耀、虚假的荣誉。心理学认为，虚荣心是自尊心的过分表现，是为了取得荣誉和引起普遍注意而表现出来的一种不正常的社会情感。人人都有自尊心，当自尊心受到损害或威胁，或过分自尊时，就可能产生虚荣心。

虚荣心会慢慢地膨胀，好像一只被吹起来的气球，越吹越大，对别人的羡慕渐渐变成了嫉妒。生命的虚荣心是无限的，俗话说做了皇帝还想成仙。满足了一个愿望，随之又产生了两三个愿望。满足了这个细小的愿望，很快又新生了那些庞大的愿望。由此可见，虚荣心具有一种强烈的渴求的力量，并且在与他人的比较中渴求越来越明显。求而得之，则满足快乐；求而不得，便寻求新的途径来排解嫉妒，例如较为极端的报复等等。

虚荣心最大的后遗症之一是促使一个人失去免于恐惧、免于生活匮乏的自由；因为害怕被羞辱，所以时时地活在恐惧中，经常没有安全感，不满足；而虚荣心强的人，与其说是为了脱颖而出，鹤立鸡群，不如说是自以为出类拔萃，所以不惜玩弄欺骗、诡诈的手段，使虚荣心得到最大的满足。

从近处看，虚荣仿佛是一种聪明；从长远看，虚荣实际是一种愚蠢。虚荣者常有小狡黠，却缺乏大智慧。虚荣的人不一定不够机敏，却一定缺远见。虚荣的女人是金钱的俘虏，虚荣的男人是权力的俘虏。太强的虚荣心，使男人变得虚伪，使女人变得堕落。

几十年前，林语堂先生在《吾国吾民》中认为，统治中国人的三女神是“面子、命运和恩典”。“讲面子”是中国社会普遍存在的一种民族心理，面子观念的驱动，反映了中国人尊重与自尊的情感和需要，丢面子就意味着否定自己的才能，这是万万不能接受的，于是有些人为了不丢面子，通过“打肿脸充胖子”的方式来显示自我。

那么，如何及时对自己的虚荣心进行积极的调适呢？

1. 在生活中要掌握好攀比的尺度

比较是人们常有的社会心理，但要掌握好攀比的方向、范围与程度。从方向上讲，要多立足于社会价值而不是个人价值的比较，如，比一比个人在学校和单位的地位、作用与贡献，而不是只看到个人工资收入、待遇的高低；从范围上讲，要立足于健康的而不是病态的比较，要比成绩、比干劲、比投入，而不是贪图虚名、嫉妒他人、表现自己。

2. 重视榜样的力量

从名人传记、名人名言中，从现实生活中，寻找榜样，努力完善人格，做一个“实事求是、不自以为是”的人。

3. 做自己，不要受制于别人的评价

只有自信和自强的人，才不会被虚荣心所驱使，才能成为一个高尚的人。不要在意别人的议论，别人说你个子矮，你没必要非要穿增高鞋掩饰自己；别人说你穿着寒酸，你也不必非要用名牌把自己包装起来。要相信自己总有优点，不必为别人的议论扰乱自己的心情，掉进虚荣的陷阱里。

爱默生告诉人们“生活不是攀比，幸福源自珍惜”这一朴素而深刻的道理。嫉妒是一种潜藏于内心的阴暗心理，是人们普遍存在着的人性弱点，有时嫉妒心理还会带来自身的毁灭。在日常工作中，虚荣心越强，嫉妒心便越重，在这种不健康的情绪状态的影响下，人的身心健康会受到损害。因此，少一分虚荣心，少一点嫉妒，生活会变得更加美好。

在攀比中迷失自己

俗话说，“人比人，气死人”。在盲目地攀比中，人往往容易产生嫉妒情绪。想要阻止嫉妒产生，杜绝攀比必不可少。

嫉妒是攀比带来的恶果。两个有差距的人在一起，不服输的一方总喜欢在暗地里较劲儿，总喜欢从自己身上找些超过对方的地方安慰自己，偏偏找不到，所以就产生了嫉妒。

《左邻右舍》中提到这样一个故事：

男主人公的老婆看到邻居小马家卖了旧房子在闹市区买了新房，他的老婆就眼红了，非要也在闹市选房子，并且偏偏要和小马住同一栋楼，而且一定要选比小马家房子大的那套，当邻居问起的时候，她会很自豪地说：“不大，一百多平方米，只比304室小马家大那么一点！”气得小马老婆灰头土脸的。过了几天，小马的老婆开始逼小马和她一起减肥，说是减肥之后，他们家的房子实际面积一定不会比男主人公家的小，男主人公又开始担心自己的老婆知道后会不会也要减肥！

这个故事看起来虽然很好笑，但是却时常发生在我们的生活中，人将自己的生活沉浸在了一个不断与人比较的困境中，情绪被自己生活之外的东西所左右，岂不是很可悲？

如今，攀比的确充斥着我们的生活，生活中常常会听到这样的话语：“快点看书去，你看人家小明成绩多好，而你整天就知道玩。”“单位小李又升职了，这么多年，你还那样儿，没指望。”“唉！住豪宅，开名车的人越来越多，可我们还蹬着自行车，住出租房，这日子可怎么过。”千万别小看这些随口说出的话，它们正是嫉妒情绪的最好体现，若是把握不当，任其发展，情绪危机迟早会爆发。

2005年5月22日，美国佛罗里达州发生了一件令人震惊的惨剧：一名7岁的小男孩出于嫉妒，为独占父母的爱，趁父母外出时，将自己只有7个月大的妹妹打死。

青少年中也存在这样的攀比，同桌得了高分心里酸溜溜的；朋友的女朋友漂亮；邻居中奖心里偷偷诅咒，这些无疑是暗地里攀比才导致的嫉妒。攀比会助长人的嫉妒，我们应该学会通过适当的比较来鼓励自己，而不能让攀比纵容嫉妒之心愈演愈烈，自毁前程。

看不到自身独一无二的优点

生活中，人往往容易看到别人的长处而忽视自己的优点。实际上，我们每个人都有自己的闪光点，只要我们勇于正视自己，善于欣赏自己，都能够找到自己的优点，从而消除嫉妒情绪。

李扬是中国著名的配音演员，被戏称为“天生爱叫的唐老鸭”。

李扬在初中毕业后参了军，在部队当一名工程兵，他的工作内容是挖土、扫坑道、运灰浆、建房屋。可是李扬明白，自己身上潜在的宝藏还没有开发出来：那就是自己一直钟爱的影视艺术和文学艺术。

在一般人看来，这两种工作简直是风马牛不相及。但李扬却坚信自己在这方面有潜力，应该努力把它们发掘出来。于是他抓紧时间学习，认真读书看报，博览众多的名著剧本，并且尝试着自己搞些创作。

退伍后李扬成了一名普通工人，但是他仍然坚持不懈地追求自己的目标，没有多久，大学恢复招生考试，李扬考上了北京工业大学机械系，成了一名大学生。从此，他用来发掘自己身上宝藏的机会和工具一下子多了起来。

经几个朋友的介绍，李扬在短短的五年中参加了数部外国影片的译制录音工作，这个业余爱好者凭借着生动的、富有想象力的声音风格，参加了《西游记》中的美猴王的配音工作。1986 年初，他迎来了自己事业中的辉煌时刻，风靡世界的动画片《米老鼠和唐老鸭》招聘汉语配音演员，风格独特的李扬一下子被相中，为可爱滑稽的唐老鸭配音，从此一举成名。

如果说成名前的李扬是一只平凡的丑小鸭，那么这只丑小鸭正是在自己的努力之下变成了漂亮的白天鹅。假如李扬被嫉妒情绪迷昏了心智，蒙蔽了双眼，看不到自己身上的优点，就不会有今天的成功，他会一直被自己的负面情绪所支配，只能看到别人身上的优点，而看不到自己的优点，也就不会将自己的优点发扬光大。

我们在生活中，很容易只向外看，不向里看，这种观察角度的偏差就会将我们送到嫉妒情绪的边缘，再加上我们对自己缺乏自信，自然会心生嫉妒。

产生嫉妒情绪，一个主要的内在原因就是对自我过于苛刻。人们总感到自己这也不好，那也不如意，却又没有比别人更好的办法来改进。如果放下对自己严苛的审视目光，改为通过各种途径来充实自己，做一个从“没什么”到“有什么”的转变，你会从自己身上发现更多值得称道的东西，也就不会总在别人身上纠结。生活中，每个人都需要别人真诚的赞美，期待别人来发现并欣赏他的闪光之处。但我们更需要经常自己赞扬自己一下，从中受到启发，发现自己的与众不同。

化解嫉妒心理

嫉妒别人是缺乏自信的表现。嫉妒会导致情绪上的低落，约翰·德赖登称之为“灵魂的黄疸”。真正自信自爱的人，并不会嫉妒，更不会允许嫉妒让自己心烦意乱。

嫉妒产生于一种畸形的竞争心态。一旦认为他人在某方面比自己强，便会心烦意乱，甚至时刻想着如何打击、诋毁他人。

伏尔泰说：“凡缺乏才能和意志的人，最易产生嫉妒。”因为自己技不如人，就只能用嫉妒的心理去排解心中的不平。一旦任由嫉妒心理自由发展，就会疏远那些各方面比自己强的人，结果不仅孤立了自己，而且也会阻碍自己前进。

每个人都难免产生嫉妒，但是杰出的人往往能用理性去克制嫉妒，并以此来刺激自己奋发努力，而不是阻挠对方；但那些任嫉妒之火燃烧而迷乱理智的人，往往会被内心这种疯狂的激情消耗精力，使他人和自己两败俱伤。

有两家邻居表面上相处得很好，其中一家男主人表面上对另一家新购置的房产欢欣鼓舞，对其儿子考上大学击掌庆贺。但是，一回到自己家里，就变得恶狠狠起来：凭什么他这么有钱，凭什么他的儿子就能上大学，而我什么都没有呢？他在心里诅咒，每天都盼望他的邻居倒霉，或盼望邻居家着火；或盼望邻居得什么不治之症；或盼望下雨天雷能窜进邻居家，劈死一两个人；或盼望邻居的儿子出意外……

然而每当他看到邻居时，邻居总是活得好好的，并且微笑着和他打招呼。这时他的心里就更加不痛快，恨不得往邻居的院里扔包炸药。就这样，他每天折磨自己，身体日渐消瘦，胸中就像堵了一块石头，吃不下也睡不着。

终于有一天他决定给他的邻居制造点晦气，这天晚上他在花圈店里买了一个花圈，偷偷地给邻居家送去。当他走到邻居家门口时，听到里面有人在哭，此时邻居正好从屋里走出来，看到他送来一个花圈，忙说："这么快就过来了，谢谢！谢谢！"原来邻居的父亲刚刚去世。这人顿觉无趣，"嗯"了两声，便走了出来。

这让这个男人觉得很生气，不但没有达到目的，反而误打误撞，让别人捞了"好处"。

终于，他又等来了一个机会。上帝说：现在我可以满足你任何一个愿望，但前提就是你的邻居会得到双份的报酬。那个人高兴不已。但他转念一想：如果我得到一份田产，邻居就会得到两份田产了；如果我要一箱金子，那邻居就会得到两箱金子了；更不能忍受的就是如果我要一个绝色美女，那么我的邻居就同时会得到两个绝色美女……他想来想去总不知道提出什么要求才好，他实在不甘心让邻居白占便宜。最后，他一咬牙："哎，你挖我一只眼珠吧。"

故事中的人因为嫉妒而变得丧心病狂，最终在残害别人的同时也把自己伤害了。当然这只是一个故事，但生活中类似害人害己的事却在时时上演，嫉妒就像心灵的毒火一样，无可救药地、疯狂地毁灭这原本健康快乐的人生。

化解嫉妒心理，我们需要从以下几点入手：

1. 客观评价自己和他人

要正确地认识自我，评价他人。"金无足赤，人无完人"，一个人限于主客观条件，不可能万事皆通，处处比别人优秀，时时走在别人前面。要接纳自己，认识自己的优点与长处，也要正确地评价、理解和欣赏别人的优点。当嫉妒心理给自己的精神带来一些烦恼与不安时，不妨冷静地分析一下嫉妒的不良作用，同时正确地评价一下自己，从而找出一定的差距，做到“自知之明”。只有正确地认识自己，才能正确地认识别人，嫉妒的锋芒就会在正确的认识中逐渐被钝化。

2. 学会正确的比较方法

一般说来，嫉妒心理较多地产生于原来水平大致相同、彼此又有许多联系的人之间。特别是看到那些自认为原先不如自己的人都取得了成就，于是嫉妒心油然而生。因此，要想消除嫉妒心理，就必须学会运用正确的比较方法，辩证地看待自己和别人。要善于发现和学习对方的长处，纠正和克服自己的短处，这样，嫉妒心也就不那么强烈了。

3. 充实自己的生活，寻找新的自我价值，使原先不能满足的欲望得到补偿

当别人超过自己而处于优越地位时，你应当扬长避短，寻找和开拓有利于充分发挥自身潜能的新领域，以便“失之东隅，收之桑榆”。这会在一定程度上补偿先前没满足的欲望，缩小与被嫉妒对象的差距，从而达到减弱甚至消除嫉妒心理的目的。例如，某人虽无真才实学，却善于钻营，官运亨通，成为你的上司。对此，你大可不必猝发妒情，而应发挥自己的专长，在业务上刻苦钻研，精益求精，同样可以令别人刮目相看。

4. 升华嫉妒，化嫉妒为动力

不管是在学校，还是在工作单位，每个人都要在充满竞争的环境中客观地对待自己。不要嫉妒比自己优秀的同学或同事，而要以他们为榜样，成为自己前进的动力。学会赞美别人，把别人的成就看作是对社会的贡献，而不是对自己权利的剥夺或地位的威胁，将别人的成功当成一道美丽的风景来欣赏，这样，你在各方面将会达到一个更高的境界。

总之，如同钢铁被铁锈腐蚀一样，人很容易被嫉妒折磨得遍体鳞伤，我们要时刻提防它对我们心灵的腐蚀，远离嫉妒情绪，从而让自己获得内心的自由与超脱。

第三篇

好心态，好情绪

·第一章·

永怀希望

——相信阳光一定会再来

事情没有你想象的那么糟

人的一生不可能永远一帆风顺，大部分时间都是平淡的，还有不少时间是灰暗的。这些灰暗的日子被我们称之为苦难，面对苦难，每个人的承受能力不同，会表现出不同的情绪。有些人可以乐观应对，有些人却陷于其中不能自拔。乐观者，往往能以积极的心态看待问题，这样不仅可以使自己心情愉悦，而且正视问题的同时也可以使问题得到很好的解决；悲观者，总是感慨命运不济，认为自己是世界上最不幸的人，这样不仅不能解决问题，而且会加剧自己的痛苦。

很多刚刚步入社会的年轻人，由于自身的经验、才能都尚在成长之中，情绪容易受外界影响，加上社会上竞争激烈，各个用人单位对人才的要求不尽相同，面试遭淘汰，或者工作不适被辞退，这都是很正常的事情，我们不必为此耿耿于怀。只要我们相信自己，时刻提起精神，终会有“柳暗花明又一村”的新景象等待着我们。因为当生活把苦难带给我们时，其实又给我们推开了一扇窗，所以事情并没有你想象的那么糟。让我们学着用积极的态度去面对苦难，在苦难中学习，在苦难中成长。当越过苦难，这个过程就变成一生弥足珍贵的记忆。

西娅在维伦公司担任高级主管，待遇优厚。但是，突然不幸的事情发生了，为了应对激烈的竞争，公司开始裁员，而西娅也在其中。那一年，她43岁。

“我在学校一直表现不错，”她对好友墨菲说，“但没有哪一项特别突出。后来，我开始从事市场销售。在30岁的时候，我加入了那家大公司，担任高级主管。我以为一切都会很好，但在我43岁的时候，我失业了。那感觉就像有人在我的鼻子上给了我一拳。”她接着说，“简直糟糕透了。”西娅似乎又回到了那段灰暗的日子，语气也沉重了许多。

“有一段时间，我不能接受自己失业的事实。躲在家里，不敢出门，因为每当看到忙碌的人们，我都会觉得自己没用，脾气也越来越坏，孩子们也越来越怕我。情况似乎越来越糟糕。但就在这时，转机出现了。一个月后，一个出版界的朋友询问我，如何向化妆业出售广告。这是我擅长的东西。我重新找到了自己的方向：为很多上市公司提供建议，出谋划策。”两年后，西娅已经拥有了自己的咨询公司。她已经不再是一个打工者，而是成了一个老板，收入自然也比以前多了很多。

“被裁员是一件糟糕的事情，但那绝不是地狱。也许，对你来说，可能还是一个改变命运的机会，比如现在的我。重要的是对它如何看待，我记得那句名言：世界上没有失败，只有暂时的不成功。”西娅真诚地对墨菲说。

相信任何人在面临西娅那样的遭遇时都会苦恼不已，沉浸在低迷的情绪状态中。但是只要迅速地调整心态，转个弯就能找到另一条出路，就能获得成功。像西娅那样，即使被单位解聘淘汰了也不用计较，走过去，前面将有更光明的一片天空在等待着我们。

海伦·凯勒曾经说过：“当一扇幸福的门关起的时候，另一扇幸福的门会因此开启；但是，我们却经常看着这扇关闭的大门太久，而没有注意到那扇已经为我们开启的幸福之门。”这正是上帝在以另一种方式告诉我们，我们未尽其才，“天生我材必有用”，不如天生我材自己用，社会不残酷不足以激发我们的生命力，竞争不激烈不足以显示我们的战斗力。

困难中往往孕育着希望

有人说，从绝望中寻找希望，人生终将辉煌。在人的一生中，积极的情绪是一种有效的心理工具，是能够把握自己命运的必备素质。如果你认为自己能够发挥潜能，那么积极的情绪便会使你产生力量和勇气，从而使你如愿以偿。

千万不要把事情想象的那么糟糕，也许明天早晨它就会出现转机。这是所有成功者给我们留下的忠告。成大事者必须要在情绪低落的时候，激发自己的积极情绪，从而获取成功。

人的一生中，难免会遇到各种各样的困难，总会遇到一些不称心的人、不如意的事，此时，应该以什么样的心态面对这一切呢？如果你有快乐而又自信的好习惯，那么效果往往是出人意料的。

看一看这个故事吧：

美国联合保险公司有一位名叫艾伦的推销员，他很想当公司的明星推销员。因此他不断从励志书籍和杂志中培养积极的心态。有一次，他陷入了困境，这是对他平时进行积极心态训练的一次考验。

那是一个寒冷的冬天，艾伦在威斯康星州一个城市里的某个街区推销保险单。结果却没有售出一张保险单。他对自己很不满意，但当时他这种不满是积极心态下的不满。他想起过去读过的一些保持积极心境的法则。

第二天，他在出发之前对同事讲述了自己昨天的失败，并且对他们说："你们等着瞧吧，今天我会再次拜访那些顾客，我会售出比你们售出总和还多的保险单。"基于这种心态，艾伦回到那个街区，又访问了前一天同他谈过话的每个人，结果售出了66张新的事故保险单。这确实是了不起的成绩，而这个成绩是他当时所处的困境带来的，因为在这之前，他曾在风雪交加的天气里挨家挨户地走了8个多小时而一无所获，但艾伦能够把这种对大多数人来说都会感到的沮丧，变成第二天激励自己的动力，结果如愿以偿。

这个故事告诉我们的是：人生充满了选择，而生活的态度决定一切。你用什么样的态度对待你的人生，生活就会以什么样的态度来对待你，你消极，生活便会暗淡；你积极向上，生活就会给你许多快乐。

当人们遭到严重的（或一定的）挫折以后所产生的诸如失落、无奈、困惑等情绪，会使自己对未来失去信心，因而处于牢骚满腹的心理状况，于是老气横秋，怨天怨地，长吁短叹。这些本是一些力不从心的老年人的"专利"，却使血气方刚，本应开拓事业、享受生活美好时光的年轻人，也沾染了这个毛病，结果失去青春的活力，失去人生的乐趣。

只有正确地对待生活，保持良好的情绪才能克服各种困难，快乐地生活。

当你的意识告诉你"完了，没有希望了"，你的潜意识也就会告诉你，绝处可以逢生，在绝望中也能抓住希望，在黑暗中总有一点光明。不错，黎明前的夜是最黑的，只要我们在漆黑的夜中能看到一线曙光，那么，我们就要相信光明总会到来，事情总会有转机。不要消沉，不要一蹶不振，你只要抱有积极的情绪，相信大雨过后天更蓝，船到桥头自然直。

任何时候都不要放弃希望

著名的英国文学家罗伯特·史蒂文森说过："不论担子有多重，每个人都能支持到夜晚的来临；不论工作多么辛苦，每个人都能做完一天的工作，每个人都能很甜美、很有耐心、很可爱、很纯洁地活到太阳下山，这就是生命的真谛。"确实如此，唯有流着眼泪吞咽面包的人才能理解人生的真谛。因为苦难是孕育智慧的摇篮，它不仅能磨炼人的意志，而且能净化人的灵魂。如果没有那些坎坷和挫折，人绝不会有丰富的内心世界，也不会从中吸取经验。苦难能毁掉弱者，同样也能造就强者。

有些人一遇到挫折就灰心丧气、意志消沉，甚至用死来躲避厄运的打击。这是弱者的表现，可以说生比死更需要勇气。死只需要一时的勇气，生则需要一世的勇气。人的一生中都可能有消沉的时候，居里夫人曾两次想过自杀，奥斯特洛夫斯基也曾用手枪对准过自己的脑袋，但他们最终都以顽强的意志面对生活，并获得了巨大的成功。可见，一时的消沉并不可怕，可怕的是陷入消沉中不能自拔。

做一个生命的强者，就要在任何时候都不放弃希望，耐心等待转机来临的那一天。

从前，两军对峙，城市被围，情况危急。守城的将军派一名士兵去河对岸的另一座城市求援，假如救兵在明天中午赶不回来，这座城市就将沦陷。

整整两个时辰过去了，这名士兵才来到河边的渡口。平时渡口这里会有几只木船摆渡，但由于兵荒马乱，船夫全都避难去了。本来他可以游泳过去，但现在数九寒天，河水太冷，河面太宽，而敌人的追兵随时可能出现。

他的头发都快愁白了，假如过不了河，不仅自己会成为俘虏，整个城市也会落在敌人手里。万般无奈，他只得在河边静静地等待。这是一生中最难熬的一夜，他觉得自己都快要冻死了。他感到四面楚歌、走投无路了。自己不是冻死，就是饿死，要么就是落在敌人手里被杀死。更糟的是，到了夜里，刮起了北风，后来又下起了鹅毛大雪。他冻得瑟缩成一团，甚至连抱怨命运的力气都没有了。此时，他的心里只有一个念头：活下来！

他暗暗祈求：上天啊，求你再让我活一分钟，求你让我再活一分钟！也许他的祈求真的感动了上天，当他气息奄奄的时候，他看到东方渐渐发亮。等天亮时他惊奇地发现，那条阻挡他前进的大河上面，已经结了一层冰壳。他在河面上试着走了几步，发现冰冻得非常结实，他完全可以从上面走过去。

他欣喜若狂，从冰面上轻松地走过了河面。

因为没有放弃希望，所以这名士兵等到了转机，从而给自己等来了重生的机会。可见，事事没有绝路，只要我们不放弃希望，那么即使是再危难的处境，也可能绝处逢生。也只有坚持不放弃的人，才能够走向最终的胜利。

事实上，处在绝望境地的拼搏，最能激发人身体里的潜在力量。每个人都是凤凰，但是只有经过命运烈火的煎熬和痛苦的考验，才能浴火重生，并在重生中得以升华。只有心中充满了胜利的希望，才不会被任何艰难困苦所打倒。

别让精神先于身躯垮下去

当我们面对挫折和困难时，逃避和消沉情绪是解决不了问题的，唯有以积极的心态去迎接，问题才有可能最终被解决。积极乐观的人每天都拥有一个全新的太阳，奋发向上，并能从生活中不断汲取前进的动力。当我们处于困境中时，只要我们保持昂扬的精神，奋力拼搏，终将迎来阳光明媚的春天。

遗憾的是，很多时候我们的精神先于身躯垮下去了。

人在任何时候都不应该放弃信念和希望，信念和希望是生命的维系。只要一息尚存，就要追求，就要奋斗。其实，大自然始终在启迪着人们——在春花秋叶舞蹈般潇洒的飘落里，蕴涵着信念和希望；巨大岩石的裂缝中钻出的小草，昭示着信念和希望；不断被山风修改着形象的悬崖边的苍松展示着信念和希望。在任何时候，无论处在怎样的境遇，都不要放弃希望和信念。如果你的心灵已太久不曾有过渴望的涌动，请你轻轻地将它激活，让它焕发健康的亮色。下面，我们一起看一则关于信念的故事。

一场突然而至的沙尘暴，让一位独自穿行大漠者迷失了方向，更可怕的是连装干粮和水的背包都不见了。翻遍所有的衣袋，他只找到一个泛青的苹果。

“哦，我还有一个苹果。”他惊喜地喊道。

他攥着那个苹果，深一脚浅一脚地在大漠里寻找着出路。整整一个昼夜过去了，他仍未走出空阔的大漠。饥饿、干渴、疲惫，一齐涌上来。望着茫茫无际的沙海，有好几次他都觉得自己快要支撑不住了，可是他看了一眼手里的苹果，抿了抿干裂的嘴唇，陡然又添了些许力量。

顶着炎炎烈日，他又继续艰难地跋涉。三天以后，他终于走出了大漠。那个他始终未曾咬过的青苹果，已干巴得不成样子，他还宝贝似的擎在手中，久久地凝视着。

在人生的旅途中，我们常常会遭遇各种挫折和失败，会身陷某些意想不到的情绪困境之中。这时，不要轻易地说自己什么都没有了，其实只要心灵不熄灭信念的圣火，努力地去寻找，总会找到能渡过难关的那“一个苹果”。攥紧信念的“苹果”，就没有穿不过的风雨、涉不过的险途。所以，无论面对怎样的环境，面对多大的困难，都不能放弃自己的信念，放弃对生活的热爱。因为很多时候，打败自己的不是外部环境，而是你自己的情绪。

在不如意的人生中好好活着

有人说，人的一生之中只有三件事，一件是“自己的事”，一件是“别人的事”，一件是“老天爷的事”。今天处于何种情绪状态，开不开心，难不难过，皆由自己决定；别人有了难题，他人故意刁难，对你的好心施以恶言，别人主导的事与自己无关；天气如何，狂风暴雨，山石崩塌，人力所不能及的事，只能是“谋事在人，成事在天”，过于烦恼，也是于事无补。

人屈服于自己的情绪之下，只是因为，人总是忘了自己的事，爱管别人的事，担心老天的事。所以要轻松自在很简单：打理好“自己的事”，不去管“别人的事”，不操心“老天爷的事”。

大热天，院子里的花被晒枯萎了。“天哪，快浇点水吧！”徒弟喊着，接着去提来了一桶水。“别急！”智者说，“现在太阳晒得很，一冷一热，非死不可，等晚一点再浇。”

傍晚，那盆花已经成了“霉干菜”的样子。“不早浇……”徒弟见状，咕咕哝哝地说，“一定已经干死了，怎么浇也活不了了。”

“浇吧！”智者指示。水浇下去，没多久，已经垂下去的花，居然全站了起来，而且生机盎然。

“天哪!”徒弟喊,“它们可真厉害,憋在那儿,撑着不死。”

智者纠正:“不是撑着不死,是好好活着。”

“这有什么不同呢?”徒弟低着头,十分不解。

“当然不同。”智者拍拍徒弟,“我问你,我今年八十多了,我是撑着不死,还是好好活着?”

徒弟低下头沉思起来。

晚课完了,智者把徒弟叫到面前问:“怎么样?想通了吗?”

“没有。”徒弟还低着头。

智者严肃地说:“一天到晚怕死的人,是撑着不死;每天都向前看的人,是好好活着。得一天寿命,就要好好过一天。”

对于院子里的花来说,“没浇水”虽然很不如意,但那是人们的事,“好好生长”才是它自己的事,这盆拥有积极情绪的花,得一天寿命,便好好过一天,真正理解了生命的意义。

哀莫大于心死,撑着活其实就是已经心死。如果活在这个世上时都没有领悟何为真生命,还能指望他能死后有全新的生命吗?

生活在我们周围的人,包括我们自己,在遇到不如意的事情时,都会为自己的过错而痛悔,人非圣贤,孰能无过?如果一有过错,就终日沉浸在无尽的自责、哀怨、痛苦之中。

其实生活就是一件艺术品,每个人都有自己认为最美的一笔,每个人也都有自己认为不尽如人意的一笔,关键在于你怎样看待,有烦恼的人生才是最真实的人生,同样,能认真对待你眼前的各种纷扰的人生也是最真实的人生。

记着每天给自己一个希望

每天给自己一个希望,就是给自己一个目标,给自己一点信心。

生命是有限的，但希望是无限的，只要我们不忘每天给自己一个希望，我们就一定能够拥有一个丰富多彩的人生。

珍惜每一个属于自己的日子，不在今天后悔昨天，不在今天挥霍明天。走好每一步，过好每一天。每天，都让自己有一个全新的开始，给自己一个崭新的希望，并努力去实现。

因为有希望就会有期待，当我们养成一个习惯，每天期待一件惊喜的事发生，那么我们的期待，就没有一天会落空。也就是说，我们期待得愈多，得到的意外喜悦就愈多。如果一个人心中每天都装满了希望，那么他还有什么理由去叹息，去悲哀，去烦恼？

居里夫人曾经说过："我的最高原则是：不论遇到什么困难，都绝不屈服。"生活中时常会出现不顺的境遇，记住，在任何时候，都不要放弃希望，即使再困难的境况，也要坚持，让希望常驻心间，最终你会迎来雨过天晴的那一天。

绝不能放弃希望，不但如此，还要每天都给自己一个新的希望。只有希望不断，你才能拥有源源不断的力量，才能追求到更美好的明天。

在这个世界上，有许多事情是我们难以预料的，但我们并不要因此而陷入绝望。我们不能控制际遇，却可以掌握自己；我们无法预知未来，却可以把握现在；我们不知道自己的生命到底有多长，却可以安排当下的生活；我们左右不了变化无常的天气，却可以调整自己的心情。只要活着，就有希望。

美国人派吉的《只为今天》，能够对我们有所启迪：

只为今天，我要很快乐。

只为今天，我要让自己适应一切，而不去试着调整一切来适应我的欲望。

只为今天，我要爱护我的身体。

只为今天，我要加强我的思想。

只为今天，我要用三件事来锻炼我的灵魂：我要为别人做一件好事；我还要做两件我并不想做的事，只是为了锻炼。

只为今天，我要做个讨人欢喜的人，外表要尽量修饰，衣着要尽量得体，说话低声，行动优雅，丝毫不在乎别人的毁誉。

只为今天，我要试着只考虑怎么度过今天，而不把我一生的问题都在一次解决。因为，我虽能连续十二个钟点做一件事，但若要我一辈子都这样做下去的话，那就会吓坏了我。

只为今天，我要订下一个计划，我要写下每个钟点的计划。

只为今天，我心中毫无惧怕，只用微笑面对一切。

·第二章·

常怀感恩

——对生命满怀热忱的心

感谢你所拥有的，这山更比那山高

生活中，我们很难做到不与人进行比较。如果我们没有一颗感恩之心，那么在各种各样的比较下，我们很容易产生心理和情绪上的偏差。我们又不太可能隐居在乡间，所以我们只能不断调整自己的情绪。

一对青年男女步入了婚姻的殿堂，甜蜜的爱情高潮过去之后，他们开始面对日益艰难的生计。妻子每天都为缺少财富而忧郁不乐，他们需要很多很多的钱，1 万，10 万，最好有 100 万。有了钱才能买房子，买家具、家电，才能吃好的、穿好的……可是他们的钱太少了，少得只够维持最基本的日常开支。

她的丈夫却是个很乐观的人，不断寻找机会开导妻子。

有一天，他们去医院看望一个朋友。朋友说，他的病是累出来的，常常为了挣钱不吃饭、不睡觉。回到家里，丈夫就问妻子：“如果给你钱，但同时让你跟他一样躺在医院里，你要不要？”妻子想了想，说：“不要。”

过了几天，他们去郊外散步。他们经过的路边有一幢漂亮的别墅，从别墅里走出来一对白发苍苍的老者。丈夫又问妻子：“假如现在就让你住上这样的别墅，同时变得和他们一样老，你愿意不愿意?”妻子不假思索地回答：“我才不愿意呢。”

他们所在的城市破获了一起重大团伙抢劫案。这个团伙的主犯抢劫现钞超过100万，被法院判处死刑。

罪犯押赴刑场的那一天，丈夫对妻子说：“假如给你100万，让你马上去死，你干不干?”

妻子生气了：“你胡说什么呀?给我一座金山我也不干!”

丈夫笑了：“这就对了。你看，我们原来是这么富有：我们拥有生命，拥有青春和健康，这些财富已经超过了100万，我们还有靠劳动创造财富的双手，你还愁什么呢?”妻子把丈夫的话细细地咀嚼、品味了一番，从此变得快乐起来。

像那位丈夫一样，看看自己拥有的，自己原来已经很富有。那些总认为自己一无所有的人，他们心灵的空间挤满了太多的负累，从而无法欣赏自己真正拥有的东西。

我们要接受自己生活中不完美的地方，用“和自己赛跑，不要和别人比较”的生活态度来面对生活。如果我们愿意放下身价，观摩别人表现杰出的地方，从对方的表现看出成功的端倪，收获最多的，其实还是自己。不要与别人比华丽的服装而忽视了自己真正需要提升的东西。

逆境感恩，减轻心中的痛楚

逆境，可以锻炼人的意志，使人变得无比坚强。拼搏时留下的累累创伤，是峥嵘岁月的一种馈赠。那每一道伤口，都是一次演练、一次登高、一个顿悟。有磨难才会有痛苦，才会使人思索。一个人只有经过痛苦地思索，才会顿悟人生的真谛，才会明智练达。而只有明智的人，生命才会不同凡响。

逆境，可以唤醒人们潜在的高尚品质。一个人如果一帆风顺，生活中没有经受任何磨炼，就很容易变得自满自足、无忧无虑，甚至飘飘然起来。这样的人往往经不住任何打击，而且极易在细小的挫折面前乱了阵脚，坠入绝望的深渊。而经过逆境考验的人，往往对社会、对他人更具有爱心，对于人生有更深刻的体会。如果没有苦难的磨炼和困境中的挣扎，我们也许体验不到人间的冷暖真情。

有一次，小和尚在挑水的途中不小心摔倒。水洒了一地，木桶也摔坏了，小和尚的衣服破了，膝盖也划伤了，他只好拎着唯一完好的扁担一拐一拐地回到寺庙里。

老和尚看他这副模样，哈哈大笑起来。

小和尚更加不悦："师父，我这么狼狈，你怎么还笑得出来呢！"

老和尚说："我这是替你高兴啊！"

小和尚把扁担摔在地上说："师父，枉你打坐那么多年，非但没有怜悯之心，还和世人一样落井下石！"

老和尚拾起扁担，笑着说："我并非落井下石，而是替你高兴，过了今天，你能学会修木桶；膝盖摔坏了，休养几天就没事了，而且，你以后挑水再也不会摔倒了，这样不是很好吗？"

接过师父手中的扁担，小和尚顿悟。

像老和尚说的那样，经历过挫败的人，会从中吸取经验教训，使自己不断成长。哲人尼采曾说："那些能将我杀死的事物，会使我变得更有力。"在逆境中挣扎奋斗过，你终会窥见幸福的真谛。许多人的坚强、韧性并非与生俱来，而是在后天的奋斗中逐渐形成的。逆境，更能激励人们走向成功。处于逆境的人们，为了摆脱困难，创出一番事业，做有益于社会的事，必然会在逆境中悟出人生哲理，并为之奋斗，为之拼搏，从而走上成功之路。伟大与渺小，卓绝与平庸，深刻与肤浅，常常在这时候变得泾渭分明。

我们很容易做到在顺境中感恩，但能在逆境中感恩的人，才是真正幸福的人。因为逆境中的磨难，仍不能让他们忘记幸福的滋味，从而不会放弃对幸福的坚守。逆境感恩，是对挫折的藐视，对幸福的渴望；逆境感恩，是对生活的彻悟，对幸福的珍惜。

感谢折磨，它们让你更加坚强

在人生的岔道口，若你选择了一条平坦的大道，你可能会有一个舒适而享乐的青春，但你会失去一个很好的历练机会；若你选择了坎坷的小路，你的青春也许会充满痛苦，但人生的真谛也许就此被你领悟。

人生其实没有弯路，每一步都是必需的。所谓失败、挫折并不可怕，正是它们教会我们如何寻找经验与教训。如果一路都是坦途，那只能像渔夫的儿子那样，沦为平庸。

有个渔夫有着一流的捕鱼技术，被人们尊称为“渔王”。依靠捕鱼所得的钱，“渔王”积累了一大笔财富。然而，年老的“渔王”一点也不快活，因为他三个儿子的捕鱼技术都极平庸。

于是他经常向智者倾诉心中的苦恼：“我真不明白，我捕鱼的技术这么好，我的儿子们为什么这么差？我从他们懂事起就传授捕鱼技术给他们，从最基本的东西教起，告诉他们怎样织网最容易捕捉到鱼，怎样划船最不会惊动鱼，怎样下网最容易请鱼入瓮。他们长大了，我又教他们怎样识潮汐、辨鱼汛，等等。凡是我多年辛辛苦苦总结出来的经验，我都毫无保留地传授给他们，可他们的捕鱼技术竟然赶不上技术比我差的其他渔民的儿子！”

智者听了他的诉说后，问：“你一直手把手地教他们吗？”

“是的，为了让他们学会一流的捕鱼技术，我教得很仔细、很耐心。”

“他们一直跟随着你吗？”

“是的，为了让他们少走弯路，我一直让他们跟着我学。”

智者说：“这样说来，你的错误就很明显了。你只是传授给了他们技术，却没有传授给他们教训，对于才能来说，没有教训与没有经验一样，都不能使人成大器。”

正如智者所说，教训有时候比经验更有价值。没有经历过风霜雨雪的花朵，无论如何也结不出丰硕的果实，温室的花朵注定要失败。或许我们习惯羡慕他人的成功，但是别忘了，正所谓“台上十分钟，台下十年功”，在他们光荣的背后一定有汗水与泪水共同浇铸的艰辛。很多事情当我们回过头来再去看的时候，就会发现，历经磨难以后，生命的花朵反而更娇艳动人。

只有历经折磨，才能够历练出成熟与美丽，抹平岁月给予我们的皱纹，让心保持年轻和平静，让我们得到成长。所以，每一个勇于追求幸福的人，每一个有乐观豁达心态的人，都会感谢磨难的到来，唯有以这种态度面对人生，我们的生活才会洋溢着更多的欢乐和幸福，世界在我们眼里才会更加美丽动人。

对于生活中的各种折磨，我们应时时心存感激。只有这样，我们才会常常有一种幸福的感觉，纷繁复杂的世界才会变得鲜活、温馨和动人。一朵美丽的花，如果你不能以一种美好的心情去欣赏它，它在你的心中和眼里永远也不会娇艳妩媚，正如你的心情一般灰暗和没有生机。

只有心存感激，我们才会把折磨放在背后，珍视他人的爱心，才会享受生活的美好，才会发现世界原本有太多的温情。对折磨心存感激，是一种人格的升华，是一种美好的人性。只有对折磨心存感激，我们才会热爱生活，珍惜生命，以平和的心态去努力地工作与学习，使自己成为一个有益于社会的人。对折磨心存感激，我们的生活就会洋溢着更多的欢笑和阳光，世界在我们眼里就会更加美丽动人。

面对人生中各种各样不顺心的事，你要保持感谢的态度，因为唯有折磨才能使你不断地成长。法国启蒙思想家伏尔泰说："人生布满了荆棘，我们晓得的唯一办法是从那些荆棘上面迅速踏过。"人生是不平坦的，但同时也说明生命需要磨炼，"燧石受到的敲打越厉害，发出的光就越灿烂"。正是这种敲打才使燧石发出光来，因此，燧石需要感谢那些敲打。人也一样，感谢折磨你的人，你就是在感恩命运。

感谢对手，是他们激发了你的潜能

许多人都视对手为眼中钉、肉中刺，欲除之而后快。其实，如果没有对手，也许我们就会走向堕落，走向灭亡。人要对对手心存感激，而不应对对手怀有嫉妒之心，这样才能提高自己，化不利为有利。

有意义的生命才会精彩，精彩的生命才会有意义。快出发，寻找你的对手，让你的生命折射出迷人、永恒的光彩。

1996 年世界爱鸟日这一天，芬兰维多利亚国家公园应广大市民的要求，放飞了一只在笼子里关了 4 年的秃鹰。事过 3 日，当那些爱鸟者还在为自己的善举津津乐道时，一位游客在距公园不远处的一片小树林里发现了这只秃鹰的尸体。解剖发现，秃鹰死于饥饿。

秃鹰本来是一种十分凶悍的鸟，甚至可与美洲豹争食。然而它由于在笼子里关得太久，远离天敌，结果失去了生存能力。还有一个类似的故事：

一位动物学家在考察生活于非洲奥兰治河两岸的动物时，注意到河东岸和河西岸的羚羊大不一样，前者繁殖能力比后者强，而且奔跑的速度每分钟要快 13 米。

他感到十分奇怪，既然环境和食物都相同，何以差别如此之大？为了解开其中之谜，动物学家和当地动物保护协会进行了一项实验：在两岸分别捉 10 只羚羊送到对岸生活。结果送到西岸的羚羊发展到 14 只，而送到东岸的羚羊只剩下了 3 只，另外 7 只被狼吃掉了。

谜底终于被揭开，原来东岸的羚羊之所以身体强健，是因为它们附近居住着一个狼群，这使羚羊天天处在一个“竞争氛围”中，为了生存下去，它们变得越来越有“战斗力”；而西岸的羚羊长得弱不禁风，恰恰就是因为缺少天敌，没有生存压力。

上述现象对我们不无启迪，生活中出现一个对手、一些压力或一些磨难，的确并不是坏事。一份研究资料说，一年中不患一次感冒的人，得癌症的概率是经常患感冒者的 6 倍。至于俗语“蚌病生珠”，则更说明此问题。一粒沙子嵌入蚌的体内后，它将分泌出一种物质来疗伤，时间长了，便会逐渐形成一颗晶莹的珍珠。

生活中有各种各样的笼子，不少人的处境和那只笼子里的秃鹰相似。虽然它能让人暂时地乐而忘忧，流连忘返，但毕竟是笼子。可以设想，最后的结局只会和那只秃鹰没有什么两样。

人一定要觅得对手。知音难寻，对手更难求。没有对手，人们可能会不知所往，生命也将毫无意义。

战国时期，七雄并立，七个强有力的对手开始了长达百余年的角逐。最后，时势中的英雄始皇诞生，他运筹帷幄之中，决胜千里之外，将六个对手一一击垮，“秦王扫六合，虎视何雄哉！”英雄铸就于对手之中。如果没有一群强有力的对手，英雄怎能矗立于人群？

感激对手，善待对手，你才能从对手那里找到自己的不足，得到帮助，从而化不利为有利，改变生存状况。没有压力怎会有动力？没有竞争怎会有进步？正是对手的追赶才驱使我们向前迈进，驱使我们生命的车轮不断地滚滚前行。对手促使我们进步，只有与对手共生存才能改写历史。

学会珍惜便是感恩生活

不要总是羡慕别人的生活，生活中的一切都要自己去珍惜和把握，因为只有你自己才是你真正的主人。

曾经有人说过：人生若要不留下许多空白，唯一的办法是珍惜曾经拥有的，追求你所没有的。人的一生中值得珍惜的东西太多，最重要的不外三点，那就是时间、机会和痛苦。人们常说年轻人都是富有的，那是因为他们拥有这世界上最宝贵的财富——时间。时间就是生命，如果对时间不加以珍惜，那失去的又岂止是时间，而是一个人的生命。

有人主张把人生分成昨天、今天和明天三个阶段，昨天已定格为历史，没有能力去改变，我们正拥有的今天和要追求的明天才是最重要的，而只有珍惜和把握好今天才能更好地拥抱明天。生活总是在“昨天——今天——明天”的轮换中前进，稍不留神，一个现实的今天就会从你的肩头匆匆滑过，紧接着，明天就变成了今天，如果抓不住，还会像影子一样很快从你的眼前消失，成为昨天。“盛年不重来，一日难再晨。”不要以为一生有多长，在有限的生命里若不珍惜，那留给自己的只会是痛苦和悔恨。

机会对每个人都是平等的，关键在于你是否能珍惜。

西方有一位哲学家说，在许多事情上，我们不应费尽心机地去创造机会，而应更好地抓住现有的机会。只有抓住每一次机会，你才可能成功。人生有许多考验，虽然失去了一次并不意味着失去永远，但是，失去了的是不会再来的，失去就意味着你不会再拥有。一个人的一生能经受得住几次这样的失去？只要有机会就得牢牢抓住。纵观古今中外，哪一位有所成就的人不是在珍惜每一次机会的基础上努力创造的？有谁能相信，一个总是坐失良机的人，有一天会有所建树？

人生值得珍惜的东西确实太多，即使是痛苦，我们也应该去好好珍惜。“一切痛苦都孕育着快乐。”不经历痛苦，真正的快乐永远也不会降临。

很多人在老之将至时往往会追悔自己的年轻岁月，并遗憾不已。原因就在于在年轻的时候他们没有好好珍惜自己所拥有的，总想去抓住外界的那些诱惑，最终只会导致悔恨。为了明天的美好，为了不给自己留下遗憾的种子，请君珍惜！

懂得珍惜，便是对生活的一种感恩。

在细微处感恩

人生在世，不如意事十有八九。如果我们囿于这种“不如意”之中，终日怀揣不安的情绪，那生活就会索然无味。相反，如果我们像孩子一样，拥有一颗“感恩”的心，善于发现事物的美好，感受平凡中的美丽，那我们就会以坦荡的心境、开阔的胸怀来应对生活中的酸甜苦辣，让原本平淡的生活焕发出迷人的光彩！

一位教授到一所幼儿园参观。他决定在课堂上随便问几个问题，考查一下孩子们的语言表达能力。

“感恩节快到了，孩子们，能不能告诉我，你们将要感谢什么呢?”

“琳达，你要感谢什么?”

“我的妈妈天天很早起来给我做早饭，我在感恩节那天一定要感谢她。”

“嗯，不错。彼得，你呢?”

“我的爸爸今年教会了我打棒球，所以我特别想感谢他。”

“嗯，很好！玛丽?”

“学校的守门人很孤单，没有多少人关心她，但她却把关怀的微笑送给我们每一个孩子。我要在感恩节那天给她送一束花。”

“很好！杰克，轮到你了。”

“我们每年感恩节都要吃火鸡，人们只是大口大口地吃火鸡，却从来不想一想火鸡是多么的可怜。感恩节那天，会有多少只火鸡被杀掉呀……”

“我觉得你跑题了，杰克。”

杰克向四周望了一眼，然后平静地说：“我要感谢上帝，没有让我变成一只火鸡。”

其实，孩子们还不知道感激的确切含义，他们只知道对于每一件美好的事物都应心存感激。他们感谢母亲辛勤的工作，感谢同伴热心的帮助，感谢兄弟姐妹之间的相互理解，等等。他们对许多平凡的事都怀有一颗“感恩的心”。

学会感恩，就会懂得尊重他人，发现自我的价值。懂得感恩，就少了歧视，就会以平等的眼光看待每一个生命。重新看待我们身边的每个人，尊重每一份普通平凡的劳动，这样便会更加尊重自己。在现代社会这个分工越来越细的巨大链条上，每一个人都有自己的职责、自己的价值，每个人都在无意间为他人付出。当我们感谢他人时，第一个反应常常是今后自己应该怎么做，怎么做才能做得更好。

如果我们时时能用感恩的心来看这个世界，健康的情绪就会扩散开来，我们会觉得这个世界很可爱、很富有。树上小鸟的轻唱，太阳无私的光和热，路旁花朵的芬芳，都会令你感到心旷神怡。感恩，并不需要做出多么伟大的事情，从一件微小的事情上我们也可以体会到一颗感恩的心。

·第三章·

学会宽容

——善待他人胸怀更开阔

及时原谅别人的错误

2009 年 12 月 16 日，NBA 常规赛，新泽西篮网的后卫德文·哈里斯在客场以 89∶99 的比赛中，因被奥尼尔抢断之后情绪失控，在骑士队球员穆恩上篮的时候将其一把搂住脖子拉下，险些造成其生命危险。然而赛后接受采访的穆恩向媒体表示："我想他应该不是故意的，他很可能是冲着球去，但是恰恰没碰到球而已。"

曾经因为对方的犯规行为差点失去生命的穆恩用一句"他不是故意的"，化解了彼此的尴尬。其实，很多时候别人得罪我们，也许并非出于本意，即使发生了冲突和矛盾，也往往是巧合，或者是情势所逼。

可见，建立积极的情绪，用心去宽容他人，信任他人，是对人性的肯定。要做到胸襟开阔，就要意识到人无完人，做到得理让人，宽容待人。

在战争期间，一支部队在森林中与敌军相遇，发生激战。最后两名来自同一个小镇的战士与部队失去了联系。两人在森林中艰难跋涉，互相鼓励、安慰。半个月过去了，他们仍未与部队联系上，幸运的是，他们打死了一只鹿，依靠鹿肉又可以艰难度过几日了。然而，这以后他们再也没看到任何动物。仅剩下的一些鹿肉，背在年轻战士的身上。

这一天他们在森林中遇到了敌人，经过再一次激战，两人巧妙地避开了危险。就在他们自以为已安全时，只听到一声枪响，走在前面的年轻战士中了一枪，幸亏子弹只是打在肩膀上。后面的战友惶恐地跑了过来，他害怕得语无伦次，抱起战友的身体泪流不止，赶忙把自己的衬衣撕下包扎战友的伤口。

到了晚上，未受伤的战士一直念叨着母亲，两眼直勾勾的。两人都以为他们的生命即将结束，身边的鹿肉谁也没动。天亮后，部队救出了他们。

30 年过去了，那位受伤的战士说："我知道是谁开的那一枪，他就是我的战友。他去年去世了。在他抱住我时，我碰到了他发热的枪管，但当晚我就宽恕了他。我知道他想独吞我身上带的鹿肉并以此活下来，但我也知道他活下来是为了他的母亲。30 年了，我装着根本不知道此事，也从不提及。战争太残酷了，他母亲还是没有等到他回来，我和他一起祭奠了老人家。他跪下来，请求我原谅他，我没让他说下去。我们又做了二十几年的朋友，我没有理由不宽恕他。"

因为生命受到了威胁，出于对母亲的担心，那个持枪的战士才向战友开枪，而他在枪响了之后扑到了战友的身边，为之包扎伤口，可以看出他内心的挣扎。

生活不同于战争，它没有战争那么残酷，时时都要面对生命的威胁。所以，在生活中的人，大多不会将对方逼到"不是你死就是我活"的地步。生活里的那些摩擦，通常都是不经意的。比如陌生人在地铁里挤到了你、同事因为不小心打碎了你的玻璃杯、朋友不经意地说了你不爱听的话……

世界上如果没有宽容和信任，一切亲情、友情、爱情都将失去存在的基础，每个角落都是尔虞我诈的欺骗，社会将毫无温情可言。当然，人非圣贤，要去爱我们的敌人也许真的有点强人所难，但出于自身的健康与幸福，学习宽恕敌人，甚至忘记所有的仇恨，也可以算是一种明智之举。有句名言说：“无论被虐待也好，被抢掠也好，只要忘掉就行了。”

气量大一点儿，生活才祥和

生活中，有的人能活得轻松快乐，而有的人却活得沉重压抑。究其原因，无非是因为前者情绪稳定而且有包容一切的气量；而后者之所以感觉负担沉重，是因为度量太小，计较太多，总是沉浸在不安的情绪里。

事实上，任何人都不是完美无缺的，世界上不存在绝对完美的人，我们不论与谁交往，都不可能要求对方事事都能做到让我们满意的程度。气量小的人，往往不能容忍比自己优秀的人，也容忍不了和自己存在分歧的人。其实细细品味人生哲理，就会明白看似困难的事情也很容易解决，“以柔和驱赶仇恨”，这是布朗告诉我们的方式，这其实就是要求我们要有宽厚待人的气量。

美国的第十六任总统林肯是美国历史上一位颇有建树的总统，他在任期内完成了数项足以影响美国乃至世界的丰功伟绩。他的身上具备显著的优秀品质，坚韧、智慧、低调等，他的宽容品质也颇受世人的称赞。曾经发生过这样一件事：

林肯在任时期，一次他下令调动一些军队参与作战。命令下达之后，却受到了当时任作战部部长的史丹顿的阻挠，他拒绝执行林肯的此项命令，犯下了军队的大忌，还发牢骚表示对林肯此项命令的不满、讽刺、嘲笑，甚至口不择言地说道：“作为总统下达这种愚蠢的命令，他就是一个该杀的傻瓜。”

这件事很快被林肯得知。大家都在想，这次史丹顿对总统如此不敬，公开表示他的不满、怨恨，林肯一定不会放过史丹顿的。然而，林肯本人对这件事的态度非常出乎人们的意料。他没有恼羞成怒，而是静下心来检讨自己的命令是否妥当。他马上亲自找到史丹顿，征求他的意见。史丹顿丝毫不留情面地指出了此项命令的不当之处。林肯经过深思熟虑之后，最终认为自己的方案的确存在很大的问题，于是收回了命令。

林肯面对部下的阻挠，并没有震怒，而是用一种温和的态度处理这件事，这正说明，越是位高权重的人，越应该尊重和采纳他人的意见，正所谓“得民心者得天下”，林肯总统得到了人们的拥戴和肯定，这都要得益于他的宽容大度，在他的领导下，整个美国才得以欣欣向荣地稳定发展。

小肚鸡肠的人，眼中的生活是灰色的，他们无时无刻不在算计着、不在担忧着；反之，心胸宽广的人，眼中的生活是彩色的，失去对他们来说是微不足道的，凡事不会时时刻刻抓在手中，他们懂得放下。身临其境地想一下，当把一切得失荣辱都视作浮云一朵的时候，生活不就变得轻松自如了吗？如果这只需要大一点的气量就可以办到，那何乐而不为呢？

人生的道路漫长而坎坷，在充满了艰辛的同时，也孕育着希望。我们活着，不要总是去抱怨自己生不逢时，不要总是抱怨没有结交到优秀的人。而是要对人多一点包容、多一分理解。能够让自己有气量去结交不同的人。气量和容人，犹如器之容水，器量大则容水多，器量小则容水少，器漏则上注而下逝，无器者则有水而不容。气量大的人，容人之量、容物之量也大，能和不同性格、不同脾气的人们融洽相处。能兼容并蓄，能接受别人的批评，也能忍辱负重，经得起误会和委屈。这样就能以轻松自如的心态来面对纷繁复杂的人间百态，让我们摆脱不满、愤恨的情绪，生活会变得简单，变得祥和。

莫将吃亏挂心头

每当碰上让我们吃亏的事，我们总会深深地陷入生气、懊恼的情绪中。俗话说："好汉不吃眼前亏。"许多人都把"吃亏"看作是一种非常愚蠢的行为，总是苦恼于担心自己"吃亏"，总是害怕"便宜了别人"。

然而，很多时候，我们的判断都是错误的，一些"亏"只不过是事情的表象而已。有时，一件看似很吃亏的事，往往会变成非常有利的事。

清康熙年间，内阁大学士张英（张廷玉的父亲）收到一封家书。信上说他们家正打算修围墙，本来根据地契，墙可以一直修到邻居叶秀才家的墙根下，但是叶秀才不让，并且还到官府里把张家给告了。家人非常生气，就给张英写了这封信，让他处理这件事。家人很快就收到了回信，但上面只有一首诗："千里捎书只为墙，让他三尺又何妨？万里长城今犹在，不见当年秦始皇。"

张英的家人接到信后，明白了他的意思，马上就把墙拆了，并且后退三尺进行重建。叶秀才一看张家如此大度，也把自己家的墙拆了，后移了三尺。由于两家都退让了三尺，因此留出了一条长百余米，宽六尺的巷子，后被当地人赞誉为"六尺巷"。

本来根据地契约定，张家根本没有错，而张英又贵为大学士，并且父子二人同在朝中任要职，只要知会当地官府一声，叶秀才家肯定会妥协，而张家的权利和尊严也会得到保障，但是他没有这样做，而是选择了包容，宁愿自己吃亏，让了叶秀才三尺，而叶秀才觉得张英“宰相肚里能撑船”，不与自己计较，而自己本就理亏，感动之余也让了三尺，两家的关系也因此由剑拔弩张转为互相敬重，和睦相处。

在此我们可以想象一下，假如张英当时给当地官府打了个招呼，以他的权势，叶秀才肯定会被法办。不过，虽然他有理，但双方会为此结怨，张英会因为百姓对他滥用私权而议论纷纷，他也会惶惶不可终日，担忧这些话传到皇帝耳中，而叶秀才家会因吃了亏而心生怨恨，情绪也好不到哪里去。好在张英是一个宽宏大量的人，他主动使用了“宽容”这一润滑剂，不仅解决了双方有可能产生的情绪问题，还赢得了他人的敬重，并因这一小事而青史流芳，真可谓一举多得。

在生活和工作中，我们每个人都难免会遇到不如意的事情。如果因为一点小事就闷闷不乐，或发泄情绪，这不仅会影响自己，影响他人，可能还会招致更多的麻烦。所以，当我们在遇到不如意的事情时，一定要学会去适当地宽容他人，不要总觉得吃亏。如果过多地与人计较，总在为得失算计，当有利益的亏欠时，我们就会忍不住心中怒火，会伤害到自己的身心。真正的智者从不会狭隘到不能吃亏的地步，孔融把大梨让给别人，自己情愿吃小的，敢于吃亏，也不会产生情绪上的偏差。

不要总将吃亏挂在心头，胸怀大度，才能让自己的思想境界不断得到提升。有了这种品质、这种境界，人就会变得豁达，变得成熟，也使人与人的相处变得和谐。

原谅生活，是为了更好地生活

也许，你曾经遭受过别人对你的恶意诽谤或是沉重的伤害，这些伤痛在你的心底一直没有得到抚平，你可能至今还在怨恨他，不能原谅他。然而，怨恨更多地伤害了怨恨者自己，而不是被怨恨的人。怨恨像一个不断长大的肿瘤，让我们每天生活在焦虑之中，使我们失去欢笑，损害我们的健康。

为了让我们更好地生活，杜绝怨恨情绪，最好的办法就是学会宽容。宽容是心与心的交融，无语胜有声，宽容是仁人的虔诚，是智者的宁静。

对别人宽容，恰恰是对自己的宽容。如果一个人不能够经受世界的考验，感受这个世界的美好，心胸只能容得下私利，那他只能生活在焦虑之中，丝毫没有幸福可言。

当你被焦虑折磨得筋疲力尽，沉浸在痛苦的回忆中时，不妨学着宽恕，忘记怨恨，告别过去的灰暗情绪。学会宽恕，就像在黑暗中燃起一支明烛。你会因为重新获得光明而变得积极乐观起来。

人，如果没有宽广的胸怀，便不可能有幸福的生活。宽容不是胆怯，不是妥协，它和放弃一样，是另一种明智和勇敢。宽容能够容纳万物，能够包含太虚。心旷为福之门，心狭为祸之根。心胸坦荡，不以世俗荣辱为念，不为世俗荣辱所累，就会活得轻松、潇洒、磊落。

豁达是衡量风度的标尺

在生活中，常常会见到这样一类人：他们受到一点委屈便斤斤计较、耿耿于怀；听到别人的批评就接受不了，甚至痛哭流涕；对学习、生活中一点小失误就认为是莫大的失败、挫折，长时间寝食难安；人际交往面狭窄，只同与自己意见一致或不超过自己的人交往，容不下那些与自己意见有分歧或比自己强的人……这些人就是典型的狭隘型性格的人。

比尔·盖茨曾说过：“没有豁达就没有宽容。无论你取得多大的成功，无论你爬过多高的山，无论你有多少闲暇，无论你有多少美好的目标，没有宽容心，你仍然会遭受内心的痛苦。世界上最大的是海洋，比海洋更大的是天空，比天空更大的是人的胸怀。”

豁达的度量，从根本上说是来自一个人宽广的胸怀。一个人倘若没有远大的生活理想和目标，其心胸必然狭窄，就像马克思所形容的那样：愚蠢庸俗、斤斤计较、贪图私利的人，总是看到自以为吃亏的事情。眼睛只盯着自己的私利，根本不可能有豁达和宽容的胸怀和度量。“心底无私天地宽”，只有从个人私利的小圈子中走出来，心里经常装着更远、更大目标的人，才能具备宽广的胸怀，领略到海阔天空的精神境界。

唐玄宗开元年间有位梦窗禅师，他德高望重，是当朝国师。

有一次他搭船渡河，渡船刚要离岸，从远处来了一位骑马佩刀的大将军，大声喊道：“等一等，等一等，载我过去！”他一边说一边把马拴在岸边，拿了鞭子朝水边走来。

船上的人纷纷说道：“船已开行，不能回头了，干脆让他等下一班吧！”船夫也大声回答他：“请等下一班吧！”将军急得在水边团团转。

这时坐在船头的梦窗禅师对船夫说道：“船家，这船离岸还没有多远，你就行个方便，掉过船头载他过河吧！”船夫看到是一位气度不凡的出家师父开口求情，就把船撑了回去，让那位将军上了船。

将军上船以后四处寻找座位，无奈座位已满，这时他看见坐在船头的梦窗禅师，于是拿起鞭子就打，嘴里还粗野地骂道：“老和尚！走开点，快把座位让给我！难道你没看见本大爷上船？”没想到这一鞭子正好打在梦窗禅师头上，鲜血顺着脸颊流了下来，禅师一言不发地把座位让给了那位蛮横的将军。

这一切，大家都看在眼里，心里既害怕将军的蛮横，又为禅师的遭遇感到不平，纷纷窃窃私语：将军真是忘恩负义，禅师请求船夫回去载他，他不但抢禅师的位子，还打了他。将军从大家的议论中，似乎明白了什么。他心里非常惭愧，不免心生悔意，但身为将军却放不下面子，不好意思认错。

不一会儿，船到了对岸，大家都下了船。梦窗禅师默默地走到水边，慢慢地洗掉了脸上的血污。那位将军再也忍受不住良心的谴责，上前跪在禅师面前忏悔道："禅师，我……真对不起！"梦窗禅师心平气和地对他说："不要紧，出门在外难免心情不好。"

这是对人生的一种豁达，如果，梦窗禅师没有一颗豁达的心，只想着自己被别人侵犯了，他随即就会产生愤怒情绪。可是在他包容心的驱使下，生活中可能发生冲突和争执也变得云淡风轻，同时他也感染了那位将军，让他的情绪也归于平静。

所以，要用豁达的心宽容一切违逆和挫折，也要以豁达的心去理解他人的误会和偏见。只有你真正明白了这些，才会促使自己成功，才会明白使自己变得机智勇敢、豁达大度的，不是顺境，而是那些常常让自己陷入困境的打击、挫折。陶渊明说："俯仰终宇宙，不乐复何如？"一个睿智之人是不会抱着忧虑而愁眉不展的。无论生活在什么环境下，都要豁达乐观地生活。

忘记惹你生气的人

宽恕就是在有权力责罚时而不责罚，在有能力报复时而不报复。做人做事应当拥有这种宽恕的德行。

写过不少美妙的儿童故事的英国学者路易斯小时候常受凶恶的老

师侮辱，心灵深受创伤。他几乎一生不能宽恕这位伤害过自己的老师，且又因为自己的怨恨而感到困扰。然而在他去世前不久，他写信告诉朋友道："两三个星期前，我忽然醒悟，终于宽恕了那位使我童年极不愉快的老师。多年来我一直努力做到这一点，每次以为自己已经做到，却发觉还需再努力一试。可是这次我觉得我的确做到了。"这真是大彻大悟啊！

真的，仇恨的习惯是难以破除的。和其他许多坏习惯一样，我们通常要把它粉碎很多次，才能最后把它完全消灭。伤害愈深，心理调整所需要的时间就愈长。可是终归会慢慢地把它消灭。

斯宾诺莎说："心不是靠武力征服，而是靠爱和宽容大度征服。"如果一个人能原谅、宽容别人的冒犯，就证明他的心灵是超越了一切伤害的。做人要心胸开阔，做事要思想开明。宽恕别人所不能宽恕的，是一种高贵的行为。

人们在受到伤害的时候，最容易产生两种不同的情绪：一种是憎恨，一种是宽恕。

憎恨的情绪，使人一再地浸泡在痛苦的深渊里。如果憎恨的情绪持续在心里发酵，可能会使生活逐渐失去秩序，行为越来越极端，最后一发不可收拾。

而宽恕就不同了。宽恕必须随被伤害的事实从"怨怒伤痛"到"没什么"这样的情绪转折，最后认识到不宽恕的坏处，从而积极地去思考如何原谅对方。

有句老话说，不能生气的人是笨蛋，而不去生气的人才是聪明人。

这也是纽约前州长盖诺所推崇的。他被一份内幕小报攻击之后，又被一个疯子打了一枪，这让他几乎失去性命。当他躺在医院的时候，他说："每天晚上我都原谅所有的事情和每一个人，这样，我才会快乐。"

有一次，一个人问巴鲁曲——他曾经做过威尔逊、哈定、柯立芝、胡佛、罗斯福和杜鲁门六位总统的顾问——会不会因为他的敌人攻击他而难过。“没有一个人能够羞辱我或者困扰我，”他回答说，“我不让自己这样做。”

是的，没有人能够羞辱或困扰你——除非你让自己这样做。

棍子和石头也许能打断我们的骨头，可是言语永远也不能伤害我们，我们会生活得很快乐。忘记惹你生气的人，这样做才是明智的。

原谅别人，其实就是放过自己

我们每个人可能都遭受过别人带给我们的伤害，我们也会做出各种各样的反应。但是不管反应有多小，这腔怒火也会烧到我们自己，对我们造成伤害。与其在耿耿于怀中让自己失去原本平和的生活，不如原谅别人。原谅别人，也就是熄灭自己的心中之火，抚平自己的情绪伤痕。

一位画家在集市上卖画，不远处，前呼后拥地走来一位大臣的孩子，这个孩子的父亲在年轻时曾经把画家的父亲欺诈得心碎而死去。这孩子在画家的作品前流连忘返，并且选中了一幅，画家却匆匆地用一块布把它遮盖住，声称这幅画不卖。

从此以后，这孩子因为心病而变得憔悴，最后，他父亲出面了，表示愿意出高价购买那幅画。可是，画家宁愿把这幅画挂在自己画室的墙上，也不愿意出售。他阴沉着脸坐在画前，自言自语地说：“这就是我的报复。”

每天早晨，画家都要画一幅他信奉的神像，这是他表示信仰的唯一方式。

可是现在，他觉得这些神像与他以前画的神像日渐相异。

这使他苦恼不已，他不停地找原因。然而有一天，他惊恐地丢下手中的画，跳了起来：他刚画好的神像的眼睛，竟然像那个大臣的眼睛，而嘴唇也酷似。

他把画撕碎，并且高喊："我的报复已经回报到我的头上来了！"

可见，报复会把人驱向疯狂的边缘，使你的心灵不能得到片刻安静。当你无法忘记心中的怨恨，总是想着去报复时，最终受伤害的不仅仅是对方，对你造成的伤害也许更大。

心理学专家研究证实，心存怨恨有害健康，高血压、心脏病、胃溃疡等疾病就是长期积怨和过度紧张造成的。

由此可见，原谅不但是宽恕别人，更是宽恕自己。唯有学着宽恕，忘记怨恨，才能抚慰你暴躁的心绪，弥补不幸对你的伤害，让你不再纠缠于心灵毒蛇的咬噬，从而获得心灵的自由。

要学会宽容，起码要做到两条。首先，你要看到，自己也有很多的缺点，自己也有做错事的时候，自己本身并不是一个完人；而你原来认为不好的人，也有一些你没有的优点。所以，要学会看到自己的缺点，看到别人的优点。考虑问题时要试着从对方的角度出发，以求大同、存小异，这样你才能够善待他人，也善待自己。其次，你得承认，自己也曾得到别人的宽容，自己也需要别人的宽容。这样一想，我们还有什么不能宽容的呢？

宽容别人的同时，自己也就把怨恨或嫉恨从心中排解掉了，也才会怀着平和与喜悦的心情看待任何人和任何事，会带着愉快的心情生活。所以，在生活的磨难中逐步学会宽容，能原谅他人的人，心里的苦和恨比较少；或者说，心胸比较宽阔的人，就容易宽容他人。

·第四章·

增强自信

——学会给自己热烈鼓掌

激发自己的潜能

面对困难，很多时候，我们往往不知所措，事实上，我们并不是输给了困难，而是输给了我们自己，因为我们常常低估了自己的能力。其实，我们比自己想象中的更优秀，只是我们还没有发现而已。

常听很多人说："命运都由天注定，我再努力也没有用。"真是这样的吗？

美国知名学者奥图博士说："人脑好像是一个沉睡的巨人，我们只用了不到1%的脑力。"一个正常的大脑记忆容量大约有6亿本书的知识总量，相当于一部大型电脑储存量的120万倍。如果人类发挥其一小半潜能，就可以轻易学会40种语言，记忆整套百科全书，获得12个博士学位。

根据研究，即使世界上记忆力最好的人，其大脑的使用也没有达到其功能的1%。人类的知识与智慧，迄今仍是"低度开发"。人的大脑是个无尽的宝藏，只要我们努力去挖掘，努力运用潜意识的力量，成功会比想象的更快、更轻松。

1796年的一天，德国哥廷根大学，一个很有数学天赋的19岁青年吃完晚饭，开始做导师单独布置给他的每天例行的三道数学题。前两道题他在两个小时内就顺利完成了。然而第三道要求只能用圆规和直尺就画出一个正17边形的题竟然毫无进展。

困难反而激起了他的斗志：我一定要把它做出来！他拿起圆规和直尺，一边思索一边在纸上画着，尝试着用一些超常规的思路去寻求答案。当窗口露出曙光时，青年长舒了一口气，他终于完成了这道难题。

见到导师时，他说："您给我布置的第三道题，我竟然做了整整一个通宵。"导师接过学生的作业一看，当即惊呆了。他用颤抖的声音对青年说："这是你自己做出来的吗?"青年有些疑惑地看着导师，回答道："是我做的。"导师请他坐下，取出圆规和直尺，在书桌上铺开纸，让他当着自己的面再做出一个正17边形。

青年很快就做出了一个正17边形。导师激动地对他说："你知不知道，你解开了一桩有两千多年历史的数学悬案！阿基米德没有解决，牛顿也没有解决，而你竟然一个晚上就解出来了，你是一个真正的天才!"

这个青年就是数学王子高斯。

当高斯不知道这是一道有两千多年历史的数学难题，仅仅把它当作一般的数学难题时，只用了一个晚上就解出了它。高斯的确是天才，但如果他在做题前被告知那是一道连阿基米德和牛顿都没有解开的难题时，结果可能是另一番情景。生活中，有很多困难时时困扰着我们的成长，一些问题之所以没有能够解决，也许并不是因为问题难度大，而是我们把它想象的太复杂了，不敢去面对它。学会告诉自己："你比你想象的更优秀。"

那么，该怎样去开发自己的潜能呢？以下提供些具体方法：

1. 自我暗示的成功心法

想要成功的你，要每天不辍地在心中念诵自励的暗示宣言，并牢记成功心法：你要有强烈的成功欲望、无坚不摧的自信心。如果你使精神与行动一致的话，一种神奇的宇宙力量将会替你打开宝库之门。

2. 写下并念诵你的目标

每天两次念诵你的目标：一次在刚醒来的时候，一次在临睡之前——这两段时间是你潜意识活动比较弱，最容易与潜意识沟通的时段。

注意：在念诵的时候，要贯注感情，并且想象你已取得你想得到的成功。

就算是机械式的自我暗示也有效。当然，越能够注入感情，收效就越好。

3. 挖掘自身的无穷力量

拿破仑·希尔曾经说过："抱着微小希望，只能产生微小的结果，这就是人生。"

我们的能力都深深地埋藏在体内，若能把它发掘出来，并使它发展下去，我们就会有惊人的成就，不可能的事也会陆续变成可能，但这要看这个人是否选择了自己应该走的路。杜拉因说："任何人都可以爬升到自己理想的天国，同时，当他选择要爬上去时，世界的力量就会帮助他，一直把他推上去。"

我们有了某种决心，并且对自己充满信心，那么各方面的资源都会协调运转起来，把人推向成功的方向。

4. 构想成功后的自我

伟大的人生源自你心里的想象，即你希望做什么事，希望成为什么人。在你心里的远方，应该稳定地放置一幅画像，然后向前移动并与之吻合。如果你替自己画一幅失败的画像，那么，你必将远离胜利；相反，替自己画一幅获胜的画像，你与成功即可不期而遇。

生命蕴藏着巨大的潜能，生命永远不会贬值。爱迪生说："如果我们能做出所有能做的事情，我们毫无疑问地会使自己大吃一惊。”对自己的生命拥有热爱之情，对自己的潜能抱着肯定的态度，这样，生命就会爆发出前所未有的能量，创造令人惊奇的成绩。

多做自己擅长的事

世界上没有两片完全相同的树叶，每个人的天赋也是不同的。和别人比，你或许在某些方面有些欠缺，但在其他方面你表现得更为突出。成功的关键不是克服缺点、弥补缺点，而是施展天赋、发扬长处。要想获得成就，就要擅长经营自己的强项。

美国盖洛普公司出了一本畅销书《现在，发掘你的优势》。盖洛普的研究人员发现：大部分人在成长过程中都试着“改变自己的缺点，希望把缺点变为优点”，但他们碰到了更多的困难和痛苦；而少数最快乐、最成功的人的秘诀是“加强自己的优点，并管理自己的缺点”。“管理自己的缺点”就是在不足的地方做得足够好，“加强自己的优点”就是把大部分精力花在自己感兴趣的事情上，从而获得成功。

一只小兔子被送进了动物学校，它最喜欢跑步课，并且总是得第一；它最不喜欢的是游泳课，一上游泳课它就非常痛苦。兔爸爸和兔妈妈要求小兔子什么都学，不允许它放弃任何一项课程。

小兔子只好每天垂头丧气地去学校上学，老师问它是不是在为游泳太差而烦恼，小兔子点点头。老师说，其实这个问题很好解决，你跑步是强项，但游泳是弱项。这样好了，你以后不用上游泳课了，可以专心练习跑步。小兔子听了非常高兴，它专门训练跑步，最后成为跑步冠军。

小兔子根本不是学游泳的料，即使再刻苦训练，它也无法成为游泳能手；相反，它专门训练跑步，结果成为跑步冠军。

假如一个人的性格天生内向，不善于表达，却要去学习演讲，这不仅是勉为其难，而且还会浪费大量的时间和精力；假如一个人身材矮小，弹跳力也不好，却要去打篮球，结果，不仅造成英雄无用武之地的局面，反而打击了自信心，一蹶不振。在漫漫的人生旅途中，没有人是弱者，只要找到自己的强项，就找到了通往成功的大门。

所谓的强项，并不是把每件事情都干得很好、样样精通，而是在某一方面特别出色。强项可以是一项技能、一种手艺、一门学问、一种特殊的能力或者只是直觉。你可以是鞋匠、修理工、厨师、木匠、裁缝，也可以是律师、广告设计人员、建筑师、作家、机械工程师、软件工程师、服装设计师、商务谈判高手、企业家或领导者，等等。

罗马不是一天建成的，我们想在某一方面拥有过人之处，就必须付出辛苦的努力。我们要想拥有一口流利的英语，可能要错过无数次和朋友通宵 KTV 的机会；要想掌握一门技术，可能就要翻烂无数本专业书；要想成为游泳池中最抢眼的高手，就必须比别人多“喝”水……

人生的诀窍就在于经营好自己的长处，扬长避短，才能创造出人生的辉煌。若舍本逐末，用自己的弱项和别人的强项拼，失败的只能是自己。从这个角度来说，千万别轻视了自己的一技之长，尽管它可能并不高雅，却可能是你终生依赖的财富。

每个人都不是弱者，每个人都有实现自己梦想的可能，只要我们找准自己的最佳位置，努力经营自己的强项，并将这个专长发挥到极致，我们一定能成为某一领域的“王者”。

像英雄一样昂首挺胸

自信是一种心境，自信的人不会在压力面前放弃自我。

生活中，自卑常常在不经意间闯进我们的内心世界，控制着我们的生活。在我们有所决定、有所取舍的时候，自卑向我们勒索着勇气与胆略；当我们碰到困难的时候，自卑会站在我们的背后大声地吓唬我们；当我们要大踏步向前迈进的时候，自卑会拉住我们的衣袖，告诉我们前面危机重重，仅凭一己之力根本无法应对……自卑就像蛀虫一样啃噬着我们的人格，它是我们走向成功的绊脚石，它是快乐生活的拦路虎。所以，我们不能一直活在自卑的阴影中，恢复你的自信，你也可以像世界名模一样昂首挺胸。

他是英国一位年轻的建筑设计师，很幸运地被邀请参加了温泽市政府大厅的设计。他运用工程力学的知识，根据自己的经验，很巧妙地设计了只用一根柱子支撑大厅天顶的方案。一年后，市政府请权威人士进行验收时，对他设计的一根支柱提出了异议。他们认为，用一根柱子支撑天花板太危险了，要求他再多加几根柱子。年轻的设计师十分自信，并且通过详细的计算和列举相关实例加以说明，拒绝了工程验收专家们的建议。他说："只要用一根柱子便足以保证大厅的稳固。"

他的固执惹恼了市政官员，年轻的设计师险些因此被送上法庭。在万不得已的情况下，他只好在大厅四周增加了 4 根柱子。不过，这 4 根柱子全部都没有接触天花板，其间相隔了无法察觉的两毫米。

时光如梭，岁月更迭，一晃就是 300 年。

300 年的时间里，市政官员换了一批又一批，市政府大厅坚固如初。直到 20 世纪后期，市政府准备修缮大厅的天顶时，才发现了这个秘密。

消息传出，世界各国的建筑师和游客慕名前来，观赏这几根神奇的柱子，并把这个市政大厅称作"嘲笑无知的建筑"。最为人们称奇的是这位建筑师当年刻在中央圆柱顶端的一行字：

自信和真理只需要一根支柱。

这位年轻的设计师就是克里斯托·莱伊恩，一个很陌生的名字。今天，能够找到有关他的资料实在微乎其微了，但在仅存的一点资料中，记录了他当时说过的一句话："我很自信。至少100年后，当你们面对这根柱子时，只能哑口无言，甚至瞠目结舌。我要说明的是，你们看到的不是什么奇迹，而是我对自信的一点坚持。"

一味地轻视自己，不敢相信自己的想法和决策的情绪一旦占据心头，就会腐蚀一个人的斗志，犹豫、忧郁、烦恼、焦虑也便纷至沓来。

我们每个人存在于这个世上，都是有价值的个体，如果将别人的价值观生硬地贴在自己身上，那么自己也就不再真实可爱了，反而会因为我们达不到别人的高度，而产生自卑情绪。每个人都是自己舞台上的明星，不用别人给你灯光，自信的力量可以让你光彩四射。

独立自主的人最可爱

自信情绪的产生源于善于驾驭自我命运的能力，这种人懂得生活的真谛，是最幸福的人，正像康德所说："我早已致力于我决心保持的东西，我将沿着自己的路走下去，什么也无法阻止我对它的追求。"最高的自立是追随自己的心灵，相信自己是正确的，不被任何人的评断所左右的精神上的自立。

剑桥郡的世界第一名女性打击乐独奏家伊芙琳·格兰妮说："从一开始我就决定：一定不要让其他人的观点消磨我成为一名音乐家的热情。"

她成长在苏格兰东北部的一个农场，从8岁时她就开始学习钢琴。随着年龄的增长，她对音乐的热情与日俱增。但不幸的是，她的听力却在渐渐地下降，医生们断定是难以康复的神经损伤造成的，而且断定到12岁，她将彻底耳聋。可是，她对音乐的热爱却从未停止过。

她的目标是成为打击乐独奏家，虽然当时并没有这么一类音乐家。为了演奏，她学会用不同的方法“聆听”其他人演奏的音乐。她只穿着长袜演奏，这样她就能通过她的身体和想象感觉到每个音符的震动，她几乎用她所有的感官来感受着她的整个声音世界。她决心成为一名音乐家，于是她向伦敦著名的皇家音乐学院提出了申请。

因为以前从来没有一个聋学生提出过申请，所以一些老师反对接收她入学。但是她的演奏征服了所有的老师，她顺利地入了学，并在毕业时获得了学院的最高荣誉奖。

从那以后，她就致力于成为第一位专职的打击乐独奏家，并且为打击乐独奏谱写和改编了很多乐章，因为那时几乎没有专为打击乐而谱写的乐谱。

至今，她作为独奏家已经有十几年的时间了，因为她很早就下了决心，不会仅仅由于医生诊断她完全变聋而放弃追求，因为医生的诊断并不意味着她的热情和信心不会创造奇迹。

伊芙琳用行动告诉我们世界上没有做不到的事情，所有的成功都源自自信和独立这两种正面力量。正如有句话说：“在这个世界上最坚强的人是孤独地、只靠自己站着的人。”这样的人即使濒临绝境，也依然能认清自己和世界，进而改变自己的所有弱点，超越自身和一切的痛苦，进入真正自主的世界。赤橙黄绿青蓝紫，谁都应该有自己的一片天地和特有的亮丽色彩。你应该果断地、毫不顾忌地向世人宣告并展示你的能力、你的风采、你的气度、你的才智。在生活的道路上，必须善于做出抉择，不要总是踩着别人的脚步走，不要总是听凭他人摆布，而要勇敢地驾驭自己的命运，做自己的主宰，做命运的主人。

一位成功人士回忆他的经历时说：“小学六年级的时候，我考试得了第一名，老师送我一本世界地图，我好高兴，跑回家就开始看这本世界地图。很不幸，那天轮到我为家人烧洗澡水。我就一边烧水，一边在灶边看地图，看到一张埃及地图，想到埃及很好，埃及有金字塔，有埃及艳后，有尼罗河，有法老王，有很多神秘的东西，心想长大以后如果有机会我一定要去埃及。”

“看得入神的时候，突然有人从浴室冲出来，用很大的声音跟我说：‘你在干什么？’我抬头一看，原来是父亲，我说：‘我在看地图。’父亲很生气，说：‘火都熄了，看什么地图！’我说：‘我在看埃及的地图。’我父亲跑过来‘啪、啪’给了我两个耳光，然后说：‘赶快生火，看什么埃及地图！’打完后，又踢了我屁股一脚，把我踢到火炉旁边去，用很严肃的表情跟我讲：‘我向你保证！你这辈子不可能到那么遥远的地方！赶快生火！’”

“我当时看着父亲，呆住了，心想：父亲怎么给我这么奇怪的保证，真的吗？我这一生真的不可能去埃及吗？20 年后，我第一次出国就去了埃及，我的朋友都问我：‘到埃及干什么？’那时候还没开放观光，出国是很难的。我说：‘因为我的生命不能被别人设定。’自己就跑到埃及旅行。”

“有一天，我坐在金字塔前面的台阶上，买了张明信片寄给父亲。我写道：‘亲爱的父亲：我现在在埃及的金字塔前面给你写信，记得小时候，你打我两个耳光，踢我一脚，保证我不能到这么远的地方来，现在我就坐在这里给你写信。’我写信的时候感触很深，而父亲收到明信片时跟我妈妈说：‘哦！这是哪一次打的，怎么那么有效？一脚踢到埃及去了。’”

这位成功人士的情绪之所以没有受到父亲的影响，正是源自于“我的生命不能被别人设定”的这种信念。的确，在宇宙的中心，回响着那个坚定神秘的音符：“我”，如果你听从它的呼唤，致力于你追求的东西，那么你必将突破别人对你的设定，牢牢掌控你的命运。正如泰戈尔所说：“我存在，乃是所谓生命的一个永久的奇迹。”人若失去自己，是一种不幸；人若失去自主，则是人生最大的缺憾。

人生之中，无论我们处于在他人看来如何卑微的境地，我们都不要用自暴自弃的情绪来面对生活和自己，只要渴望崛起的信念尚存，生命始终蕴藏着巨大的潜能。只要我们能坚定不移地笑对生活，对自己的生命拥有热爱之情，对自己的潜能抱着肯定的想法，这样，生命就会爆发出前所未有的能量，创造令人惊奇的成绩。

善于发现自己的优点

我们每个人都不会一无是处。人人都潜藏着独特的天赋，这种天赋就像金矿一样埋藏在看似平淡无奇的生命中。对于那些总是羡慕别人，认为自己一无是处的人，是挖掘不到自身的金矿的。

在人生的坐标系中，一个人如果站错了位置——用他自己的短处而不是长处来谋生的话，那是非常可怕的，他可能会在自卑和失意中沉沦。只有紧紧抓住自己的优点，并且加以利用，才有可能成功。

每个人都有自己的特长、优势，要学会欣赏自己、珍爱自己、为自己骄傲。没有必要因别人的出色而看轻自己，也许，你在羡慕别人的同时，自己也正被他人羡慕着。

每个人身上都有优点与缺点，但人们在羡慕别人的同时，却很容易忽略自身的优点。有些人对自己的缺点耿耿于怀，却不知道自己身上的优点。一片树叶总有一滴露水养着，人人都会有完全属于自己的一片天地。我们在拥有自己长处的同时，总会在某些方面不如别人。每个人活在世上，受各种因素影响，都会有各种不足的地方，如果因此而失去自己的人生定位及目标，无疑是可悲的。

有一天，大仲马得知自己的儿子小仲马寄出的稿子总是碰壁，就

告诉小仲马："如果你能在寄稿时，随稿给编辑先生附上一封短信，说'我是大仲马的儿子'，或许情况就会好多了。"小仲马断然拒绝了父亲的建议。

小仲马给自己取了十几个其他姓氏的笔名，以避免那些编辑先生们把他和大名鼎鼎的父亲联系起来。面对那些冷酷无情的退稿笺，小仲马没有沮丧，仍然坚持创作自己的作品，因为他相信自己是有这方面的专长的，他热爱写作，并坚信自己一定能够成功。

他的长篇小说《茶花女》寄出后，终于震撼了一位资深编辑。这位知名编辑曾和大仲马有着多年的书信来往。他看到寄稿人的地址同大作家大仲马的丝毫不差，便怀疑是大仲马。他迫不及待地乘车造访大仲马家。令他大吃一惊的是，《茶花女》这部伟大作品的作者竟是大仲马名不见经传的儿子小仲马。

小仲马因为知道自己的优点，并充分利用自己的写作优势，最终获得了成功。所以，一定要记得我们不会"一无是处"，每个人都不会"一无是处"，人人都有闪光点，千万不要一味地计较自己的缺点。

有一个叫爱丽莎的美丽女孩，总是觉得自己没有人喜欢，总是担心自己嫁不出去。

一个周末的上午，这位痛苦的姑娘去找一位有名的心理学家，心理学家请爱丽莎坐下，跟她谈话，最后他对爱丽莎说："爱丽莎，我会有办法的，但你得按我说的去做。"他要爱丽莎去买一套新衣服，再去修整一下自己的头发，他要爱丽莎打扮得漂漂亮亮的，告诉她星期一他家有个晚会，他要请她来参加，并按着他的嘱咐来办。

星期一这天，爱丽莎衣衫合适、发式得体地来到晚会上。她按照心理学家的吩咐尽职尽责，一会儿和客人打招呼，一会儿帮客人端饮料，她在客人间穿梭不停，来回奔走，始终在帮助别人，完全忘记了自己。她眼神活泼，笑容可掬，成了晚会上的一道彩虹，晚会结束后，有三位男士自告奋勇要送她回家。

在随后的日子里，这三位男士热烈地追求着爱丽莎，她选中了其中一位，让他给自己戴上了订婚戒指。不久，在婚礼上，有人对这位心理学家说：“你创造了奇迹。”“不，”心理学家说，“是她自己为自己创造了奇迹。人不能总想着自己，怜惜自己，而应该想着别人，体恤别人，爱丽莎懂得了这个道理，所以变了。所有的女人都能拥有这个奇迹，只要你想，你就能让自己变得美丽。”

爱丽莎的幸福是她发现了自己原来也是一朵有魅力的玫瑰。每个人身上都有别人所没有的东西，都有比别人做得好的地方，这就是属于你自己的特长，这是你身上最值得肯定的地方。不要拿别人的长处来和自己的短处相比，这样会掩盖掉你身上闪光的亮点，压抑你向上发展的自信。要充分地肯定自己的长处，始终如一的肯定。

自然界有一种补偿原则，当你在某方面很有优势时，肯定在另一个方面有不足。而当你在某个方面拥有缺点时，可能又在另一个方面拥有优点。如果你要想出类拔萃，就必须腾出时间和精力来把自己的强项磨砺得更加犀利。

高情商的人，在漫漫的人生旅途中，能找到自己的强项与优势，同样他们也就找到了通往成功的大门。那么，如果你是鱼，就跳进大海，在茫茫的大海里尽情畅游；如果你是鹰，就飞向蓝天，在广阔的天空里自由翱翔。

·第五章·

享受平静

——常存一颗平常心

“接受”才会平静

在荷兰阿姆斯特丹，有一座 15 世纪建造的寺院，寺院的废墟里有一个石碑，石碑上刻着：既已成为事实，只能如此。

天有不测风云，人有旦夕祸福。人活在世上，谁都难免会遇上几次灾难或某些难以改变的事情。世上有些事是可以抗拒的，有些事是无法抗拒的，如亲人亡故和各种自然灾害，既已成为事实，你只能接受它、适应它。否则，忧闷、悲伤、焦虑、失眠会接踵而来，最后的结局是，你没有改变这些事实，反而让它们改变了你。

有一位老教授，他有一只祖传三代的玉镯，每天擦了又擦、看了又看，真是爱不释手。一天，玉镯不小心掉在地上摔碎了，老教授心痛万分，从此茶饭不思，人变得越来越憔悴。时隔一年，他离开了人世。最后咽气时，手里还紧紧攥着那只破碎的玉镯子。

老教授由于在玉镯摔碎的刺激下，再也无法保持内心的平静，情绪日益消沉，最后竟然撒手人寰。

任何人遇上灾难，情绪都会受到影响，这时一定要操纵好情绪的转换器。面对无法改变的不幸或无能为力的事，就抬起头来，对天大喊：“这没有什么了不起，它不可能打败我。”或者耸耸肩，默默地告诉自己：“忘掉它吧，这一切都会过去!”

紧接着就要往头脑里补充新东西，这种补充能使情绪“转换器”发生积极作用。最好的办法是用繁忙的工作去补充、转换，也可以通过参加有兴趣的活动来抚平心灵的创伤。如果这时有新的思想和意识突发出来，那就是最佳的补充和转换。

物理学家普朗克，在研究量子理论的时候，妻子去世，两个女儿先后死于难产，儿子又不幸死于战争。面对这一系列的不幸，普朗克没有过多地去怨悔，而是用废寝忘食的工作来转移自己内心巨大的悲痛。情绪的转换不但使他减少了痛苦，还促使他发现了基本量子，获得诺贝尔物理学奖。可以肯定地说，控制好自己的情绪，才能解救自己。

用“难得糊涂”增添生活美景

我们无论处于何时何地，都会遇到各种各样的人，都会与各种各样的人相处。在人际关系中，难免会出现磕磕碰碰，难免会发生矛盾。有人说：“只要是有人的地方，就会有争斗，就会有弱肉强食。”虽然这话有些偏激，但不无道理。

你要与人和平相处，要拥有一个良好的人际关系网和前途，你就需要一本“糊涂经”。所谓糊涂经就是外表糊涂，内心清明的大智若愚，不用想太多，不用考虑后果，纠缠于思考是人生的负担、枷锁，别太看重结果，而重视过程。

“扬州八怪”之一的郑板桥，最为著名的言论莫过于“难得糊涂”四个字。

据说，“难得糊涂”四个字是他写在山东莱州的云峰山上的。有一年，郑板桥专程到此地观郑文公碑，流连忘返，天黑了，不得已借宿于山间茅屋。屋主为一鹤发老翁，自命“糊涂老人”，出语不俗。他的室中陈列了一块方桌般大小的砚台，石质细腻，镂刻精良，非常罕见。郑板桥对其十分叹赏。老人请郑板桥题字以便刻于砚背。郑板桥认为老人必有来历，便题写了“难得糊涂”四字，用了“康熙秀才雍正举人乾隆进士”的方印。

因砚台尚有许多空白，郑板桥建议老先生写一段跋语。老人便写了：“得美石难，得顽石尤难，由美石而转入顽石更难。美于中，顽于外，藏野人之庐，不入宝贵之门也。”他用了一块方印，印上的字是“院试第一，乡试第二，殿试第三”。郑板桥一看大惊，知道老人是一位隐退的官员。有感于糊涂老人的命名，见砚背上还有空隙，便也补写了一段话：“聪明难，糊涂尤难，由聪明而转入糊涂更难。放一著，退一步，当下安心，非图后来报也。”

一段佳话，一段趣谈，成就了一种智慧——糊涂经。糊涂的人往往更快乐，幸福会追着他们走，他们不必费尽心机争取，却可以随意享受阳光的温暖。

太过理性的人则是追着幸福跑，用尽全力也抓不住飘忽不定、转瞬即逝的幸福。

可笑的追逐，就如无声的宣判，如终审不能上诉，人生有时就是这么无奈，没有选择的权利，只有顺从。

人们大多数处在痛苦之中，生命里充满矛盾与挣扎，在放与不放间徘徊、流连。

每跨出一步，意味着什么，得到什么或失去什么，人未动心已远，何止一个累字了得。

不要太过理性，糊涂一番又何妨？拿得起，放得下，朝前看，这样才能从琐事的纠缠中超脱出来。假如对生活中发生的每件事，都寻根究底，去问一个为什么，这既无好处，又无必要，而且败坏了生活的诗意。

想参透这本“糊涂经”，就要懂得“吃亏是福”。

“难得糊涂”是心理环境免遭侵蚀的保护膜。在一些非原则性的问题上“糊涂”一下，无疑能增强心理承受力，避免不必要的精神痛楚和心理困惑。有了这层保护膜，会使你处乱不惊，遇烦不忧，以恬淡平和的心境对待各种事件。

“糊涂经”是一种平和超然的心态，是一种人生智慧的哲学。其实，生活中的很多事情并不是你善于计较就能够成为最大的受益者的，有时候揣着明白装糊涂往往才是运营的最佳手段。

清楚什么是自己想要的

任何时候，都要清楚自己真正想要的是什么，并且要学会以一种平和的心态去对待。由此你才不会陷入大起大落的情绪状态。有个成语叫心宽体胖，说的是一个人只要心情愉悦，不斤斤计较，就能拥有健康的身心。保持一颗平常心，就不会轻易生气、发怒，不会让负面的情绪占据我们的内心。

一个拥有平和心态的人，不拘泥于人与人之间的是是非非、恩恩怨怨，总是尽量做到顺其自然，不给以太多的在意，因此也能够以更加豁达、敞亮的心态迎接明天的阳光。

李洁大学毕业后进了一家刚起步不久的展览公司，该公司在一所著名的办公楼里，依照流行的说法，她也算是一个白领了。在这家公司里，李洁做得很辛苦，经常不计报酬地加班，终于脱颖而出，工作刚刚一年，荣升为项目主管。

李洁远在日本的男友决定回国发展并且和李洁结婚，李洁等了5

年的爱情终于修成正果，众人都为李洁高兴：婚姻美满，事业顺利。婚后李洁怀孕了，还是双胞胎，医生嘱咐她静养保胎，然而这在工作异常繁重、压力巨大的展览公司里是不能做到的。

李洁的丈夫犹豫了："你还非常年轻，事业刚刚起步，孩子我们以后还是可以有的。"李洁说："不，这是最好的礼物，我能拥有它，就是最大的幸福。"李洁辞去了工作，获得了两个可爱的儿子。后来，李洁在一家公司里做协调员，因为两年没有工作，李洁还要从头做起。

她以前供职的展览公司一跃成为著名跨国展览公司，举办了国际广告展会，从前的同事也全部升为项目经理，职位、薪金要比李洁高许多。而李洁依旧快乐地工作着、生活着。不久，在新的公司里，她终于以工作业绩博得了上司青睐，家庭也依然和睦。

李洁就是一个懂得享受生活的人。这一切都源于她有一个平和的心态，她清楚地知道自己想要什么，不要什么。她没有被世俗的观念以及急功近利的浮躁所俘获，而是按照自己的方式，放弃了别人眼中那些所谓的成功，选择了一种简单舒适的生活。

英国哲学家伯兰特·罗素说过：动物只要吃得饱，不生病，便会觉得快乐了。人也该如此，但大多数人并不是这样。很多人忙碌于追逐事业上的成功而无暇顾及自己的生活。他们在永不停息的奔忙中忘记了生活的真正内涵，忘记了什么是自己真正想要的。这样的人只会看到生活的烦琐与牵绊，而看不到生活的简单和快乐。

建一道宠辱不惊的防线

人生在世，谁都会遇到许多不尽如人意的事，关键是你要以平和的心态去面对这一切。世界总是凡人的世界，生活更是大众的生活。

我们要在平和的心态中寻找一份希望，驱散心中的阴霾。

平和就是对人对事有豁达的心胸，不斤斤计较生活中的得失，超脱世俗困扰，远离红尘诱惑，视功名利禄为过眼烟云，有博大的胸怀。这样的心态，不是看破红尘心灰意冷，也不是与世无争、冷眼旁观、随波逐流，而是一种修养、一种境界。

拜伦说："真正有血性的人，绝不乞求别人的重视，也不怕被人忽视。"爱因斯坦用支票当书签，居里夫人把诺贝尔奖牌给女儿当玩具。莫笑他们的"荒唐"之举，这正是他们淡泊名利的平常心的表现，是他们崇高精神的折射。他们赢得了世人的尊重和敬仰，也震撼了我们的灵魂。

日本有个白隐禅师，由于他对宠辱的超然态度，受到了人们的尊重。

有一对夫妇，在住处附近开了一家食品店，家里有一个漂亮的女儿。无意间，夫妇俩发现女儿的肚子无缘无故地大起来。这种羞耻的事，使得她的父母震怒异常！在父母的一再逼问下，她终于吞吞吐吐地说出"白隐"两字。

她的父母怒不可遏地去找白隐理论，但这位大师不置可否，只若无其事地答道："就是这样吗？"孩子生下来后，就被送给白隐。此时，白隐的名誉虽已扫地，但他并不以为然，只是非常细心地照顾孩子——他向邻居乞求婴儿所需的奶水和其他用品，虽不免横遭白眼，或是冷嘲热讽，但他总是处之泰然，仿佛他是受托抚养别人的孩子一般。

事隔一年后，这位未婚妈妈，终于不忍心再欺瞒下去了。她向父母吐露真情：孩子的生父是在鱼市工作的一名青年。

她的父母立即将她带到白隐那里，向他道歉，请他原谅，并将孩子带回。

白隐仍然是淡然如水，他只是在交回孩子的时候，轻声说道："就是这样吗？"仿佛不曾发生过什么事，所有的责难与难堪，对他来说，就如微风一般，风过无痕。

是非公道自在人心。人是为自己而活，不要让外物的得失而扰乱了自己的心。白隐守住了自己心中的那份平和，外界的非议对他来说，也就无足轻重了。

平和贵在平常，对待外物得失的超然态度只是其外在表现，真正平和的是一颗心。内心修炼至宠辱不惊的境界，不仅会正确对待得失，更会在人生大痛苦、大挫折前波澜不惊、生死不畏。

宠辱不惊，超脱了眼前的荣辱得失，心静如水，是人生一大智慧。宠辱俱平常，人生境界实不平常。事事平常，事事也不平常。无论处于何种环境下，都能做到宠辱不惊，那一定是个了不起的人，就如孔子所赞美的，不是个圣人，也是个贤人。以平和的心态踏踏实实地做事，坦坦荡荡地做人，并不因为工作的琐细而拒绝平凡的生活，并不因为名利的诱惑而放弃做人的原则。见识人生百态，品尝人间百味，积累丰富的阅历和诸多的感慨用于指点后人，这何尝不是一种幸福?

拥有平和的心态，笑对一切，即使失败了也不要一蹶不振，只要你奋斗过、拼搏过，就可以无愧地对自己说：“天空留不下我的痕迹，但我已飞过。”（泰戈尔语）这样就会赢得一个广阔的心灵空间，得而不喜，失而不忧，从而把自己的人生提升到一种宠辱不惊的境界。

拒绝内在的浮躁

浮躁，乃轻浮急躁之意。一个人如果情绪容易轻浮急躁，就不会干好任何事。

现实生活中，也常有人犯浮躁的毛病。他们做事情往往既无准备，又无计划，只凭一时的兴趣就动手去干。他们不是循序渐进地稳步向前，而是恨不得一锹挖成一眼井，一口吃成胖子。结果呢，必然是事与愿违，欲速不达。

“罗马不是一天建成的”。有时候我们想一蹴而就，恨不得一下子把事情做好、做完，这种心理就是浮躁心理。浮躁使人急于求成、患得患失、焦躁不安、心神不宁。浮躁使人们产生了各种情绪疾病，成功、幸福和快乐也被浮躁所羁绊。

传说在古时候有两兄弟很有孝心，每日上山砍柴卖钱为母亲治病。神仙为了帮助他们，便教他们两人，可用四月的小麦、八月的高粱、九月的稻、十月的豆、腊月的雪，放在千年泥做成的大缸内密封四十九天，待鸡叫三遍后取出，汁水可卖钱。兄弟两人各按神仙教的办法做了一缸。待到四十九天鸡叫两遍时，老大耐不住性子打开了缸，一看里面是又臭又黑的水，便生气地洒在地上。老二坚持到鸡鸣叫三遍后才揭开缸盖，里边是又香又醇的美酒。

从老大的失败和老二的成功中便能看出：只有戒除浮躁，真正静下心来才能够把事情做成功。一个人越是浮躁，就会在错误的思路中越陷越深，也就离成功越来越远。

浮躁虽然是一种较浅层次的负面情绪，却是各种深层情绪疾病的根源。它的表现形式呈现多样性，已渗透到我们的日常生活和工作中。可以这样说，人的一生是同浮躁做斗争的一生。当今社会由于人们的压力太大，烦琐忙碌，而且缺乏信仰、过分追求完美等出现了一些社会问题，而这些问题不能得到解决时，便生了浮躁之心。正因为这失衡的浮躁之心的作祟，我们无法让事情达到一个良好的效果。

古人云：“锲而不舍，金石可镂。锲而舍之，朽木不折。”成功人士之所以能够获得成功的重要秘诀就在于，他们将全部的精力、心力放在同一目标上。许多人虽然很聪明，但心存浮躁，做事不专一，缺乏意志和恒心，到头来只能是一事无成。你越是急躁，越是在错误的思路中陷得更深，也越难摆脱痛苦。

古代有一个年轻人想学剑法。于是，他就向一位当时武术界最有名气的老者拜师学艺。老者把一套剑法传授于他，并叮嘱他要刻苦练习。一天，年轻人问老者："我照这样练习，需要多久才能够成功呢?"老者答："3个月。"年轻人又问："我晚上不去睡觉来练习，需要多久才能够成功?"老者答："3年。"年轻人吃了一惊，继续问道："如果我白天黑夜都用来练剑，吃饭走路也想着练剑，又需要多久才能成功?"老者微微笑道："30年。"年轻人愕然……

我们生活中要做的许多事情如年轻人练剑。切勿浮躁，遇事除了要用心用力去做，还应顺其自然，才能够成功。

生活中，无论是名不见经传的普通人，还是声名显赫的企业家，都很容易被暂时的胜利冲昏头脑，在浮躁的心理下步入歧途。所以我们一定要戒除浮躁心理，不要让它葬送了我们美好的人生。如果你的心已经是滚烫的九十九度热水，那么外界的一点热度，就会让你的心变成沸腾的一百度开水，情绪泛滥，无法抑制。

我们需要的是二十度不冷不热的心态，刚好能感知冷暖，而不会瞬间爆发。拒绝内心的浮躁，生活才会有条不紊地展开。

倾听内心宁静的声音

我们很忙，行色匆匆地奔走于人潮汹涌的街头，浮躁的情绪油然而生，久久不散，这也是我们不去倾听内心声音的一个缘由。我们找不到一个可以冷静驻足的理由和机会。现代社会在追求效率和速度的同时，使我们作为一个人的优雅在逐渐丧失。那种恬静如诗般的岁月对现代人来说已成为最大的奢侈和批判对象。内心的声音，便在这种繁忙与喧嚣中被淹没。物的欲望在慢慢吞噬人的灵性和光彩，我们留给自己的内心空间被压榨到最小，我们狭隘到已没有“风物长宜放眼量”的胸怀和眼光。我们开始患上种种千奇百怪的情绪疾病，心理医生和咨询师在我们的城市也渐渐走俏，我们去求医，去问诊，然后期待在内心喑哑的日子里寻求情绪的平衡。

一个老人在池塘中种了一片莲花，莲花盛开的时候，引来众人驻足，啧啧称赞。突然一夜狂风暴雨，第二天池塘里的莲花不再，留下一片狼藉，惨不忍睹。围观的人们纷纷感叹，无比惋惜。有好心人安慰老人，说：“天公不作美，没有体恤你种植的辛苦，你真是太可怜了。”老人却宽心一笑，说：“这没什么遗憾，更谈不上可怜，我种莲花是为了种植的乐趣，乐趣我早已得到，而莲花的衰败是迟早的，何必为此感伤呢?”众人闻言无语。

做人应该像故事中的老人一样多几分恬淡与宁静，只有如此才能豁达地面对人生的得与失。不消除欲望就不会知足，贪婪的人永不会幸福，而且时时处在渴求和痛苦之中。宁静与淡泊才是生活的真谛，只有洞悉了这一点，生活才能紊而不乱，缓而有序，我们才能不骄不躁，创造和经营属于自己的一片天空。

一个人需要保持清醒的心志和从容的步履走过岁月，他的精神中必定不能缺少淡泊。虽然我们渴望成功，但我们真正需要的是一种平平淡淡的生活，一份实实在在的成功。这种成功，不必苛求轰轰烈烈，不必有那种揭天地之奥秘、救万民于水火的豪情，而只是一份平平淡淡的追求。

心静则万物皆安宁。如何达到动静如一的境界，关键就在我们的心是否能去除差别妄想。抛却心中的“妄念”，能够于利不趋，于色不近，于失不馁，于得不骄，进入宁静致远的人生境界。

宁静是一种境界，一种品格，大凡真正淡泊宁静之人，皆能摒弃个人得失，能做到此点实属不易，但若是有远大的理想又乐于奉献的人，有宁静与淡泊一路相伴，他的生命必然充实稳健。

人生要懂得享受孤独

波澜万丈的生活激荡人心，令人心驰神往，但在人生的河流中，更多时候则是平静的，你总要学会一个人慢慢地享受人生，总会有那么一个时刻，你是孤独无助的，但不要害怕，因为这本身就是人生给你的最高馈赠，正如罗曼·罗兰所说："世上只有一个真理，便是忠实人生，并且爱它。"那么，当孤独来临时，去体味它，享受它，在欣赏完夏花的绚烂之后，不妨沉下心来，品读秋叶的静美。

孤独是一种难得的感觉，在感到孤独时轻轻地合上门和窗，隔着外面喧闹的世界，默默地坐在书架前，用粗糙的手掌爱抚地拂去书本上的灰尘，翻着书页嗅觉立刻又触到了久违的纸墨清香。正像作家纪伯伦所说："孤独，是忧愁的伴侣，也是精神活动的密友。"孤独，是人的一种宿命，更是精神优秀者所必然选择的一种命运。

布雷斯巴斯达曾说："所有人类的不幸，都是起始于无法一个人安静地坐在房间里。"许多人抱怨生活的压力太大，感到内心烦躁，不得清闲。于是，追求清静成了许多人的梦想，却害怕孤独。其实孤独才是人生中的一种大境界，它是一首诗，一道风景，是那种你在桥上看风景，看风景的人在桥上看你的美丽。

洗尽尘俗，褪去铅华，在这喧嚣的尘世之中，要保持心灵的清静，必须学会享受孤独。孤独就像个沉默少言的朋友，在清静淡雅的房间里陪你静坐，虽然不会给你谆谆教导，却会引领你反思生活的本质及生命的真谛。孤独时你可以回味一下过去的事情，以明得失，也可以计划一下未来，以未雨绸缪；你也可以静下心来读点书，让书籍来滋养一下干枯的心田；也可以和妻子一起去散散步，弥补一下失落的情感；还可以和朋友聊聊天，谈古论今，不是神仙，胜似神仙。

孤独，实在是内心一种难得的感受。当你想要躲避它时，表示你已经深深感受到它的存在。此时，不妨轻轻地关上门窗，隔去外界的喧闹，一个人独处，细心品味孤独的滋味。虽然它静寂无声，却可以让你更好地透视生活，在人生的大起大落面前，保持一种洞若观火的清明和远观的睿智。

在人生的漫漫长路中，孤独常常不请自来地出现在我们面前。在广阔的田野上，在“行人欲断魂”的街头，在幽静的校园里，在深夜黑暗的房间中，你都能隐约感受到孤独的灵魂。在现代社会为生存而挣扎的人总会有一种身在异国他乡之感：冷漠、陌生，好像“站在森林里迟疑不定，不知走向何方”，好像“动物引导着自己”，“感到在众人中比在动物中更加危险”，又好像“独坐在醉醺醺的世人之中”，哀诉人间的不公正。总之，互相猜忌，彼此欺诈，黑暗笼罩着去路，危险隐藏在背后，这些就是人生现实的写照。

而保留一点孤独则可以使你“远看”事物，即对事物做远景的透视，只有这样才能达到万物合一、生命永恒的境界，在这种境界中，你可以倾诉一切，可以诚实坦率地向万物说话，人们彼此开诚布公，开门见山。这也是一种艺术审美的境界，它能使事物美丽，诱人，令人渴慕，使人成为自己的主人，使人生获得意义和价值。尘世中，无数人眷恋轰轰烈烈，以拜金主义为唯一原则而没头没脑地聚集在一起互相排挤、相互厮杀。而生活的智者却总能以孤独之心看孤独之事，自始至终都保持独立的人格，流一江春水细浪淘洗劳累忙碌的身躯，存一颗娴静淡泊之心寄寓无所栖息的灵魂。

这是孤独的净化，它让人感动，让人真实又美丽，它是一种心境，氤氲出一种清幽与秀逸，营造出一种形胜独处的自得和孤高，去获得心灵的愉悦，获得理性的沉思，与潜藏灵魂深层的思想交流，找到某种攀升的信念，去换取内心的宁静、博大致远的菩提梵境。

·第六章·

经营快乐

——不要和快乐形同陌路

快乐不在于拥有得多，而在于计较得少

我们总觉得生活中的快乐太少，其实是因为我们计较得太多。只要我们用心去体验，就会发现自己拥有大把的幸福和快乐，它们就隐藏在普通的生活中。

如果你拥有一双发现的眼睛，减少对生活中各种事物的苛求，很容易就能够发现快乐在身边。快乐不是你拥有了多少财富，拥有了多少房产，拥有了多少被人艳羡的珠宝，而是你能够在平常的任何事物中得到感触，这种感触存在于你生活的每一部分，并且点亮了你的生活。

有位青年，厌倦了生活的平淡，感到一切都是那么无聊和痛苦。为寻求刺激，青年参加了挑战极限的活动。活动规则是：一个人待在山洞里，无光无火亦无粮，每天只供应五千克的水，时间为整整五个昼夜。

第一天，青年颇觉刺激。

第二天，饥饿、孤独、恐惧一齐袭来，四周漆黑一片，听不到任何声响。于是他有点向往起平日里的无忧无虑来。他想起了乡下的老

母亲不远千里地赶来，只为送一坛韭菜花酱以及小孙子的一双虎头鞋；他想起了终日相伴的妻子在寒夜里为自己掖好被子；他想起了宝贝儿子为自己端的第一杯水；他甚至想起了与他发生争执的同事曾经给自己买过的一份工作餐……渐渐地，他后悔起平日里对生活的态度：懒懒散散，敷衍了事，冷漠虚伪，无所作为。

到了第三天，他几乎要饿昏过去。可是一想到人世间的种种美好，便坚持了下来。第四天、第五天，他仍然在饥饿、孤独、极大的恐惧中反思过去，向往未来。

他责骂自己竟然忘记了母亲的生日；他遗憾妻子分娩之时未尽照料义务；他后悔听信流言与好友分道扬镳……他这才发现需要他努力弥补的事情竟是那么多。可是，连他自己也不知道，他能不能挺过最后一关。此时，泪流满面的他发现：洞门开了。阳光照射进来，白云就在眼前，淡淡的花香，悦耳的鸟鸣——他又迎来了一个美好的人间。

青年扶着石壁蹒跚着走出山洞，脸上浮现出了一丝难得的笑容。五天来，他一直用心在说一句话，那就是：活着，就是幸福。

幸福就是这么简单，人在困境中，才会发现生活的美好，才知道自己以前的苛求是那么多，才发现自己的人生是那么肤浅。在困境中，以往人生中那些对于利益的追逐，都比不过对于生命的追求，对于亲情的渴望。这些是多么简单的事情，却总是被人们所忽略。

其实，快乐就简单地存在于你的生活中，只要你少去计较自己收入的高低，少去计较自己容貌的美丑，少去计较自己生活环境的优劣，少去计较自己伙食的好坏。学着用一颗发现美的眼睛看待生活，你会发现我们生活中只有一小部分极不和谐，而大部分的生活都充满了快乐。那么，你又何必抓住那小小的一点不和谐而让自己变得不快乐呢，为什么不让自己开始学着少去计较，多发现美，让自己和生活成为很好的朋友而不是敌人呢？

如果为了小事而斤斤计较，就会让自己忘了初衷，变得不可理喻，最后只会在这种情况下伤人伤己。为了一点小事，而放弃美好的生命，这是一件多么得不偿失的事情啊，那非洲的野马就是如此：

在非洲大草原上，有一种极不起眼的动物叫吸血蝙蝠。它体形很小，却是野马的天敌。这种蝙蝠靠吸动物的血生存，它在攻击野马时，常附在马腿上，用锋利的牙齿极敏捷地刺破野马的腿，然后用尖尖的嘴吸血。无论野马怎么蹦跳、狂奔，都无法驱逐这种蝙蝠。蝙蝠却可以从容地吸附在野马身上，直到吸饱吸足，才满意地飞去。而野马常常在暴怒、狂奔、流血中无可奈何地死去。

动物学家在分析这一问题时，一致认为吸血蝙蝠所吸的血量是微不足道的，远不会让野马死去，野马的死亡是它暴怒的习性和狂奔所致。杀死野马的并不是蝙蝠，而是它自己。因为自己的过多计较，让习性变得暴怒，使头脑不再清醒，只看到眼前的小蝙蝠对自己的伤害，而忘了生命的美好。

其实人也是一样，真正让人失败的不是挫折，不是困难，而是生活中的小事，就是这些小事，让你斤斤计较，总是在这些事情上难以释怀，占用大量的时间和精力，让你无法静下心来品味生活，更让你无法静下心来拼搏创造。总是在小事上看到自己的人生，那么眼光就会越来越狭窄，丧失掉远大的理想，最后也只能碌碌无为、抱怨终生地过一辈子。

所以，不要让斤斤计较充斥你眼前的生活，对于一些小事，不如一笑而过。把时间和精力放在自己的理想上。人的一生太过短暂，既然实现理想的时间都不充裕，又何必在斤斤计较上浪费时间呢？

只有不过分地计较才会发现更多快乐，拥有更多幸福。

积极寻找快乐的理由

一个成功的人生应当是快乐的，而一颗快乐的心灵则必定是健康的，因此甩掉忧郁的纠缠则是我们的共同目标。

生活是你自己的，选择快乐还是痛苦都由你决定。要想赢得人生，就不能总把目光停留在那些消极的东西上，而应该乐观地坚持下去。如果抱着消极的态度去看待，只会使你沮丧、自卑、徒增烦恼，还会影响你的身心健康。结果，你的人生就可能被失败的阴影遮蔽它本该有的光辉。

遭遇困苦时，乐观的人总会想方设法让自己快乐起来，让精神的伤痛远离自己。如此，才可以伴着轻松愉悦的心情投入眼前的事情中，让事情顺利进行。人生的过程很长，为何不保持着一种简单乐观的心态生活呢？不过多地考虑结果，只简单地享受过程。心态放开了，不再背负压力，反而使人更加坚强，轻装上阵。

没有不快乐的人生，只有一颗不肯快乐的心灵。我们要学会用积极的方式对自己说话，并支配自己的行动，告诉自己，只要我愿意，总会有理由快乐。

我们的人生是贫穷还是富有，是黑白还是彩色，都在于我们自己。如果能够珍惜自己拥有的，无论是完美还是缺憾，接受生命赐予自己的，那么我们就能更快乐、更富足地活着。

经常去一些庙宇的人肯定会发现有这么一尊佛像，这尊佛像与其他的佛像大异其趣。他光着大肚皮坐卧于地，咧嘴露牙地捧腹大笑，看起来特别具有亲和力。他便是“大肚能容，了却人间多少事；满腔欢喜，笑看天下古今愁”的弥勒佛。确实，古今多少愁，最后不过付诸东流水，何不一笑人间万事，给自己找一个快乐的理由呢？

简单生活铸就快乐

简单的生活是快乐的源头，为我们省去了许多汲汲于物外的烦恼，解放了我们的身心。

“简单生活”并不是要你放弃追求，放弃劳作，而是说要你抓住生活、工作中的本质及重心，以四两拨千斤的方式，去掉世俗浮华的琐事。卡尔逊说：“简单生活不是自甘贫贱。你可以开一部昂贵的车子，但仍然可以使生活简化。一个基本的概念在于你想要改进你的生活品质而已。关键是诚实地面对自己，想想生命中对自己真正重要的是什么。”

泰勒是纽约郊区的一位神父。

那天，郊区医院里一位病人生命垂危，他被请去主持临终前的忏悔。

他到医院后听到了这样一段话：“我喜欢唱歌，音乐是我的生命，我的愿望是唱遍美国。作为一名黑人，我实现了这个愿望，我没有什么要忏悔的。现在我只想说，感谢您，您让我愉快地度过了一生，并让我用歌声养活了我的6个孩子。现在我的生命就要结束了，但死而无憾。仁慈的神父，现在我只想请您转告我的孩子，让他们做自己喜欢做的事吧，他们的父亲会为他们骄傲。”

一个流浪歌手，临终时能说出这样的话，让泰勒神父感到非常吃惊，因为这名黑人歌手的所有家当，就是一把吉他。他的工作是每到一处，便把头上的帽子放在地上，开始唱歌。40年来，他用苍凉的西部歌曲，感染了他的听众，换取微薄的报酬。他虽然不是一个腰缠万贯的富豪，可他从不缺少快乐。他过着简单的生活，有着一颗容易满足的心。

泰勒神父在之后的一次演讲中提到了这件事，他总结道："原来最有意义的活法很简单，就是做自己喜欢做的事，并从中发掘到一颗容易满足的心灵。"

简单是一种生活的艺术与哲学。简单生活是简单主义者的生活选择，无论是田园隐居，还是返璞归真，抑或自愿选择一贫如洗。值得注意的是：自愿简单只是途径而不是目的。首先是外部生活环境的简单化。当你不需要为外在的生活花费更多的时间和精力的时候，也就为内在的生活提供了更大的空间与平静。之后是内在生活的调整和简单化，这时的你可以更加深层地认识自我的本质。

西方国家中的许多人，现在倡导过一种简单的生活。他们试着离开汽车、电子产品、时尚圈子，看能不能活得快乐。这被称作"草根运动"。他们强调简化自己的生活，并非完全抛弃物欲，而是要把人分散于身外浮华物上的注意力移出适当的比例，放在人自身上、精神上、心灵情感上，过一种平衡、和谐、从容的生活。

"只有简单着，才能从容着、快乐着。"不奢求华屋美厦，不垂涎山珍海味，不追时髦，不扮贵人相，过一种简单自然的生活，财富也许不如人，但内心享受着充实富有的生活。这是自然生活，有劳有逸，有工作的乐趣，也有与家人共享天伦的温馨、自由活动的闲暇。

一位得知自己将不久于人世的老先生，在日记簿上记下了这段文字：

"如果我可以从头活一次，我要尝试更多的错误，我不会再事事追求完美。我情愿多休息，随遇而安，处世糊涂一点，不会为未来的事情担忧。可以的话，我会多去旅行，跋山涉水，更危险的地方也不妨领略一番。过去的日子，我实在活得太小心，每一分每一秒都不容有失，太过清醒明白，太过合理。如果一切可以重新开始，我会什么也不准备就上街，甚至连纸巾也不带一块。如果可以重来，我会赤足走在户外，甚至整夜不眠。还有，我会去游乐园多玩几圈木马，多看几次日出，和公园里的小朋友玩耍……只要人生可以从头开始——但我知道，不可能了。”

这位老人是个地地道道、彻头彻尾的商人，活在尔虞我诈的商场，他曾经倾尽全力、亲力亲为，弄得自己心力交瘁。为此，他总是能找到借口进行自我安慰：“商场如战场，我身不由己呀！”直到临终那一刻，老先生才彻底醒悟，生活不需要很多钱，简单生活，让自己快乐才是最重要的。

简单是一种更加深入的生活，有意识的生活，完全投入，完全自觉。简单生活不是吝啬，不是“苦行僧”，简单生活也未必要归隐田园，它是返璞归真的简单选择。要快乐，就要简单生活！

放慢脚步，每一步都是风景

人生是一个过程，人生目标永远是我们的明天，我们的人生永远是今天，是此刻，是转瞬即逝的现在。有目标的人是活得有意义的人，能看重并把握住人生本身这一过程的人是活得充实而真实的人。“没白活一辈子”，应该是目的和过程两方面都有质量。许多人活了一辈子，到头来，还没有享受到人生过程中的乐趣，这是一种生命自觉与自省的缺乏。

一位年轻的总裁，以较快的车速，开着他的新车经过住宅区的巷道。他必须注意游戏中的孩子突然跑到路中央，所以当他觉得小孩子快跑出来时，就减慢车速，就在他的车经过一群小朋友的时候，他的车门还是被一个小朋友丢的一块砖头砸到了，他生气地踩了刹车并后退到砖头丢出来的地方。

他走出车外，抓住那个小孩，质问道："你知道你刚刚做了什么吗?"接着又吼，"你知不知道你要赔多少钱来修理这辆新车? 你到底为什么要这样做?"

小孩哀求着说："先生，对不起，我不知道我还能怎么办，我丢砖块是因为没有人停下来。"小孩一边说一边流着眼泪。

"因为我哥哥从轮椅上掉下来，我没办法把他抬回去，"那男孩啜泣着，"您可以帮我把他抬回去吗? 他受伤了，而且他太重了我抱不动。"

这位年轻的总裁听到这些话后深受感动，为自己的鲁莽后悔不已。他决定帮这个小男孩的哥哥，于是他抱起小男孩的哥哥，帮他坐回轮椅上，并拿出手帕擦拭他的伤口。这样做了以后，他才稍稍减轻了一点负罪感，他最大的担心就是会不会因为自己的一句话伤害了一颗幼小的心灵。

那个小男孩感激地说："谢谢您，先生，上帝保佑您。"那个男孩并没有对年轻总裁之前怒气冲冲的责骂过于在意，他慢慢地推着哥哥离开了。

年轻的总裁走回车上，他决定不修它了。他要让那个凹洞时时提醒自己：不要等周围的人丢砖块过来了，自己才注意到生命的脚步已走得太快。

这位年轻的总裁很幸运，有人给他以心灵的洗礼。快乐其实是一种过程，是一种放慢脚步，欣赏身边每件事物的心境和能力。一位知名的女作家说，品味生活，在于抓住生活的空隙。一些不经意间发生的事情，往往会带来许多欢乐。生活的意义，正如一杯清茶，谁都能体会到它的清苦，可只有细细品味，才能体会到其中的香醇。

也许你会问，在竞争如此激烈的年代，哪儿有资本慢下来啊？其实不然，“慢生活”并非让你放弃自我、无所事事，它与物质的富有程度也没有多大关系，“慢生活”中的“慢”更多的是一种健康的心态，一种积极的生活态度。对我们普通人来说，每一天都是当“慢人”的好时候，只要你运用得当，做个有品位、有资本的“慢人”绝不是什么难事，更不是坏事。

知足常乐，不做欲望的仆人

法国杰出的哲学家卢梭用一句经典的话形容现代人的物欲，他说：“10 岁被点心、20 岁被恋人、30 岁被快乐、40 岁被野心、50 岁被贪婪所俘虏，人到什么时候才能只追求睿智呢？”人心不能清净，是因为物欲太盛。人生在世，不能没有欲望；然而，物欲太强，你就会沦为欲望的仆人，一生也不得轻松。

从前，一个想发财的人得到了一张藏宝图，上面标明密林深处的一连串宝藏。他立即准备好一切旅行用具，还特意携带了四五个大袋子用来装宝物。一切就绪后，他进入了那片密林。他斩断了挡路的荆棘，蹚过了小溪，冒险冲过了沼泽地，终于找到了第一个宝藏，满屋的金币熠熠夺目。他急忙掏出袋子，把所有的金币装进了口袋。离开这一宝藏时，他看到了门上的一行字：“知足常乐，适可而止。”

他笑了笑，心想，有谁会丢下这闪光的金币呢？于是，他没留下一枚金币，扛着大袋子来到了第二个宝藏，出现在眼前的是成堆的金条。他见状，兴奋得不得了，依旧把所有的金条放进了袋子，当他拿起最后一条时，上面刻着：“放弃了下一个屋子中的宝物，你会得到更宝贵的东西。”

他看了这一行字后，更迫不及待地走进了第三个宝藏，里面有一块磐石般大小的钻石。他发红的眼睛中泛着亮光，贪婪的双手抬起了这块钻石，放入了袋子中。他发现，这块钻石下面有一扇小门，心想，下面一定有更多的东西。于是，他毫不迟疑地打开门，跳了下去，谁知，等着他的不是金银财宝，而是一片流沙。他在流沙中不停地挣扎，可是越挣扎就陷得越深，最终与金币、金条和钻石一起长埋在流沙下。

如果这个人能在看了警示后离开，能在跳下去之前多想一想，那么他就会平安地返回，成为一个真正的富翁。知足，从某种意义上来讲，给了自己一个生存的空间，给了自己一条走向成功的道路……

物质上永不知足是一种病态，其病因多是权力、地位、金钱之类引发的。如果这种病态发展下去，就会变得贪得无厌，其结局是自我毁灭。

生活中我们应该明白：即使你拥有整个世界，但你一天也只能吃三餐。这是人生思悟后的一种清醒，谁真正懂得它的含义，谁就能活得轻松，过得自在，白天知足常乐，夜里睡得安宁，走路感觉踏实，蓦然回首时没有遗憾。

人赤条条地来去于这个世界上，不可能永久地拥有什么，当你煞费心机所获取来的又在自己赤条条地离开之前交给他人的时候，那将是怎样的一种心态呢！相反，假使我们能对现有的一切感到满足，那么，我们便会自得其乐，拥有幸福。所以有人提出：“人生是这样的短暂，我们纵然身在陋巷，也应享受每一刻美好的时光。”

用好生活的“加减法”

人生是一种自我经营过程。要经营就要进行选择和放弃，形象地说，人生是离不开加减乘除的。人生需要用加法。人生在世，总是要追求一些东西，追求什么是人的自由，所谓人各有志，只要不违法，手段正当，不损害别人，符合道德伦理，追求任何东西都是合理的。比如，有的人勤奋工作，奋力拼搏为的是升职；有的人风里来雨里去，吃尽苦头，为的是增加手中的财富；有的人废寝忘食、发愤读书是为了增加知识；有的人刻苦研究艺术，为的是增加自己的文化品位；有的人全身心投入社会实践中，为的是增加才能；有的人……

所以，当一个人需要丰富自己的时候就要适当地运用加法，这样才能使自己在社会上立足，在生活里得到快乐。

如果快乐能测度，则大部分的快乐都发生在很少的时间内，而这种现象在多数的情况下都会出现，不论这时间是以天、星期、月、年或一生为单位来度量。

用 80/20 法则来表述就是，80％的成就是在 20％的时间内取得的；反过来说，剩余的 80％的时间，只创造了 20％的价值。一生中 80％的快乐，发生在 20％的时间里；也就是说，另外 80％的时间，只有 20％的快乐。如果承认上述假设，也就是上述假设对你而言属实的话，那么我们将得到 4 个令人惊讶的结论。

结论一：我们所做的事情中，大部分是低价值的事情。

结论二：我们所有的时间里，有一小部分时间比其余的多数时间更有价值。

结论三：若我们想对此采取对策，我们就应该彻底改变。只是修修补补或只做小幅度的改善，没有意义。

结论四：如果我们好好利用 20％的时间，将会发现，这 20％是用之不竭的。所以，在我们有生之年要学会增加快乐，减少痛苦，让自己在充实中快乐，在快乐中满足。

比尔·盖茨在人生关键时刻选择了微软，这一选择为他日后的辉煌奠定了基础，假如他当初不选择这一行，完全可能变成一个普通的人。人在关键时刻，要有勇气、认真和耐心，道路选准了，奋斗才会有应有的回报，人生的光环才会随之而来。

一个人在生活或学习中，当自己觉得不堪重负的时候，应当学会做一下“减法”，减去自己一些不需要的东西，有时候简单一点，人生反而会更踏实、更快乐一些。

人生不仅需要加法，同时也需要减法。

在社会上，人们不论对物质还是精神，历来提倡不懈地追求、去得到、去积累，只有用加法积累起的人生才会富有，但失去实质应用意义的获得却会变成拥塞、愁闷和负担，对照起来，我们不妨学学吉姆·特纳的生存智慧：用好人生的减法！

拥有30多亿美元资产的美国莱斯勒石油公司有了新的继承人，他就是40岁的吉姆·特纳。人们都以为新上任的吉姆·特纳会大干一番，他却组建起一个评估团，对公司资产以50年做基数做了全面盘点后，在资财总和中减去自己和全家所需以及社会应酬的费用，再减去应付的银行利息、公司硬性支出、生产投资等，最终发现还剩8000万美元。

他毫不犹豫地从这笔钱中拿出3000万，为家乡建起一所大学，余下的则全部捐给了美国社会福利基金会。人们对他的举动大惑不解，而他说：“这笔钱对我已没有实质意义，减去它就减去了我生命中的负担。”

在莱斯勒石油公司员工的印象中，永远看不到吉姆·特纳愁眉苦脸的时候。即使发生加勒比海海啸，给公司的油井造成一亿多美元的损失，吉姆·特纳在董事会上仍然谈笑风生，他说：“纵然减去一亿美元，我还是比你们富有十倍，我就有多于你们十倍的快乐。”

乐观开朗的吉姆·特纳活到85岁时，悄然谢世，他在自己的墓碑上给自己留下这样一行字："我最欣慰的是用好了人生的减法！"

学会在生活学习中做加减法，让生活尽量简单，让学习尽量快乐。学会生活的加法，让我们充实与完善，学会生活的减法，我们就会多一些时间，多一些好心情，甚至多一个梦想。学会生活的加法，我们可以运用更多的知识与能力来创造更多的价值。学会生活的减法，我们可以更多地和自己的家人在一起，读自己喜欢的书，听自己喜欢的音乐，享受自由自在、多姿多彩的快乐生活。

第四篇

掌控情绪不输阵

· 第一章 ·

学会引导他人的情绪

情绪掌控高手能管理他人的情绪

哈佛学者说："能够管理他人情绪的人是高情商之人。"所谓管理他人情绪是指在准确识别他人情绪的基础上，用自己的情商影响他人。这当中识别他人情绪是管理他人情绪的首要环节，不能正确认识识别人的真正意图就不能很好地施加影响。

情绪掌控高手能够管理他人的情绪，哪怕是对手。

情商的高低直接影响这种管理他人的能力，情绪控制能力强的人，万事操之在我；情绪控制能力弱的人，处处受制于人。绝大多数的人会认为人际关系是令他们头痛的麻烦事儿，奇怪的是你越觉得它讨厌，你就越不容易搞好它。于是，我们会羡慕一些总是受人们欢迎的人，不知他们的成功秘诀在哪儿。其实，关键就在于你是否能管理他人的情绪并影响他人。

美国前总统富兰克林年轻的时候，曾把所有的积蓄都投资在一家小印刷厂里。他很想获得为议会印文件的工作，可是出现了一个不利的情况。议会中有一个极有钱又能干的议员非常不喜欢富兰克林，并曾公开斥骂他。这种情形非常危险，因此，富兰克林决心使对方喜欢他。

富兰克林听说这个议员的图书馆里有一本非常稀奇而特殊的书，于是就写了一封信给这位议员，表示自己想一睹为快，请求他把那本书借给自己几天，好让他仔细阅读。这位议员马上叫人把那本书送来。过了大约一星期，富兰克林把书还给那位议员，并附上一封信，强烈表达了自己的谢意。

于是，下次当他们在议会里相遇时，那位议员居然主动跟富兰克林打招呼，并且极为有礼。自此以后，这位议员对富兰克林的事非常乐于帮忙，他们变成了好朋友，一直到去世为止。

富兰克林的故事在向我们表示一个情绪掌控高手的魅力，他能够发现别人的情绪，并利用他人的情绪，让对方成为自己的朋友。

那么，用什么方法才能更好地处理他人情绪呢？

正确处理他人情绪的方法共有3个步骤：接受、分享、肯定。

1. 接受

接受是注意到对方有情绪、接受有这份情绪的他并如实告诉他。接受不是批判，不是否定，不是表示不耐烦，也不是忽视，接受就是“你这个样子我是接受的，我愿跟你沟通”的意思。这种接受往往能让你更好地与他人沟通。

2. 分享

永远先分享情绪感受，后分享事情的内容。就算对方反复或坚持先说事情内容，也需要先分享情绪感受，情绪感受未处理，谈事情细节不会有效果，往往只会使对方的情绪更坏。帮助对方描述他的情绪，并不是告诉他那是应该有的感觉。

3. 肯定

应该对不适当的行为加以规范，就是说，勾画出一个明确的框架。框架里面是可以理解或接受的部分，并就这些可以接受的部分给对方以肯定。框架外面则是不能接受或者没有效果的东西，应该明确提出。

给予肯定使对方保留了他们的尊严和自信，他们会更愿意听从你的意见。所有的感觉及所有的期望都是可以被接受的，但并非所有的行为都可被接受。

综上所述，情绪掌控能力的高低决定一个人是否能影响到他人，并利用他人的情绪，而这一切都将决定了你在人群当中的地位及受欢迎的程度。

给彼此一个由衷的微笑

诗人汪国真写道：“给我一个微笑就够了，如薄酒一杯，像柔风一缕。这就是一篇最动人的宣言呵，仿佛春天，温馨又飘逸。”微笑是一种感染他人情绪积极有效的方法。

一个微笑只是瞬间，但有时留给他人的记忆却是永远的，这种记忆更多的是一种情绪上的记忆，当他想到你曾经的温暖笑容时，情绪立刻就会好转，微笑的魅力就是如此巨大。世上没有一个人富有和强悍得不需要微笑，世上也没有一个人贫穷得无法微笑。

一天，晓妍去拜访一位客户，但是很可惜，他们没有达成协议。晓妍很苦恼，回来后把事情的经过告诉了经理。经理耐心地听完了她的讲述，沉默了一会儿说：“你不妨再去一次，但要调整好自己的心态，要时刻记住运用微笑，用你的微笑打动对方，这样他就能看出你的诚意。”

晓妍试着去做，她表现得很快乐、很真诚，微笑一直洋溢在她的脸上。结果对方也被晓妍感染了，他们愉快地签订了协议。

晓妍结婚已经两年了，每天的忙碌生活让她顾不上照顾丈夫，她也很少对丈夫微笑。现在，晓妍决定试一试，看看微笑会给他们的婚姻带来什么效果。

第二天早上，晓妍梳头照镜子时，就对着镜子微笑起来，她脸上的愁容一扫而空。当她坐下来吃早餐的时候，微笑着跟丈夫打招呼。他惊愕不已，非常兴奋。在这两周的时间里，晓妍感受到的幸福比过去两年的还要多。

现在，晓妍上班时，就对大楼门口的电梯管理员微笑；她微笑着跟大楼门口的警卫打招呼；站在交易所时，她对工作人员微笑。晓妍很快就发现别人同时也对她微笑。一段时间之后，她发现微笑带给她更多的收获。晓妍现在经常真诚地赞美他人，停止谈论自己的需要和烦恼。她试着从别人的角度看事情。这一切真的改变了她的生活，她收获了更多的快乐和友谊。

有人说，人的微笑魅力无穷，它能融化一切。这话一点也没错，只有那些带着自信微笑的人才能影响更多人的情绪，才会得到更多的合作，更多的信任，更多的爱。

一个微笑能为家庭带来愉悦，在同事中培养善意。它为友谊传递信息，为疲乏者带来休憩，为沮丧者带来振奋，为悲哀者带来阳光，它是大自然中去除烦恼的灵丹妙药。然而，它却买不到，求不得，借不了，偷不去。因为在被赠予之前，它对任何人都毫无价值可言。有人已疲惫得再也无法给你一个微笑，请你将微笑赠予他们吧，因为没有人比无法给予别人微笑的人更需要一个微笑了。

微笑是自信的标志，也就是向外界宣扬你积极情绪的最好标志，它是人的宝贵财富。人们往往依据你的微笑来获取对你的印象，从而决定对你所要办的事的态度。只要人人都献出一份微笑，人与人之间的沟通将变得十分容易。

一个人面带微笑，远比他穿着一套高档、华丽的衣服更能影响他人情绪，他也更加受人欢迎。因为微笑是一种宽容、一种接纳，它缩短了彼此的距离，使人与人之间心心相通。喜欢微笑着面对他人的人，往往更容易走入对方的天地。难怪学者们强调："微笑是成功者的先锋。"微笑就是无声的语言，它所表示的是："你使我快乐，我很高兴见到你。"笑容是结束话语的最佳"句号"，这话真是不假。

有微笑面孔的人，就会有希望。因为一个人的笑容就是他传递好意的信使，他的笑容可以照亮所有看到他的人。没有人喜欢和那些整天愁容满面的人交往，更不会信任他们。很多人在社会上站住脚是从微笑开始的，还有很多人在社会上获得了极好的人缘也是从微笑开始的。

有人做了一个有趣的实验，以证明微笑的魅力。他给两个人分别戴上一模一样的面具，上面没有任何表情，然后，他问观众最喜欢哪一个人，答案几乎一样：一个也不喜欢。因为那两个面具都没有表情，他们无从选择。

然后，他要求两个模特儿把面具拿开，现在舞台上有两张不同的脸，他要其中一个人把手盘在胸前，愁眉不展并且一句话也不说，另一个人则面带微笑。

他再问每一位观众："现在，你们对哪一个人最有兴趣?"答案也是一样的，他们选择了那个面带微笑的人。

微笑是一种情绪状态，也反映出一种生活态度。根据专家研究表明，不喜欢微笑的人，大多都消极悲观，缺乏自信，甚至无法对自己与他人做出正确的评价。比如说，有一个女人，总是认为自己长得不漂亮，家境又不好，而且没有男朋友，于是便很自卑，每天只是想着自己的这些缺陷，对快乐、高兴的事也漠不关心。同时，她一直以为旁人是用蔑视的目光来看她——事实并不是这样——是她用主观臆想来渲染别人的目光。于是，她就会越来越消沉，陷在自己悲观的情绪里。正所谓，同一幅画面，有的人看到的是鲜花之后的墓地，有的人看到的是墓地前的鲜花。

心中有朝阳，脸上有微笑。不仅绽放自己，也感染周围人。驱逐内心的阴霾，获取良好的、积极的生活态度与人际关系，让自己微笑开始吧。

如何激发对方的说话情绪

在有些场合，出于防备心理，人们不喜欢开口和陌生人说第一句话，此时，你就应该学会去激起谈话对象的某种情绪，让他滔滔不绝地讲述自己。

一次，日本推销大师夏目志郎去拜访一位绰号叫“老顽固”的董事长。不管夏目志郎怎么滔滔不绝，怎么巧舌如簧，他就是三缄其口，毫无反应。

夏目志郎也是第一次接触到这样的客人，于是，他用起了激将法。

夏目志郎故作冷漠地说：“把您介绍给我的人说得一点没错，您任性、冷酷、严格，没有朋友。”

这时，这位董事长面颊变红了，望着夏目志郎开始有反应了。

夏目志郎继续说：“我研究过心理学，依我的观察，您是面恶心善、寂寞而软弱的人，您想以冷淡和严肃筑起一道墙来防止外人侵入。”

这时，董事长第一次露出了笑脸：“我是个软弱的人，很多时候我无法控制自己的情绪。我今年73岁了，创业成功50年，我是第一次见到像你这样直言不讳的人，你有个性。是的，我拒绝别人，是为了保护自己，不让别人靠近我身边。”

“我想这是不对的。您知道中国汉字中的‘人’字是怎么写的吗？

‘人’这个字，包含着人与人之间相互支持与信赖的意思，任何生意都从人与人的交往产生的。人不需伪装，虚伪的面具会使内容变质。”

自此以后，他们聊得越来越投机，董事长已经把夏目志郎当成了朋友，自然他也成了夏目志郎的长期客户。

其实，很多时候人们并非不愿意开口，只是你没有引起他们的兴趣，激发他们的情绪。他们也是有“情绪开关”的，只要你能准确把握并且适时打开它，就能够打破尴尬气氛，让他们主动开口。下面就有一些简单的方法，能教会你如何激发他人的谈话情绪。

假如你正坐在火车上，你已坐了很久了，而前面还有很长很长的路程。你想与他人讲讲话，这是人类的群体性在和你作祟，而你要尽力使你的谈话显得有趣和富有刺激性。

坐在你旁边的一位像是一个有趣的旅客，而你颇想了解他的情况，于是你便搭讪道：“对不起，你有火柴吗?”

他一句话也不讲，只是点点头，从口袋里掏出一盒火柴递给你。你点了一支烟，在还给他火柴时说了声“谢谢”，他又点了点头，然后把火柴放进了口袋里。

你继续说：“真是一段又长又讨厌的旅程，你是否也有这种感觉?”“是的，真讨厌。”他同意着，而且语调中包含着不耐烦的意味。“若看看一路上的稻田，倒会使人高兴起来。在稻谷收获之前的一两个月，那一定更有趣。”

“唔，唔!”他含糊地答应着。这时你再也没有勇气说下去了。你在农业方面，给他一个表现兴趣的机会，他若是个农夫，接下来他一定会发表一番他的看法。

假若一个话题能引起他的兴趣，那么无论他是如何内向的一个人，他也会发表一些言论的。因此你在谈话停滞之时，思考了一番后，又重新开始了。

“天气真好，爽朗极了！”你说，“真是理想的踢球时节。今年秋季有好几个大学的球队都很出色呢！”那位坐在你身旁的乘客直起身来。

“你看理工大学球队怎么样？”他问。你回答：“理工大学球队很好，虽然有几个老将已经离队，然而几位新人都很不错。”

“你曾听到过一个叫李刚的队员吗？”他急着问。

你的确听说过这个球员，你猛然发现此人和李刚长得很像，立刻毫无疑问地判断李刚定是此人之近亲，于是你说：“他是一个强壮有力、有技巧，而且品行很好的青年。理工大学球队如果少了这位球员，恐怕实力将会大减。但是李刚快要毕业了，以后这个队如何还很难说。”

这位乘客听了这话便兴高采烈、滔滔不绝地和你谈了起来。

可见，你激发了他谈话的情绪，情绪一上来，就很难控制，谈话就会滔滔不绝。

和陌生人谈话的场合是不可避免的，那种紧张压抑的气氛抑制了大家说话的勇气，这时，必须想办法挑起一种快乐的情绪，让所有人都参与到交谈当中来。

一般说来，对一个素不相识的人，只要事先做一番认真的调查研究，你往往都可以找到或近或远的亲友关系。而当你在见面时及时谈到这层关系，就能一下子缩短彼此的心理距离，使对方产生亲近感。

一个人爱不爱说话，关键看他的情绪状况是怎样的，有很多沉默寡言的人，当其说话的情绪被激发时，也会滔滔不绝。

演讲中如何掌控听众情绪

演讲中，由于演讲者自身的关系，以及外部因素的影响，听众对演讲的关注度会随着情绪的下降而产生转移，从而直接影响演讲的进行。这个时候，演讲者的信心也会受到严重的打击。那么如何有效地把控听众的情绪，让他们始终关注演讲呢？

1. 满足求知欲

陌生的知识领域或神秘不可知的事物总是能引起人们的求知欲，激起探索的欲望，对于不知道的东西，想要弄清楚其工作原理，这是人们的本能，针对这种奇闻轶事展开话题可以大大地吸引听众的注意力。

2. 刺激好奇心

好奇心是每个人都具备的特征。演讲者可以利用这种好奇心，通过各类趣闻、名人轶事、突发事件、科学幻想、传奇经历等内容，来激发听众的兴趣。

3. 利益相关切

在很多单位都会有这样一种现象，公司的一些大的发展方向或者整体规划往往不能得到每个员工的重视。相反的，每个小的细节例如年终奖金的评定方法、午餐的标准，这样的事情反而能赢得大部分人的关注，这是因为群众最关心的无非就是涉及自己切身利益的事情。所以，纵观各种说话内容，一旦关系到吃、穿、住、行、生活琐事的都会非常受欢迎。所以高明的说话者常常能将要说的问题和人们生活中的实际利益联系到一起，例如在讲解全球变暖，号召大家爱护环境时，可以不用空洞的说明，而是根据现实生活中的实际情况来说明：夏天气温越来越闷热等。

4. 信仰的话题

在物质生活越来越丰富的今天，人们对于理想和信仰的追求也越来越明确，没有探索、没有理想的人几乎是没有的。古今中外，人们都在为信仰和理想而不停地奋斗着。

因此，有关这方面的话题能够被大多数的群众所接受，尤其是青年听众，他们正处于人生观、价值观形成的时期，关于信仰和理想的演讲对于他们正是良好的启迪。同时也要注意演讲的内容必须要有针对性、现实性，符合现实生活，符合时代的需求，只有这样才能达到励志的目的。

5. 娱乐性话题

现代人的生活节奏越来越快，工作生活的压力也越来越大，这样的生活使得人们的心情越来越烦躁，为了缓解人们的压力，可以进行娱乐性的演讲。一般娱乐性的演讲大都是选择一些社会上热议的话题，通过演讲者在演讲中穿插些幽默、笑话或娱乐性故事以在短时间内提起听众的兴趣。礼仪场合或者社交场合大都喜欢用这种话题来缓解或者活跃气氛。

让听众的情绪随着你走，才算是真正有效果的演讲，你的演讲才会对听众产生影响，敲击他们的心灵。所以，除了关注自身语言技能的精湛以外，还要多达到与听众之间的情绪互动，这样才能成为一个真正优秀的演讲家。

向他人传递出积极的情绪

在生活当中，人与人之间的情绪可以相互传染，也就是说，大部分的人在感受到他人的情绪时，往往会激发自己产生出与其相同的情绪，虽然很多时候我们意识不到这一点，但它确确实实存在。

情绪的传染往往是从情绪强的一方传递到比较弱的一方。很多人之所以能影响其他人，是因为他们都是那些具有强烈情绪传染力的人。

一天清晨，在一列开往柏林的老式火车的卧车中，查尔斯和另外四个男士正挤在洗手间里刮胡子。经过一夜的疲困，隔日清晨通常会有不少人在这个狭窄的地方洗漱一番，此时人们多半神情漠然，彼此间也不交谈。

就在此刻，突然有一个面带微笑的男人走了进来，他愉快地向大家道早安，却没有人理会他的招呼。之后，当他准备开始刮胡子时，竟然哼起歌来，神情显得十分愉快。男人的这番举止让查尔斯感到很奇怪，于是他用开玩笑的口吻问道："喂！老兄，你好像很得意的样子，遇到什么好事了？"

"是的，你说得没错，"男人回答，"正如你所说的，我是很得意，因为我真的觉得很愉快。"然后，他又说道，"我只是把使自己觉得幸福这件事，当成一种习惯罢了。"

后来，在洗手间内所有的人都把"我只是把使自己觉得幸福这件事，当成一种习惯罢了"这句深富意义的话牢牢地记在心中。

到达柏林后，查尔斯仍然时时想起这句话。他时时提醒自己，要把幸福当成一种习惯，在这种情绪的激励下，他也慢慢变得开心多了。

在上面这个例子中，查尔斯就是受到了那个男人强烈的情绪传染，变成了一个快乐的人。当然我们不能忽视一点，那就是强烈的消极情绪也可以给别人以影响，但是这种影响往往是消极的、不良的。要成为一个有积极影响力的人，我们就要传递积极的情绪，那些给别人带来震撼的人士，并不见得是成功的人，但往往都是那些能把积极的情绪传递给别人的人。

棒球王贝比·鲁斯，在他的棒球生涯中，一共击出了714记全垒打，被誉为历史上最卓越的棒球选手。其中，最后一记本垒打为鲁斯的棒球职业生涯画上了一个完美的句点，与其伴随的还有一个感人的故事。

那时，闻名遐迩的鲁斯年龄已经大了，已不再像年轻时那般身手灵活了。在守备上由于他一再漏接，单单在一局中就让对方连下 5 城，而其中的三分都是由于他的失误所造成的。他在那场比赛中已经连续被三振两次了，英雄似乎走上了末路。

当他就要第三度上场时，此时球赛已进入最后一局的下半局，勇士队两人出局两人在垒，刚好落后对方两分……

当他举步维艰地迈向打击区时，观众们一阵阵的叫骂声震耳欲聋，奚落的嘲笑与嘘声不绝于耳。

此时，鲁斯已没有信心再打下去了，他缓步走回休息区，向教练要求换别人打。

但就在这一刻，一个男孩费力地跃过栏杆，泪流满面地展开双臂，抱住了心中的英雄。鲁斯亲切地抱起男孩，许久才放下，然后轻轻地拍拍他的头。

这时，球场沉浸在一片宁静中。他又缓缓地走回球场，接着就击出那记最具意义的全垒打。

在鲁斯正要绝望的时候，那个男孩的拥抱传递给他积极的情绪，使他能够积极地面对职业生涯上的瓶颈，可能这个男孩子和鲁斯都想不到，一个鼓励的拥抱可以传递这么强大的情绪力量，发挥这么大的作用，但显然它确实产生了让人感觉不可思议的结果。

约翰·米尔顿曾经说过："一个人如果能够控制自己的激情、欲望和恐惧，那他就胜过国王。"相对于控制自己的情绪，传递给别人积极的情绪无疑显得更为伟大。不夸张地说，有很多时候，这些积极的力量甚至使我们的生命转到了更有意义的方向，可见传递给别人积极的情绪具有多么大的魔力。

如果能够每天都保持着积极的情绪，无疑也是在向别人传达着积极的信号，因为我们的情绪可能在自己无意识的状态下传递给周围的人。而保持积极的情绪并把它传递给别人，是增强自我影响力的重要途径。

学会对他人感兴趣

在交往中，人人都希望自己能受到别人的欢迎，进而享受这份愉悦的情绪。但要做到这一点，并不容易。如果只想在别人面前表现自己，使别人对自己感兴趣，说明他只把情绪点聚焦在自己身上，那么他将永远收获不了快乐，也不会得到真挚的友谊。真正的朋友，不是以这种方式来交往的。在社会生活中也是如此，人们对待每件事情，总是本能地从自身情绪点出发来考虑，这无可厚非，可是人毕竟要在这个社会中生活，而且要享受与人交往的快乐，这就要求我们不能只考虑自己的情绪。

著名的汽车推销员乔·吉拉德，一次向一位先生推销汽车，终于说服了对方。那位先生在把钱递给乔·吉拉德时，谈起了自己的儿子，说自己的儿子如何了不起。可乔·吉拉德对他的儿子不感兴趣，只想快点拿到钱。乔·吉拉德的表现引起那位先生的不满，乔·吉拉德还没有接到钱，那位先生就转身走了。

乔·吉拉德晚上给那位先生打了一个电话，问他为什么要把钱收回去。那位先生回答："没什么，就是我在跟你谈我心爱的儿子的时候，你对我的儿子不感兴趣。"

那位先生向吉拉德谈起自己的儿子，其实就是希望得到吉拉德的认可，但吉拉德只专注于自己赶紧做成生意拿到钱，不考虑他人的情绪，由此反馈出的漠然态度引起了那位先生的不满。因此，吉拉德丧失了这次赚钱的机会。

已故的维也纳著名心理学家亚德勒在一本叫作《人生对你的意识》

的书中说道："不对别人感兴趣的人，他一生中的困难最多，对别人伤害也最大。所有人类的失败都出于这种人。"

哲斯顿被称为魔术师中的魔术师，在他40年的表演生涯中，他走遍了世界各地，表演了无数使人瞠目结舌的幻术，共有6000万人买过他的票。当有人问他成功的秘诀时，他坦言他的成功与学校教育没有多大关系，因为他小时候是个流浪儿，他最早的识字课本是铁道沿线上的标识。他的魔术知识也不是最丰富的。但有两样东西是他独有的：一是他能在舞台上充分展示自己的个性，二是对别人由衷地感兴趣。

许多魔术师看着观众迷惑的样子，就在心里对自己说："坐在台下的都是傻瓜，我要骗他们太容易了。"但哲斯顿完全不同，他每次登上了舞台，都要在心里重复说几遍"我爱这些观众"。对此他解释道："我有理由喜欢和感激他们，因为他们来看我的表演，我才能过上我想过的生活。我必须把我的看家本领拿出来，让他们快乐。"哲斯顿钻研魔术的目的不仅仅是赚钱，对他来说，观众的快乐也是他最大的快乐。

哲斯顿的成功秘诀就是对别人感兴趣，真的就是这么简单。当哲斯顿对别人流露出感兴趣的表情和动作时，观众是能够感知他的情绪状态的，并会被他感染。

如果你要交朋友，就要以积极的情绪去迎合别人。当你接电话时，声音要显示出你很高兴对方打电话给你。纽约电话公司要求接线员口气要显露出愉快的心情："您好，我很高兴为您服务！"

如果你希望别人喜欢你，就要抓住其中的诀窍：了解对方的兴趣，针对他所喜欢的话题与他聊天。

在与人相处时，要尽量让对方明白，对方是个重要人物。

人都喜欢那些欣赏和关心他的人，人都需要别人对他感兴趣，因为没有人喜欢被遗忘。

·第二章·

掌控好老板给你带来的情绪

老板的批评应冷静对待

职场上的每个人，在挨骂或受到警告、指责时，心里都会不痛快。尽管你知道，这是再正常不过的事了，可还是常常会产生抵触和抱怨情绪，从而影响到你和上司的关系。面对上司的批评，应当保持冷静，首先要做的就是认真地承认错误。既然上司能够批评你，就说明你的工作存在漏洞。如果你坚持自己的观点，和老板争吵，闹得没有办法收场，那么，你跟老板的关系就会变得僵化。

黄芳是一家网络公司的设计师。一周前，她因为一个小错误导致公司的系统出现问题。老板当时就大发雷霆，斥责她工作不认真。黄芳虽然心里很不舒服，但毕竟是自己的错误，也就诚恳地认错了。但是，没过几天，公司的系统又出现问题。这次老板没有追查，直接找到黄芳，不问原因就把黄芳狠狠地批评了一通。黄芳心里非常委屈。但是，这一次，她觉得虽然不是自己的错误，但如果跟老板直接顶撞，对自己也没有任何好处。既不能解决问题，还在同事中造成不好的影响。于是她就承认了自己工作上的失误，并把问题解决了。

黄芳的做法，有的人会认为是懦弱的表现。然而，职场上只有冷静地对待老板的批评，才不会做出与自己身份不符的事情。其实，受到一两次批评并不代表自己就没有前途，更没必要觉得一切都没有希望了。上司批评你主要是针对你所犯的错误，除了个别有偏见的上司外，大部分的领导都不会针对员工个人。上司的本意是通过责备让你意识到错误，避免下次再犯，并不是觉得你什么事情都做不好，对你进行打击。如果受到一两次批评你就一蹶不振，精神萎靡，这样才会让上司看不起你，今后他可能也就不会再信任和提拔你了。

如果确实是你的错误，那么，老板批评你的时候，毫不犹豫地接受才是正确的。但是如果你是被冤枉的，尽管心里非常生气，非常不平衡，但是，你一定要等老板的脾气发完了才可以解释。在对待挨骂的态度上，我们不妨参悟一下河蚌的自卫方式。

河蚌身上的壳就是最好的自卫武器。众所周知，河蚌在遭受到外力干扰或进攻时，便把它的柔软的身体缩进壳里，它从不反击，直到外力消失之后，它认为安全了，才把自己的壳打开，享受美妙的海水。这样，不管是什么样的打击和压力，只要不超过河蚌壳的承受能力，它都可以完好无损。

面对怒气冲冲的上司，我们与其做一头狮子，不如把自己当作一只河蚌，缩起自己的不满和冲动，任凭指责和批评，直到上司的情绪得到缓和。这或许显得有点懦弱可笑，但是从摆正心态的角度来理解却是聪明和正确的。忍一时风平浪静，退一步海阔天空，如果上司对你的批评没有任何附加意义，只是一次简单的训斥，就把它当成一次暴风雨。你可以通过得当的处理，充分利用它，让它成为你走进上司视线，受其关注的一次契机。这样比一味争吵、发一通牢骚好得多。

工作中，老板发脾气是常有的事情，但你不能让自己的情绪受影响。老板的怒气很快就会消失，如果你和老板顶撞生气，闹得沸沸扬扬，除了影响自己的情绪甚至发展前途，可能就完全没有其他的好处了。所以，面对老板的指责和无端的生气，最好的办法就是理性地管理自己的情绪，不让它受到老板的影响，这样才能做一个理智而聪慧的人。

看清老板的“黑色情绪”

每个人都有情绪不好的时候。但是身在职场，如果不能体会到老板的情绪，就算不上一个好员工。有些情况下，如果老板的情绪非常不好，员工恐怕就成了老板发怒的对象了。这样撞枪口的事情，每个公司里都会不定期地上演。所以人在职场，最重要的就是能够察言观色，巧妙地应对老板的负面情绪。

老板是公司里最重要的人物之一。如果得罪了老板，你的工作就不会进展得太顺利，有时候甚至会被老板一怒之下开除。谁都不愿意被老板批评，所以，当碰到老板情绪很差时，能躲则躲，如果躲不过，要尽力地让老板的情绪在你这里变得好转。

赵鑫是一家投资公司的小职员。平时工作也很卖力，深受老板和同事的欣赏。这天，他特意很早地就到了公司，想尽快做出一份满意的报表给老板看。辛苦了一上午，终于做完了，他兴冲冲地来到老板的办公室。不巧，老板正在跟几个客户谈合同。于是，他就在外面等了一会儿。

半个小时后，老板从办公室出来了。赵鑫就迫不及待地给老板看自己的报表。谁知道，老板连看都没看，就说做得不合格，让他回去重做一份，情绪极其暴躁。赵鑫一时呆住了，不知道出了什么状况。

回到办公室后，才从同事的口中得知，老板今天谈的项目没有成功，正在气头上。赵鑫这才恍然大悟，看来是自己没找对时机，幸亏自己当时没有辩解，要不然，老板说不定就会拿自己当出气筒了。

莫名其妙地被老板训斥一通，心里必定不舒服。赵鑫还很聪明，在老板发怒的时候没有顶撞。如果当时赵鑫因自己的努力被忽视而跟老板顶撞，那么，后果不堪设想。所以，汇报工作也要看准老板的情绪才能进行。具体来看，主要有以下几个方法：

方法一，要能看清楚状况，要及时地捕捉老板脸上的阴晴圆缺。

掌握老板的情绪变化，知道他的心里现在在想什么，是每个员工需要具备的能力。不懂得注意老板情绪的员工，遇到个脾气温和的老板，或许只是批评你几句，要是遇到个脾气暴躁的老板，恐怕不但对你横眉冷对，还会让你直接递上辞呈。所以，身在职场，要学会察言观色，老板的脸色能准确地反映他现在的情绪。知道老板内心在想什么之后，就可以对症下药，投其所好，获得老板的认可和信任。如果你弄不懂老板的情绪，后果就会很严重。这也是很多员工埋头苦干却还是经常挨骂的原因。

方法二，一旦遇到老板情绪不好，一定不要当面顶撞。

如果你不幸碰到老板情绪非常差，那么，挨骂的你该做出什么反应呢？相信很多人会在为莫名其妙地被领导骂而耿耿于怀。甚至有的人忍受不了委屈，当即就澄清自己的冤屈。这样做，是不明智的。的确，老板心情不好，骂人的时候肯定口不择言，说一些伤人的话。但是，作为一名员工，如果你当面顶撞老板，不仅是火上浇油，让老板的情绪更加恶劣，还让老板对你的能力产生怀疑。遇到老板情绪很糟糕时，你最应该做的就是忍耐。忍一时风平浪静，领导正在气头上，不妨站在他的位置上思考问题。人都有压力大的时候，你为老板着想，你就能成为老板信赖的人。等老板的气消了，一切也就恢复了原状。老板发怒时的情形也就没人会记在心上。

经常在老板身边的人，一定有一双锐利的眼睛，老板脸上的情绪都能够被他看在眼里，记在心上。做事情的时候，不但时刻注意自己的言辞，更是想办法化解老板的负面情绪。这样的员工才会得到老板的重用和赏识。所以，不仅不能跟老板顶撞，还要用巧妙的言辞让老板的脸色阴转晴。化解老板的怒气，让自己的工作顺利完成。

学会与老板“换位思考”

工作中我们需要学会与老板进行换位思考，通过换位思考，我们可以更好地了解到老板的立场和思路。老板的立场就是公司的立场，一个从公司的角度看问题的员工，会自觉调整自己的情绪，理解和支持自己的老板，时刻与老板站在同一条战线上。

英国有一句谚语叫作：“要想知道别人的鞋子合不合脚，穿上别人的鞋子走一英里。”工作中，当我们与老板发生冲突的时候，不妨与老板换换位置，站在老板的角度上来看问题，或许你就会对公司，对工作，对老板有一个新的认识。

与老板进行换位思考，也就是要求员工站在老板的角度去思考一些问题，充分理解老板的苦衷。试想你是老板，你肯定也希望当自己不在的时候，公司的员工还能够一如既往地勤奋努力，踏实工作，各自做好分内之事，时刻注意维护公司的利益，这样你就可以一心一意处理好分内的事情。如果你是公司老板，当你派出你的员工到各地处理公司事务的时候，也希望他们个个都能够高质高效地完成任务，以保证公司的业务顺利开展，公司的业绩节节上升。

既然你希望你的员工这样去做，那么，当你回到自己的位置上的时候，你就应该想到，老板既然为我们提供了工作的岗位，为我们发工资和奖金，我们没有理由不把公司的事情做好。

与老板进行换位思考，我们要试着体谅老板的苦衷，只有这样，才能真正从老板的角度考虑问题。老板考虑的问题比一般员工更多，因为他处理的事情多，与他打交道的人多。员工和老板之间是什么关系？直观地，当然是雇佣关系，而实际上是共同为公司创造价值，共同分享经营成果的互惠共生关系。在现今的商业环境中，老板和公司员工之间需要建立一种互信的关系。当然并不是说要对那种长期拖欠工资的老板也一味地迁就，而是说当公司有困难的时候，只要老板能够和我们推心置腹地讲清楚，让我们有足够的思想准备，我们也应该体谅老板的艰辛和困难，并且主动地站在老板的角度，从公司的利益出发，为老板出谋划策。

现在，职场的压力越来越大，但是这不应该成为我们与老板对立的原因。学会换位思考，才能让我们在职场中走得平稳，而且还能获得晋升的机会。更为重要的是，通过这种方式，我们会理解老板的一些想法和做法，消除自己的敌对情绪，以更加积极健康的情绪面对工作，迎接挑战。

不要让抱怨成为一种习惯

“不满”和“抱怨”是最流行的一种情绪，也是最容易在工作中被善于寻找借口的人利用的一种情绪。

不少员工总是在想着“我应该得到什么”，抱怨老板“没有给我什么”，却没有反躬自问：“为了希望从事的职业我还缺乏什么，可能要付出什么，做得够不够?”抱怨别人者总是把责任推到别人身上，看不到自己的错误和不足。抱怨成了对工作不负责任和对老板不够忠诚的借口。这样下去，他们在抱怨中会丧失许许多多的机会。

曾经有一位爱发牢骚的员工愤然离开了好几个老板，抱怨老板的种种过错，三年后，当他在自己最喜欢的事业上被老板辞退的时候，他终于明白是自己一直欠缺必备的能力，而不是原来的老板没有赏识他。

抱怨似乎是一种很普遍的情绪，它也很容易传染，而且让别人感染上此病后却浑然不知。人似乎天生就有一种抑强扶弱、劫富济贫的心态，对那些超越我们、管理我们的人天生有一种抵触情绪。很多人会不自觉地认为，富有之所以富有，是缘于对穷人的剥削。直到今天，这种财富的原罪始终没有从人们的头脑中消除。我们经常可以看到关于为富不仁的报道，内容大部分都是揭露老板的奸诈，和对“社会底层人士”的同情。

那些落魄的人的确值得同情，但是你想过没有，他们今天的落魄境况完全是由社会或者其他人造成的吗？他们自己就没有责任吗？同样，当他们抱怨老板的时候，没想到自己也有责任吗？表面看，老板们拥有巨额的可支配的财富，但是他们能享受和消费的并不比我们多，相反，他们却付出了比普通人多得多的心力。从某种意义上说，他们是更值得我们同情的人——同情他们即使下班铃声响过很久之后也无法放下手上的工作；同情他们因为管理好员工而付出的努力；同情他们忍受社会及员工不公正的评价和言论。那些指责老板的人并没有意识到，如果没有老板的辛勤努力，许多人的命运会更为悲惨。

长期的抱怨可能会导致一个人对老板失去忠诚，陷在一种无法自拔的低迷情绪中。因为抱怨，一个人可能会抵不住其他机会的诱惑，或者不能承受企业暂时的困境，所以消极对抗或者另谋出路。比如一个技术人员，刚到一个小工厂，在发展的初期，不可避免地会遇到战略不清晰、管理混乱、老板经常变换思路等情况，这时候他抱怨：你是请我来干事业的，不是来和你们变来变去的。他认为这样的企业和老板不值得为之效力，准备跳槽。其实那个抱怨的员工可能不明白，这是很多小工厂必须渡过的一道难关，而一个员工在这种时候不仅要做事，还要学会应对各种可能的突发事件，并且与老板并肩作战。

作为一名体贴的员工，你应该明白，经营和管理一家公司是一件复杂的工作，会面临种种烦琐的问题，来自客户、来自公司内部的巨大压力，都会给老板带来种种困扰。更何况老板也是普通人，有自己的喜怒哀乐，有自己的缺陷。站在对方的角度上思考问题是超越平庸的一大黄金定律。当你是一名雇员时，应该多考虑老板的难处，给老板多一些同情和理解；而当自己成为一名老板时，则需要多多考虑员工的利益，给员工多一些支持和鼓励。

很多情况下，老板需要的是员工提出建设性的意见而不是经常性的抱怨，如果员工这个时候从老板的角度为其着想，并且以老板能够接受的方式提出建议，是非常受老板欢迎的。如果一个员工有忠诚、敬业并且毫不抱怨的精神，就一定会被老板信任并委以重任，即使你受雇于他人，也同样能够成就自己的事业。

其实，反过来想想，当你为你的老板工作时，往往会认为老板太苛刻；而有朝一日自己成为老板时，你就会发现员工缺乏主动性。其实，什么都没有改变，改变的是你看待问题的角度。所以，有一点你必须要知道：抱怨于事无补，并且只会让事情变得更糟。那些喜欢终日抱怨的人，即使独立创业，也没有办法改变这种恶习，更不会获得成功。

如果你还有时间进行抱怨，那么你就有时间把工作做得更好；如果你已觉得抱怨无济于事，你就应该去寻找克服困难、改变环境的办法；如果你认为抱怨是一种坏习惯，你就应该化抱怨为抱负，变怨气为志气。

没有任何抱怨，不仅是一种平和的心态，更是一种非凡的气度，一种超俗的境界。种下牡丹不会收获蒺藜，插下龙种不会长出跳蚤。

工作不仅需要我们有一双睿智的双眼，也需要我们有一副矫健的身手，更需要我们有一颗热忱的心灵。时刻记住我们所做的一切都是为了我们自己，如此，我们就会以更高的标准来要求自己，以更宽广的胸怀来对待他人。

·第三章·

掌控好同事给你带来的情绪

与同事交往要摆脱自卑

自卑情绪会影响你的职场人际关系，不利于工作的顺利开展。

自卑，往往是由于在与同事交往时内心不自信。总是拿别人的优点和自己的缺点相比较。现代职场，越来越需要团队的合作精神。自卑的人与同事合作的时候，往往会对他人给予的压力，难以承受，于是对自己说“我做不了”。

另外，有自卑情绪的人还特别关注自己的形象，如果同事赞美一句，就会变得开朗，心情也阳光起来，若是同事不关注自己或是批评自己，就马上产生不好的情绪，甚至成为心病。他们还害怕做错事情，当受到同事的指责时，情绪就忍不住爆发。所以，如果你恰好有这种自卑情绪，一定要有勇气克服它，活出属于自己的精彩。我们可以通过以下几个方法来达到目的：

首先，要正确地认识自己。

我们先在一张纸上，写出自己工作和人际交往上的优点和缺点，尽量做到客观公正。正确地评价自己，才能给自己足够的信心。有了信心，才能战胜自卑情绪。工作中就不会不敢直视同事的眼睛。正视别人，才会让他人发现你的真诚和热情，才能让你和同事之间的关系变得亲密。所以，要正确地认识自己，才能克服自卑情绪。

其次，主动与同事交流。

自卑的人，往往不敢在公司会议上说话。甚至在单独与同事交流的时候都很紧张。所以，不妨鼓励自己，主动与同事交谈。只要勇敢地迈出第一步，相信你将会收到意想不到的效果。你主动地与同事交流，就表明你的真诚，相信你的同事也会很乐意与你坦诚相待。等你从与他人交流中获得自信后，自卑的情绪就会稍稍减轻，然后你就可以尝试着在公众面前发言。只要你有才能，就一定会得到同事们的赞赏。可是如果你连交流的勇气都没有，你也就失去了与同事成为朋友的机会。

最后，给自己一些外表上的暗示。

我们都知道暗示对消除自卑情绪有帮助。研究证明，走路拖沓的人必定是行为懒散，没有自信的人。相反，昂首挺胸，步伐矫健的人，给人一种积极向上的好印象。在职场中更是如此，打扮一下自己，给同事们耳目一新的感觉；保持微笑，展现出自己积极向上的一面。对他人微笑，也对自己微笑，让同事对你充满好感，也让自己的正面情绪保持饱满。

有自卑情绪并不可怕，只要我们正确地对待、勇敢地克服，终究能露出自信的微笑。周围的压力、自身的缺陷都可以通过积极努力来克服，那时，你的事业也会越来越成功。相信你的同事看到你的进步，也会非常乐意与你交往。摆脱了自卑，在职场中会更加如鱼得水，你的生活也将更加丰富多彩。别自卑，相信自己很优秀。

有压力可与同事沟通

现代职场，员工的情绪压力越来越大。情绪压力得不到有效缓解，容易使人精神崩溃，失去前进的动力，不求上进，悲观堕落，乃至不得不选择结束生命来换取暂时的解脱。研究表明，同事之间的交流和支持可以有效地缓解压力。通过沟通，同事之间能够相互理解，共同进步。

刘芳，原本是一个活泼开朗的好女孩。大学毕业后，她找到了一份自己比较满意的工作。可是，没过多久，她就满脸愁容，整天唉声叹气，家里人也不知道发生了什么事情。一天，她下班回家后就躲在房间哭泣，母亲敲门她也不开。无奈之下找来了邻居家的姐姐李荔。俩人从小关系就特别好，遇到事情也经常商量。果然，李荔一来，刘芳终于泪眼婆娑地开了门。一问才知道，原来刘芳在公司里做得很不开心。不但每天的工作量大，而且很多不属于她分内的事情，也都交给她来做。今天，又因为一件小事，领导严厉地批评她。刘芳觉得委屈，没下班便提前跑回家。

听刘芳这么一说，李荔才明白，原来刘芳是因为工作压力太大。李荔开导她，要多跟同事沟通，多向他们请教，虚心接受老板的批评。工作有压力才有动力，只有把压力变为前进的动力，才会取得成功。刘芳这才感觉是自己太过脆弱，于是，她开始试着在工作之余找同事一起吃饭、聊天。渐渐地，刘芳从同事那里学了不少宝贵经验，人也恢复到原来活泼开朗的样子，很受同事的喜欢。她工作起来干劲十足，受领导表扬的次数也越来越多。

适当的交流是缓解压力的好方法。一个人所能承受的压力是有限的。必须学会找一个合适的方法给自己减压。良好的沟通能力是职场中必备的素质。当你感到无法承受压力时，不妨找几个同事聊聊天。由于有共同的工作环境，容易使同事理解自己的烦恼，交流起来也比较方便。

首先，找几个关系不错的同事一起聊天。在同一个环境中工作，同事之间可以方便地说出自己近期的困难和压力。尽量相信同事可以帮助自己。把心中的郁闷向同事倾诉之后，心情也会好起来。

其次，跟同事一起出去运动。运动是减压的好方法。通过锻炼身体，汗液排出来后，压力会随之减少，心情也就开朗许多。通过释放全身的能量，排出体内汗水，让高度紧张的心情得以瞬间释放。这样，不仅能够减压，还能在运动过程中与同事相互沟通。有些需要相互合作的运动还可以锻炼团队精神。

第三，不妨找几个同事周末出去闲逛。周末，本来就是大家一起放松的时间。这时候，暂时没有了工作压力，大家可以尽情享受购物的乐趣。既可以买些日常用品，也能在说笑间缓解工作日的紧张状态。通过这种方式，也可以为下一周的工作创造良好的情绪。

最后，找个合适的场所，把心中的压力发泄出来。随着生活节奏的加快，现代人的压力也越来越大。于是，也就诞生了许多娱乐场所。当工作压力过大的时候，不妨找几个同事小聚一番。酒吧、KTV 等欢闹的场合也适合几个同事一起聊天。在这些地方既可以发泄心中的压力情绪，也可以和同事交流感情。

很多人在面临压力时，往往无法妥善解决。这其中决定性的原因在于精神上抗拒压力，而不是衷心地接纳并科学地处理它。压力无处不在又不可避免，同样面对压力，有的人被压力击垮一蹶不振；有的人却能使生活过得有意义。这其中的奥妙在于，前者是消极地面对压力，而后者能对压力进行有效运用。职场中，与同事之间的沟通是缓解压力的快速有效的方法。与人交流，其实可以很简单。

降低对同事的要求

人与人之间的交往，有时候需要一定的独立空间，不能要求别人与自己有完全一致的兴趣爱好和观点看法，面对同事也是这样。工作中难免有小摩擦，因此产生诸如生气、郁闷等负面情绪。此时，如何处理与同事的关系就显得尤为重要，一方面，这关系到工作中我们是否开心；另一方面，这关系到工作是否能够顺利进行。现代职场非常看重团队精神，一个不能与同事合作的人，也将很难在工作上取得成就。一个人即使能力很高，也需要别人的合作和帮助。

人们希望自己所想或所做的事情达到成功的一种比值即所谓的期望值。在工作中，同事之间需要交流，如果共同合作一个项目，就需要每个参与人员的配合。当自己提前为同事设定他们做这件事的能力时，也就在心里设定了对他们的期望值。如果他们的成绩不令自己满意，可能就会认为他们没有能力与自己合作。

郑雅是刚毕业一年的大学生。仅仅一年的时间里，她就换了三份工作。每次都因为与同事不能很好地相处而自动辞职。不久之前，她刚找了一份工作，又因与同事的争执而产生了辞职的念头。正当那时，她碰到了一位让她受益一生的人。这个人正是公司的一位领导。领导当时恰好看到郑雅心里烦闷，就找她聊天。得知她与同事产生了些小摩擦，于是想辞职，领导便严厉地批评了她："每个人都有自己的缺点和长处，为什么要求别人都来符合自己的意思呢？难道自己做的就一定正确吗?"郑雅反思了一下自己的行为，确实有很多不对的地方，于是羞愧地低下了头。

在领导的帮助下，郑雅慢慢改掉了自己的缺点，与同事间的关系也变得融洽。现在，她终于明白，不但对同事，而且对待生活中的一切都应该持这样一种态度：不要期望太高，也就不会失望越大。

你是否有和郑雅相似的经历，或者也处于不能很好地与同事相处的境地呢？在工作中，我们之所以会失望甚至会绝望或许正是因为我们的期望太高。在与同事相处中，对他人的期望值不可太高，否则容易产生负面情绪和失望感。在生活中，人与人之间需要相互关心和帮助，但不能凡事都依靠别人，不能对他人抱有过高的期望。如果用一颗宽容的心来对待周围的同事，那么即使多大的矛盾也可以化解。要调整自己的期望值，可以遵循以下几点：

1. 多考虑坏的情况

当跟同事交往时，不妨先把事情的结果多往坏处想。这样，在实际操作的过程中，获得的效果可能会让自己心里稍微平衡一点。在事前充分估计不利因素，不要等到事后再后悔，徒增许多麻烦。在事前做好充分的准备，否则，到事后再来挽救可能已经来不及了。

人们之所以会产生后悔情绪，往往是因为过多地估计有利因素，而对不利因素估计不充分。人们往往过高地期望事情的成功，故而容易遮掩自己的视线，片面、主观、静止、感情冲动且缺乏冷静客观地分析问题，导致做出错误或不明智的选择。

2. 适时调整好期望值

对人对事不要太苛求。人的欲望容易使人产生情绪，欲望越强，情绪可能就越强烈。对他人的期望值太高，势必会在自己的欲望不能被满足的情况下产生不良情绪。常言道，“知足常乐”。做事情的时候，与同事之间交往，应该根据实际情况的不同而改变自己的心理预期。否则容易形成心理落差。时间一长，也就容易对对方产生厌倦心理。

3. 正确认识自己

充分认识自己，才能在与同事的交往中正确地对待他人。不能只关注自己的优点，故意隐瞒自己的错误，这样容易沾沾自喜，自以为是，自然难以有所进步。人无完人，看清自己的缺点，虚心接纳他人的意见和建议，宽容对待他人的错误。

4. 保持平常心

我们要以一颗平常心对待工作，做到“得之淡然，失之坦然”。不要因一件小事就怨天尤人，也不要因同事的一个小错误就横加指责、埋怨。错了或许可以重来，但是心伤了可能将无法挽回。

明确的目标和心理预期是不断进步的动力。但是，在与同事相处时，要调整好自己的期望值。期望值不可过高，以免伤害同事间的情谊；期望值也不要太低，以致失去对他人的信任。合理客观地评价对方，才能够在合作中做到知己知彼，使工作顺利圆满地完成。

清除“心理污染”，办公室也阳光

今天，人们面临的压力越来越大，在办公室工作的人的心理卫生也成了一个不可忽视的问题，而且日趋严重。当你每天走进办公室时，不知你是否发现有很多因素在影响着每个人的情绪，进而影响到工作的质量。我们将影响一个人情绪的诸多因素称为“心理污染”。在办公室有不少的心理污染，诸如：

（1）如果人们走进办公区时的情绪是积极的、稳定的，就会很快进入工作角色，不仅工作效率高，而且质量好；反之，情绪低落，则工作效率低，质量差。如果在办公区内，工作人员善于调节与控制自己的情绪，就会生机盎然，充满活力，工作卓有成效。

（2）在日常工作中，人际关系融洽非常重要。互相之间以微笑的表情与同事交谈，以健康的思维方式考虑问题，就会和谐相处。工作人员在言谈举止、衣着打扮、表情动作中，均可体现出健康的心理素质。

（3）在办公室里接听电话，也能表现出工作人员的心理素质与水平。微笑着平心静气地接打电话，会令对方感到温暖亲切，尤其是使用敬语、谦语收到的效果往往是意想不到的。不要认为对方看不到自己的表情，其实，从打电话的语调中已经传递出你是否友好、礼貌、尊重他人等信息了。

（4）办公室里是否干净整洁，物品是否井井有条也会直接影响到员工的情绪。

总之，办公室内如果存在“心理污染”，从某种意义上讲比大气、水质、噪声等污染更为严重，它会打击人们工作的积极性，乃至影响工作效率、工作质量。

病毒的传染有药可治，并不可怕。但是，情绪的传染，打击的则不仅是躯体，还有精神。它会使人丧失自信，失去前进的动力。在生活中，人们经常会遇到令人烦恼、悲伤甚至愤恨的事情，并由此产生不良情绪。此时应该学会控制和调节自己的情绪，保持身心健康。下面的方法不妨一试。

1. 意识调节

人的意识能够控制情绪的发生和强度。一般来说，思想修养水平较高的人，能更有效地调节自己的情绪，因为他们在遇到问题时，能够做到明理和宽容。

2. 语言调节

语言是影响人情绪体验与表现的强有力工具，通过语言可以引起或抑制情绪反应。如林则徐在墙上挂着写有“制怒”二字的条幅，就是用语言来控制和调节情绪的例证。

3. 注意力转移

把注意力从自己的消极情绪转移到其他方面。俄国文豪屠格涅夫劝告那些刚愎自用、喜欢争吵的人：在发言之前，应把舌头在嘴里转10个圈。这些劝导，对于缓和情绪非常有益。

4. 行动转移

这种方法是把愤怒的情绪转化为行动的力量，以从事科学、文化、体育等工作缓解不良情绪的影响。

5. 释放法

让愤怒者把有意见的、不公平的、义愤的事情坦率地说出来，或者对着沙包、橡皮人猛击几拳，可以达到松弛神经的目的。

6. 自我控制

即按照一套特定的程序，以机体的一些随意反应来改善机体的另一些非随意反应，用心理过程来影响心理过程，从而达到松弛入静的效果，以解除紧张和焦虑等不良情绪。

通过以上方法，清除自己的“心理污染”，不仅会改善自己的办公心情，提高自己的工作效率，而且还会为他人创造一个和谐的办公环境，让办公室变得“阳光”起来。

不要与“合不来”的人在一起

没有谁愿意和自己谈不来的人在一起合作。有时候，你会发现两个同事经常因为意见分歧而发生争吵，甚至拳脚相向，最后不欢而散。

面对这种情况该怎么办呢？既然观念不同，就不妨各行其是，没必要纠缠在一起。这就是“道不同不相为谋”。其具体含义是什么呢？就是由于看法、意见、目标等不一致，而不能在一起合作。这是我们做事时必须慎重对待的问题。

每件事情都是在双方愉快合作之下做成的。如果双方无法达成协议，不能同甘共苦，自然就失去了合作的基础。

有三个能力很强的年轻人合资创办了一家高科技公司，并且分别担任董事长、总经理和副总经理的职务。起初，人们以为这家公司一定能创造辉煌的业绩，但几年后，这家公司不但未能创造辉煌的业绩，反而连年亏损，员工一天比一天少。究其原因，是三位创始人身上出现了问题。他们都自以为是，不采纳别人的意见。最后，一件事也没做成功，管理层内耗导致公司效益严重亏损。

这家公司隶属于一个企业集团，总部发现这一问题后，连夜召开董事会研究对策，最后决定，让这家公司的总经理退股，撤掉他的总经理职位，改到别家公司投资。旁观者都认为，这家公司将要走到尽头了，谁能经受得住亏损之后又来个撤资的打击呢？然而，事实令人不得不佩服，在留下来的董事长和副总经理的全力合作下，居然发挥出公司的最大效力，在最短的时间内使公司的生产和销售总额较从前翻了两番，几年来的亏损不仅得到弥补，还创造了高额的利润。而另一位改投别家企业的总经理自担任董事长后，也充分发挥自身的实力，表现出卓越的经营才能，创造了骄人的业绩。

通过以上案例我们可以明白：其实许多工作或生意上的问题，并不是源于技术上有漏洞，或者管理上有疏忽，而是因为合作者之间的理念不同，通过沟通不能解决这个问题，这也就是我们通常所说的“不对路”。

每个人都有自己的个性、看法和价值观，“话不投机半句多”，如果同事间不能在意见、决策上达成一致，那么合作就只会产生反作用力。上文中的三个人就是最好的例子，原本都是能力极强的领导者，但凑在一处并不能创造最大的价值，都自以为是，各自之间不能达成一致的意见，以至于他们不能很好地经营公司。而一旦把“合不来”的人分离后，事情就变得简单而容易了。

由于同事间的性格不同，造成人们对同一事物的见解不同，这是很正常的现象。如果这种情况发展下去，就会影响企业的整体形象，阻碍企业团队发展。在工作中不难发现，有的企业因为内部人事斗争，不仅企业本身“伤了元气”，对整个社会舆论也产生不良影响。所以作为一名企业员工，尤其要注意加强个体和整体的协调统一。无论自己处于什么职位，首先要与同事多沟通，因为个人的能力和经验毕竟有限，要避免对他人造成“独断独行”的印象。

当然，同事之间有摩擦是难免的，对一件事情有不同的想法，应本着“对事不对人”的原则，及时有效地调解这种关系。在选择与人合作时，为了避免不必要的麻烦，不要与“合不来”的人在一起。双方“道不同不相为谋”，怎能相互合作呢？

学会与不同类型的人相处

一个公司就是一个社会的缩影，每个人因各自性格不同，而有不同的情绪表达方式，而在同一个公司里各种性格的人都有可能遇上，有时工作当中还会无可避免地遇到一些不容易相处的同事，例如脾气暴躁、生性多疑的人等等。面对不同性格类型的人，如何能在良好相处的基础上保持自己的健康情绪，是一个大学问。下面就主要介绍几种我们常见类型的同事：

1. 推卸责任的人

对那些习惯推卸责任的同事，在请他们协助工作时，目标必须明确，时间、内容等要求要讲清楚，甚至用白纸黑字写下来，以此为证据。不为他们所提出的借口动摇，同时，还要给予他们在一定范围内完成的期望。

2. 过于敏感的人

一些同事生性敏感，应尽量避免在其他人面前对他们说出可能冒犯的评语，要批评请私底下讲。即使像“有点”、“可能”、“不太”这类有所保留的语气，也会让他们心乱如麻，因此在批评时尽量客观公正，慎选你的用词，指出事实就好。尤其要让他们了解你只是针对事情本身提出意见，而不是在对他们本人进行人身攻击。

3. 喜欢抱怨的人

他们之所以抱怨，是因为他们在意事情的发展。如果抱怨的内容跟你负责的业务有关，最好能立即做出反应或改善；如果他们抱怨的是无关紧要的琐事，听听就算了，也不需要动气反驳。遇到问题时，征求他们的意见，将他们的怨气引导到解决问题上。

4. 悲观的人

脸上总带有悲观情绪的同事害怕失败，不愿意冒险，所以会以负面的意见阻止工作、环境上的改变。你不妨问问他们认为改变后最坏的结果是什么，事先准备好应对的办法。

千万不要因为他们的负面意见而感到沮丧，更不能被他们的悲观情绪所感染，你可以把他们的看法当作是预防犯错的一种机制。

5. 喜怒无常的人

有些同事属于黏质型，喜怒无常。当他们表现出喜怒无常的行为时，不要回应他们，找个借口如倒杯水、拿东西等离开现场，等他们冷静以后再回来。面对他们的情绪失控，应以冷静、客观的态度响应，陈述事实即可，无须辩解。一旦他们恢复理智，要乐于倾听他们的谈话。万一他们中途又开始“抓狂”，就立即停止对话。

如果他们这种行为表现过度，且是经常性的，并影响到工作，与他们理性沟通时，应告诉他们在办公场所是不能随心所欲的，让他们知道“会哭的孩子不一定有糖吃”。

6. 特立独行的人

对那些喜欢特立独行的同事，要让他们保有隐私，不强迫他们参与需要跟很多人接触的聚会或活动。要承认他们也有很多优点，例如有能力独立完成工作、能仔细处理细节问题等，当需要他们帮助时可请他们帮忙。

7. 沉默的人

办公室里总有一些不善说话，默默工作的同事。在与他们说话时不能语带威胁，要不带情绪，并放低姿态。

8. 固执的人

对待这样的同事，是不容易说服他的，你不妨单刀直入，把他工作和生活中某些错误的做法一一列举出来，再结合眼下需要解决的问题提醒他将会产生怎样的严重后果。因此，他即使有抗拒你的情绪表现，内心也开始动摇，怀疑自己决定的正确性。这时，你趁机摆出自己的观点，动之以情，晓之以理，那么，他接受的可能性就大多了。

9. 性格古怪的人

与性格古怪的同事相处，你可能会莫名其妙地与他们“遭遇”冲突，但不要记恨他们。他们一般会在事情过去之后仍然会像从前一样对你，所以，你不要企图去改变这种人的情绪，双方维持在一种平和的交往关系就好，不需要太深入，你也不需过多地表露自我情绪。

10. 清狂高傲型

对清狂高傲的同事，你不要过多地与他计较，任由他去吹嘘自己吧。就是他贬低了你，你也不要与他计较，你只需长话短说，把需要交代的事情简明交代完即可。

所以，在公司里，面对不同类型的同事，要把握他们各自的性格特点，积极调动他们的情绪，营造一个和谐融洽的工作氛围。

·第四章·

掌控好客户给你带来的情绪

面对客户，调控好自我情绪

面对客户，我们不能每时每刻都把自己的情绪表露出来，尤其是在与客户交谈时，正是客户通过情绪观察你本人的最好机会，所以自己一定要处理好情绪的掌控问题。你的情绪只属于自己，而客户的情绪才是你需要关注的对象。可是，如果正好你有负面情绪，而又不得不面对客户，那么你就要努力克制这种情绪。否则，你的能力就不算成熟。最好的情况是：在客户面前，自己的喜怒哀乐，都要先放一边。这样才会全身心地与客户沟通，了解客户的需要，使交易顺利进行。

赵倩是一家美容机构的美容师。从业以来，她一直努力工作，得到了同事和老板的认可。她是个独生女，平时省吃俭用，也非常孝顺父母。

一天早晨，她刚要出门上班，就碰到了一件尴尬的事情。一个客户急匆匆打电话给她，责问她是不是向自己推荐了价格贵的商品。赵倩被这突如其来的质问弄得摸不着头脑，仔细回忆，并没有觉得自己做过这一类的事情。这时，客户阴阳怪气地抛出一句话：“即使要挣钱，也不要欺骗他人，有没有羞耻心啊！”说罢就挂了电话。憋了一肚子气的赵倩哭着去上班。

由于心里委屈，同事跟她打招呼她也不理。但她还是得擦干眼泪投入到工作中去。上班期间来了一位客户，赵倩勉强打起精神开始给她做脸部按摩。突然，她不小心把化妆水滴到了客户的眼睛里，尽管她频频道歉，客户仍然对她不依不饶。本来心里就委屈的赵倩，这时候怒不可遏，与客户争吵起来。幸好经理闻讯及时赶来，才平息了这场风波。但赵倩却因服务态度不好而被开除。

赵倩因负面情绪在客户面前失去理智，得罪了客户，自己也被开除。这是非常不理智的表现。不管自己的心情如何，到了工作岗位上，自己的情绪就需要及时收起来。用微笑面对每位客户，才是一个优秀职场人士应该具备的良好素质。

工作中，也经常会碰到客户故意刁难的情况。比如，用质量有问题的借口来逼迫你降低售价；总是挑剔，不肯跟你签约。遇到这类情况，一个没有耐心的人肯定会心中充满怒气，或者表现不耐烦，最终导致合作失败。

谁都不愿意被他人批评甚至羞辱，但如果与客户发生争执，不管谁对谁错，都不应该大发雷霆，与客户吵闹。否则，即使自己是对的，也会被冠上“服务态度极差”的罪名。在与客户的交流中，要控制好自己的情绪。那么，如何才能在客户面前控制好自己的情绪呢？

首先，要始终微笑服务。

微笑是一个公司的招牌。如果每个员工都板着脸对待客户，那么，公司不久就将面临关门大吉的风险。即使遇到不容易对付的客户，非要在鸡蛋里面挑骨头，你也要始终保持微笑，耐心真诚地为他们解答问题。遭到客户拒绝的情况下，也应该微笑着为下一次合作打基础。

其次，要不气馁，不骄躁。

工作中，难免会出现与客户无法达成共识的情况。这个时候，不要因失望而对客户产生冷漠的情绪。要认清即使这次无法进行合作，并不代表以后也没有合作的机会。不要因自己的情绪问题与客户断绝关系，那么，即使以后再有合作机会，对方也会因你态度转变而对你失去信心。同时，一次成功并不代表永远都会成功。谈成一笔合作项目后也别忘乎所以，表现出对客户的极度不尊重。

或许客户始终都在用挑剔的眼光看着你，而你的表现直接代表公司的形象。不能控制自己的情绪，即使公司的条件再好，也不会有客户希望与你合作。用一颗真诚的心，设身处地地为客户着想。发生任何事情，首先要以客户的利益为出发点，克制好自身的情绪。别因自己的情绪影响到客户对自己业务能力的判断，也别让客户看到自己是一个不能控制自己情绪的人。失去客户的信任，工作可能就难以顺利进行。

步步为营，赢得客户真心

人与人之间的交流是建立在真诚互信的基础上。让客户满意，工作才更有可能在预定的时间之内顺利完成。面对不同的客户，需要用不同的方式来对待。每个人都有自己的特点，要善于抓住客户的心理，让他信任并喜欢自己，乐于听取对方的意见和建议，从而展开合作。

乔·吉拉德是世界上最伟大的推销员之一，他在 15 年的时间里，卖掉了 1300 辆汽车。这项伟大的纪录被载入了《世界吉尼斯纪录大全》。

一次，一位中年妇女走进他工作的汽车展销室。闲谈中，他得知当天是这位女士的生日。吉拉德出去交代同事帮他买束鲜花。当接到一丛玫瑰花的时候，这位中年妇女的眼睛湿润了。她说，已经好久没有人给自己送礼物。她跟吉拉德谈论自己想买一辆白色的车。吉拉德给她展示了几款白色的车型。吉拉德甚至没有说一句让这位夫人买他的车的话，只是简单介绍了这些车的性能。最后，这位夫人看中了一辆白色的雪佛兰，直接开了支票。

原来，她的姐姐有一辆福特，所以她自己也想买一辆白色的福特。但是，对面福特的推销员看她来的时候开的是破车，对她的态度很冷漠。她便转身进了吉拉德的店。吉拉德的真诚感动了她，让她感到了温暖，因而愿意信任吉拉德。可见，真诚的服务必定会赢得客户的欢心。

吉拉德的故事表明，真诚地对待客户，让他们感受到从别人那里得不到的亲切和信任，你也就成功了。客户总会提出许多要求。但要想办法满足他们的要求，使他们满意自己的服务。即便有时候，他们的要求或许已经超出自己的能力范围，也要竭尽全力帮助他们。这样，他们才会满意你的工作态度，会因你的真诚而动容。讨客户欢心并不是一件简单的事情，需要掌握一定的技巧。

首先，真诚地对待客户。

真诚对待客户，让他们产生被尊重的感觉。客户的自我价值得到认同，也就可能对你产生好感。一旦自己的言行暴露出你对客户仅仅是利益上的关系，只是希望从他们身上索取利益，这样就极容易招致客户的反感。另外，也不能假惺惺地故意与客户套近乎，这样不但不能获取信任，还会让他们感觉你太虚伪，不值得交流。那么，即便你很努力，都可能是徒劳的。最重要的一点，就是跟客户做朋友，交朋友就要坦诚相待。当你被认为和他们是一类人的时候，他们对你的信任才会增加几分。

其次，关心你的客户。

每个人都需要被关心。当你出其不意带给客户一些温暖的时候，他们就会对你产生一定程度的信任感。做几件细微的事情就可反映出你对客户的关心，可以称赞他们的品位，关注他们的心情，从而深深地打动他们的内心，使他们感受到你的亲切，把你当成自己人，使他们相信合作可以顺利进行。

最后，适当赞美你的客户。

如果能恰如其分地赞美客户，他们内心或许就会充满喜悦。但是，如果称赞得不得体，反而会遭到排斥。因此，赞美也要找对方式。为了让对方坦然说出心里话，可以尽早发现对方引以为豪、喜欢被人称赞的地方，再对此大加赞美。当对方对你的赞美表现出良好反应时，就要改变一下方式，再次给予赞扬。如果仅仅是蜻蜓点水式地稍加赞美，对方可能会认为是恭维或客套话；而对一件事重复赞美，则可能提高它的可信度，让对方觉得你是真心实意地赞美他。

与客户打交道，既不能让他们有一种被冷淡的感觉，也不能让他们有一种被利用的感觉。讨好客户的欢心，才更容易使他们愉快地跟你合作，从而使工作顺利进行。尝试真诚地与客户交朋友，照顾客户当时的情绪，使客户感受到你的关心时，你就已经打动了他们。

用倾听排解客户怒气

如果你是一名职场达人，就能面对客户的抱怨情绪，依然不改变自己的情绪状态。但是，现在很多人却做不到这一点。这往往是由于我们不会倾听，有的人甚至当客户抱怨产品质量时，拒绝去倾听。作为一名员工，每天都要面对客户，如何更好地与客户沟通就成为每个员工都应该思考的问题。尤其是服务业，每天面对面地与客户交流，如果不能学会聆听，造成客户对本公司的印象大打折扣，不仅可能受到公司领导的批评，还会对公司的业绩产生一定影响。一个优秀的员工，要懂得讨客户开心，要擅长与客户沟通。许多人往往是在与客户交朋友之余，顺利推广出本公司的产品的。但是，有时也会碰到一些故意刁难的客户，即使陪更多的笑脸也不能使他们感动。这就需要具备过硬的业务素质和沟通技巧，做一个善于聆听客户怨气的人。

工作中，要想让客户接受你，就要善于聆听。有时候不断鼓励客户开口，这种略带暗示性的赞美能化解客户心中的怨气。这就是有技巧的聆听。聆听不仅能够让客户感受到你对他的尊重，化解他心中的不满，还能够通过交流，知道他需要什么。当了解了客户的真正需求，便可投其所好，在满足顾客的同时，自己也可从中获益。倾听他人的话语也是一门艺术，真正懂得倾听的人，不仅能够让客户心甘情愿地诉说自己的心里话，同时也能让客户接受他的建议，促进合作的进行。

聆听能力并不是一两天就可以练成的。需要从内心确立倾听的准则，更需要具备相应的技巧。

首先，做到礼貌、认真，不随意打断客户的话。

随意打断别人的话极为不礼貌。倾听是沟通的第一步，不轻易打断别人的话是倾听的基本法则。唯有懂得安静地倾听才能提高交际魅力，做一个好的倾听者也是对别人的一种尊重。如果擅自打断客户的话，会让他们觉得你对他们很不耐烦，可能因此增加他们心中的不满和怨气，而从产生激烈的矛盾。顾客挑剔产品，很可能是因为他对产品感兴趣。若与之争辩，就如同指责顾客没有眼光。顾客受此侮辱，很可能就另顾他家。

其次，专心致志，不能左顾右盼。

眼神最好留在客户身上，左顾右盼会让他们认为对方对自己非常不感兴趣，或是不愿意听自己说话，从而使他们的自尊心受到伤害，很可能导致双方交谈中断。要面向说话者，同对方保持目光的亲密接触，同时配合标准的姿势和手势。无论是坐着还是站着，要与对方保持在双方都最适宜的距离上。

再次，从客户的角度来思考问题。

如果客户对自己的产品或服务不满意，那么自然有他的理由。要找准客户对当前合作不感兴趣或对服务感到不满意的原因。这时，就要从对方的角度来思考问题。认清客户不满意的源头，才更有可能找到解决的方法。

把客户当朋友一样去交往，倾听客户的言语，了解对方的想法，但是我们的情绪不能因此受到影响。如客户有问题，可以帮他们找出问题的症结所在，在沟通中达到合作的目的。倾听是一门艺术，善于倾听的人，将拥有更高的智慧。

同客户建立长久诚信的关系

“诚信”二字始终是交易成功具备的最重要的品质。面对客户，如果为了得到一己私利而百般哄骗他们跟自己合作，那么，等他们醒悟过来后，很可能会对自己失望透顶，以后可能不会再跟你合作。希望客户与自己合作，要先满足客户的需求。当客户觉得自己值得信任的时候，生意也就做成了。人与人之间，并不总是相互利用的关系。只要多一些温情，多一些包容，与客户之间的关系就会变得融洽，合作也就可以顺利进行。

有的人喜欢把客户当成自己的对手，千方百计想要从客户身上榨取利润。殊不知，谁都不会轻易地被你玩弄。当你把客户当成自己的目标去攻击时，客户也就把你看作“危险人物”。一旦双方的谈判出现漏洞，哪怕是极小的漏洞，交易将无法进行，最后导致两败俱伤。

有两个人，同时应聘一家电器公司的销售员。一个叫王鹏，毕业于名牌大学财经专业。一个叫张磊，毕业于一个普通大学的管理专业。一天，老板把他俩找来，交代一项任务：向别墅区住户推销电灯。谁推销得多，谁就可以留在公司，转为正式员工。王鹏凭着自己的专业技能，第一天就卖出了价值一万多元的电器。而张磊却一筹莫展。眼看距离期限越来越近，张磊每天在别墅区转悠，急得满头大汗。

一天，张磊敲响了一家住户的门。开门的是一位老太太。张磊先自我介绍。老太太觉得他是来推销的，就特别反感，想要关门。张磊见势立马解释：“我不是来跟你推销的。看你们家凉亭设计得非常特别，我想求得您的允许，在这里歇一歇脚。”于是，老太太欣然同意。张磊开始请教这位老太太，凉亭的设计心得。老太太自豪地说：“我学过园林设计。这个凉亭是我历经半年才设计出来的作品。”二人聊得很投机。一个下午很快就过去了。老太太留张磊吃晚饭，顺便介绍自己的儿子与他认识。老太太的儿子是一家房地产开发公司的采购经理。于是，张磊获得了上百万的订单。

没过几天，王鹏的退单数量却一再增加。原来，当初他向客户极力吹嘘了自己的产品。最终，王鹏没有通过公司的考核。

张磊在推销的过程中与客户交朋友，这不失为一种绝好的策略。确实，要想让客户接受你，达到销售的目的，就必须使对方尽快成为你的朋友。要想成为客户的朋友，就必须真诚地对待他们，让他们信任自己。正是因为王鹏没有真诚地对待客户，极力吹嘘自己的产品，言过其实才会失去信任。大师程颐曾经说过：“古者，自天子达于庶人，必须师友以成其德业。”不论天子还是平民，都必须有朋友才能成就自己的事业。与客户之间，并不是赤裸裸的金钱交易。当你把客户当成朋友，可能容易消除交易双方的心理障碍。充满温情的合作就会在友好的条件下进行。张磊虽然没有太多的销售技巧，但是他能够与客户交朋友，让客户体会到他的关爱。找到客户的兴趣点，取得客户的信任，才能与客户顺利地达成交易。

然而，通常情况下，不可能总会遇到温和善良的客户。有时还会碰到刁难的客户，他们可能会因你只是个业务员而不愿意理你，尤其是一些大公司的老板，以他们的经历和学识，可能在短时间内不能接受和你做朋友。这时候，也不能一味地讨好客户。如果是对双方互利的事情，没必要卑躬屈膝，要相信自己。于丹曾经说过，最恰当的距离是互不伤害，又能保持温暖。既要与客户做朋友，又要保持一定的距离。否则，只能两败俱伤。

与客户做朋友，一定要有热情。用热情去感染对方，把自己对产品的信任在无形中传达给客户。热情，不是一味地溜须拍马，而是真诚地交流情感。可以送上一个大大的拥抱，或者经常聊聊天。让客户感受到自己的关心和对生命的热爱，这样积极向上的姿态肯定会深受客户的喜爱。

与客户交朋友，要细水长流，不能急功近利。成为客户的朋友，就能够取得他们的信任。投之以桃，报之以李。与客户交朋友，实现双赢才是最重要的。

以热情感染你的客户

客户永远是你最重要的资本。在现代企业中，抓住客户的情绪走向，才有可能满足客户的需求，从而达成合作。如果客户对你流露出不满的情绪，即使产品再优秀，也不可能得到客户的青睐。因此，不要漠视你的客户。拥有客户的支持才能打开销售局面，建立起牢固的客户网络。拥有的客户资源越多，能够获得的利润就越大。作为一名员工，只有与客户处理好关系，客户才会为你带来业绩。

张建是一家汽车零部件销售公司的业务员。从业三年来，一直秉承着为客户服务的宗旨，耐心细致地开展市场调查，把握客户的需求，为客户提供优质的服务，深受客户的喜爱。公司为表彰他的光辉业绩，特别提拔他为销售总监。张建成功的秘诀就是重视客户的需求。

在一次产品展销会上，张建所在公司的展台上来了一位南方客商。此人姓黄。看了他们的产品后，连连称赞。当张建问他是否有意向合作时，黄先生犯了难。经过一番交谈后，他说出了自己的顾虑。这些零部件虽然做工精良，质优价廉，但是，如果要应用到自己公司的汽车上，需要对自己公司生产汽车的生产流水线进行调整。这样就需要大量的资金做支持。可是，凭借黄先生自己公司的规模，尚且不能够承担这样大的结构调整。

张建听后，立即派人了解改装生产线的流程和造价。黄先生的公司代表了一部分小企业，如果能够帮助他们低成本地改造生产线，那么张建公司生产的零件就可以适用于他们公司的汽车。因此，张建公司等于又发现了新的客户群。在充分了解了生产线改造的流程后，张建果然找到了一个小技巧，黄先生的生产线只需要换一个零件，就可以使用张建公司的产品。听到这个好消息，黄先生被张建的真诚打动，一次性与他签下三年的供货合同。

张建能够急客户之所急，想客户之所想，真正从客户的角度出发，为客户赢得利益。这样的员工才能真正为了企业的发展做出巨大的贡献。处理好与客户之间的关系，对提升公司业绩有很大的帮助。在与客户交往时，要注意以下几点：

首先，要讲诚信。

“君子一言，驷马难追”。一个人要为自己说出的话负责，如果做不到，就不要轻易答应别人。否则，客户会因为你的出尔反尔而对你失去信任，以后也难有再次合作的机会。人品重于商品。在销售过程中，你既是在销售产品，也是在推销自己。让客户信任你，才会信任你所推销的产品。客户需要真诚相待。如果把他看成是纯粹的利益对象，不择手段地获取利益，总有一天他们会离你而去，到时，即便是再好的产品，可能也不会有人过问。弄虚作假终会被客户看穿，最终不仅影响业绩，也会让客户对你的人品产生怀疑。

其次，要与客户保持联系。

假如工作很忙，没办法经常与客户一起吃饭，那么，可以通过网络或者短信的方式，随时与客户保持联系。竞争激烈的今天，如果不去找客源，你的客户就很容易被挖走。要注意与客户之间的礼貌，比如，起身让座，倒水沏茶之类的小礼仪，体现对客户的尊重，而不是傲慢无礼，不用正眼看客户。你的热情和礼貌随时都可以感染客户，要让客户感受到自己的关心，这样，他们才会愿意与你合作。不妨在客户生日的时候送去一份小礼物，或者外出到达客户所在地时，顺便拜访一下。这都有助于你与客户之间的沟通。只要用心，就能赢得客户的信任。

第三，遇到问题，主动承担责任。

在与客户的长期交往中，难免会有些不尽如人意的地方。出现分歧，出现失误在所难免。但遇到这类问题时，就要有正确的心态：客户永远是正确的。敢于面对失误，主动承担责任，客户也会对自己尊重有加，双方的关系可能就会得到改善，也容易建立长久的友谊。有些人面对客户的投诉，只是一味地想方设法推卸责任。这样可能容易引起客户的愤怒，导致合作中断。

以饱满的热情来对待你的每位客户，会帮你迎来一个事业的高峰，同时，即使客户有恶劣的情绪，你的热情也会感染他们，使合作顺利进行下去。

让客户感觉他们是很重要的

每个人都觉得自己很重要，或者说，每个人都希望被别人认为很重要。面对客户，如果对方感觉到他在你心目中很重要，他一定会对你产生好感——没有人会讨厌一个喜欢自己、尊重自己的人。这是掌控客户情绪的一个非常好的方法。

只要做些简单的事情，就能让周围人觉得自己很重要，感觉非常快乐，这正是积极影响他人情绪的一个最好的做法。

面对客户同样如此，想要让客户的情绪在自己的掌控中，需要做好以下几点：

1. 关心客户关心的事

每个人都关心自己的利益，关心自己的健康，关心自己的家人……你只要对客户的利益，客户的健康，客户的家人……表现出足够的关心，客户就会把你当成自己人。

2. 欣赏客户欣赏的事

每个人都欣赏自己的成就，欣赏自己的能力，欣赏自己的风度……你只要对客户的成就，他的能力，客户的风度……表现出真诚的欣赏，客户一定会欣赏你，把你当成难得的知音。

3. 请教客户擅长的事

在沟通的时候遇到自己不懂的问题、不清楚的事情，不妨向对方求教，既可增长见识，又能得到对方的好感，何乐而不为？

“你以怎样的态度对待别人，别人也会以怎样的态度对待你。”这是成功学家拿破仑·希尔的一句名言。把这句话用到工作中再好不过。如果你带着负面情绪与客户交流，客户必然会受你的影响；如果你以正面情绪对待客户，客户感受到你积极的态度必然也会以积极的态度回应你，相信在这种友好的交流下，没有完成不了的生意。

·第五章·

社交中如何掌控自己的情绪

打开心窗，战胜社交焦虑症

患有社交焦虑症的人，对任何社交或公开场合都会感到恐惧或忧虑。害怕自己的行为或紧张的表现会引起羞辱或难堪。

欧阳小姐上学时性格比较内向，与人交往时总是小心翼翼的。因为晕车，每次坐车前都特别紧张，害怕自己会出现干呕的症状，但坐进去了就很少会有这个感觉。某天要去一个老师家补习，刚坐完车，她突然想到万一在老师家忍不住吐怎么办？那时越想越感觉不舒服，最后果然吐了，老师家也没去成。后来又联想到去学校如果也发生这样的事怎么办？结果在路上也出现了干呕的症状。这样持续一段时间后，她害怕出现在公共场合，很多集体活动也不参加了。

我们大多数人在见到陌生人的时候多少会觉得紧张，这本是正常的反应，它可以提高我们的警惕性，有助于我们更快更好地了解对方。这种正常的紧张往往是短暂的，随着交往的加深，大多数人会逐渐放松，继而享受交往带来的乐趣。

然而对于社交焦虑症患者来说，这种紧张不安和恐惧是一直存在的，而且不能通过任何方式得到缓解。在每个社交场合、每次与人交往时，这种紧张状态都会出现。紧张、恐惧远远超过了正常的程度，并表现为生理上的不适：干呕甚至呕吐。类似欧阳小姐这样的人，在日常生活中有很多。

一个不容忽视的方面是社交焦虑症的恶性循环。你可能会说："既然知道患有社交焦虑症，避免参加社交活动不就行了？"

其实，你心里清楚没那么简单。我们可以给你讲解一下你的恶性循环：害怕被人评价——缺乏社交技能——缺少社交强化、缺少社交经历——回避特定的场合——害怕被人评价。

由此可见，单纯回避可导致一系列的问题，如害怕被人评价，社交技能缺乏，而这种缺乏会导致回避行为的增加，进一步加重了社交焦虑症的症状。所以，单纯通过回避减轻病情无异于"饮鸩止渴"，只会导致病情越来越恶化。

对于社交焦虑症患者来说，只有积极地进行治疗才是对付社交焦虑症的最佳办法。一方面加强社交技能的学习和强化，另一方面可通过适当的药物治疗来帮助克服社交时由紧张、恐惧引起的身体不适，逐渐形成良性循环。对治疗既不要急于求成，也不能自暴自弃。

有个患有社交焦虑症的青年，医生用妙法帮他摆脱了困扰。

这个青年十分害怕去人多的地方，于是医生给他做了硬性安排，让他每天卖100份当天的报纸，开始他不敢在街上抬头叫喊，就写了一张大字报"谁买报纸，5角一份"，结果第一天仅卖了10份，第二天有所好转，第五天就全部卖光，第十天他竟一晚上走街串巷地卖了200份报纸，他感到特别兴奋。

当然，这种方法并不是对每个人都适用，因为许多人从开始就无法面对这种方法，多数人会半途而废，不久又习惯地进入恐惧之中，最后还是回避。

另外，需要强调的是：由于社交焦虑症的发病年龄较低，我们认为预防社交焦虑症应从娃娃抓起。据有关报道，社交焦虑症与遗传及父母的行为方式有关。所以，为人父母的应引起注意。（习惯性焦虑、遗传因素、父母的过度保护→儿时缺乏适应能力的锻炼）＋（父母的排斥或批评、令人难堪或耻辱的特殊经历→预期性的焦虑）＝回避。由此可见，父母在教养孩子的过程中易犯的错误，可能增加孩子长大以后患社交焦虑症的可能性。特别是我国传统的教养方式，或者无原则地溺爱孩子，或者无来由地任意打骂孩子（中国自古就有“不打不成才”“子不教，父之过”的古训）。作为家长，培养孩子们从小树立自信，战胜恐惧情绪是很有必要的。一个被恐惧情绪控制的人是无法成功的，因为他拒绝一切新鲜事物，不让它们走进自己的生活。即使有那么一点渴望，也立刻被压制下来，不敢争取自己渴望的东西。

跳出“小我”的世界

有时候，限制我们走向成功的，不是别人拴在我们身上的锁链，而是我们自己设置的牢笼；高度并非无法打破，只是我们无法超越自己思想的限制；没有人束缚我们，只是我们自己束缚了自己。跳出自我的小世界，我们会发现，世界如此之大。

那么，怎样才能做到跳出自我的小世界，以正面的情绪引导正确的行为呢？以下提供几种自我调适的方法。

1. 自我调整

美国经营心理学家欧廉·尤里斯教授提出了能使人平心静气的三项法则：“首先降低声音，继而放慢语速，最后胸部挺直。”

2. 闭口倾听

英国闻名的政治家、历史学家帕金森和英国知名的治理学家拉斯托姆吉，在合著的一书中谈道："假如发生了争吵，切记免开尊口。先听听别人的，让别人把话说完，要尽量做到虚心诚恳，通情达理。靠争吵绝对难以赢得人心，立竿见影的办法是彼此交心。"愤怒情绪发生的特点在于短暂，"气头"过后，矛盾就较易解决。

3. 理性升华

当冲突发生时，在内心估计一个后果，想一想自己的责任，将自己升华，使自己成为一个理智、豁达大度的人，这样就一定能控制住自己的情绪，缓解紧张的气氛。

4. 找朋友倾诉

当意识到自己情绪不好的时候，可以找自己最好的朋友或者最交心的同事，向他们诉说，因为他们往往能从客观的角度来看待问题，弄清楚问题的症结所在，找出解决的方法。

5. 转移视线

在情绪不好的时候，可以看书，或者参加一些体育运动来转移注意力，也可以做有氧运动。

学会调适情绪是帮助自己更好地走出内心小世界的方法。开拓成功的人际网络，从树立自我形象开始，你必须让自己充满自信、活力，使人乐于和你亲近。不论你多么有才华、有能力，没有他人的协助，也是不可能取得很大成就的。懂得调控自己的情绪，进而更好地开拓、协调自己的人际关系网络，才能开创美好的前途。

无故的猜疑会加重情绪负担

猜疑就是无缘无故地对一些自己并不知道的人或事进行各种设想，并让自己信以为真。怀疑一切是错误的，我们可能就会因为这种不当情绪，失去生活中的美好。我们必须认识到，猜疑情绪是人们心理上的劣根性，猜疑因素流淌在我们每个人的血管里，如果我们不采取解毒的手段，它就会像毒品一样把我们的生活推向“窝里斗”的水深火热之中，哪里还有精力去维护友谊的发展？哪有时间去好好享受生活呢？猜疑是“窝里斗”的祸根，猜疑是化友为敌的障眼帘，甚至是造成自杀和他杀的毒品。

两个人结伴横穿沙漠，水喝完了，其中一人中暑不能走动，剩下的那个健康而饥渴的人对同伴说：“你在这里等着，我去找水。”他把手枪塞在同伴的手里，说：“枪里有五颗子弹，记住，三个小时后，每个小时对天空鸣枪一次，枪声会告诉我你所在的位置，这样我就能顺利找到你。”

两人分手后，一个人充满信心地去找水了。另一个人满腹狐疑地躺在那里等候，他看着手表，按时鸣枪，但他一直以为只有自己才能听到枪声，他的恐惧加深，认为同伴找水失败，中途渴死，过了一会儿他又想一定是同伴找到了水，却弃自己而去。到应该开第五枪的时候，这人悲愤地想：“这是最后一颗子弹了，同伴早已听不到我的枪声了，等到这颗子弹用过之后，我还有什么依靠呢？只有等死了，而在临死前，秃鹰会啄瞎我的眼睛，那时该多么痛苦，还不如……”于是颤抖着把枪口对准自己的太阳穴，扣动了扳机。不久，那个提着满壶清水的同伴领着一队骆驼商旅循声而至，但是他们找到的只是一具尸体。

猜疑是有害的，上述案例中那位不幸的人由于不相信别人而使自己陷入情绪困境，恐惧、担忧各种情绪轮番上阵，最后因为过重的情绪压力丢掉了性命。

具有猜疑情绪的人每天忧心忡忡，对于一切的事情都在担忧，总觉得无论自己做什么事、说什么话，都有人在评论着自己，议论自己的一举一动，甚至总有人在跟自己过不去。其实呢，大家根本没去注意他，在这个飞速发展的时代，每个人都有自己忙不完的工作，谁还有那些闲情逸致去管别人的事呢？都是猜疑惹的祸。

猜疑在生活中往往给人带来很大的危机感，如何解决和处理掉这种危机，则成为人们共同面对的问题。

当你疑心别人在讽刺你、轻视你的时候，不要马上采取行动，先分析一下，你的猜疑是否正确。不妨设身处地地去为对方设想一下，看他的言行是否合乎情理。这样一来，也许你会发现，事情常常和你猜想的不一样。多作深入的调查了解，能避免用错误情绪处理问题。

身正不怕影子斜，一个人有了充分的自信，就不会时时为疑心所困，别人的态度甚至闲言碎语，就不会使自己敏感，也不会计较。“谁人背后无人说，哪个人前不说人”？几句议论又算得了什么？在许多情况下，不是别人对你有成见，而是多疑使你产生了别人对你有成见的错觉，这又会反过来影响你对别人的看法，从而真的使别人对你产生看法。生活中，工作上，如果自己确有不足的地方，又怕别人背后议论自己，以致疑心重重，那就要敢于承认自己的缺点和错误，并坚决改正。相信自己才能得到别人的承认。

通常，人们对自己信得过的人，不大会产生猜疑；反之，越是自己不信任的人，越容易疑神疑鬼，总以为别人在同自己作对。因此，多疑的人应特别注意对别人直言相告，坦诚相处，有了彼此间的信任，猜疑情绪的基础就不存在了。如果一旦对某人产生了猜疑，可以主动与对方接触，开诚布公地谈一谈，多沟通思想，互相交心通气。这样不但可以消除误会，驱散疑云，因多疑而引起的焦虑苦恼一扫而光，还能进一步增进彼此间的友谊。并且，双方关系融洽，互相信任，有利于团结一致、携手前进。

不要急于证明自己

证明自己，并不是一朝一夕的事情，你不会根据一个人一时的表现而给他下定义，同样别人也不会因为你一时的表现来评价你。在长久的相处中，你和周围的人会相互了解，这样在慢慢地了解的过程中，每个人都有足够多的时间和机会来证明自己。在现实生活中，有些人会常常急于证明自己，往往适得其反。

意大利一家精神病院因运送病人的司机玩忽职守误收了三名正常人。那三个人被关在精神病院里28天，其中两个人差点变成真正的精神病人。美国《探路者》杂志记者格雷贝克特意为此事前往意大利，对那三位被关押者进行了一次专访。

要想从精神病院里走出来的唯一方法就是证明自己不是精神病人，他们三个是怎样做到的呢？据格雷贝克的报道，刚到那个精神病院的时候，他们很崩溃，没想到这种事情会发生在自己身上。他们中的两个人用尽了各种方法来向医务人员证明自己不是疯子，他们展示正常人的思维，他们向医生说明自己的出身、工作、家庭。但是，他们说得越多，医务人员越发坚定地认为他们就是疯子，就这样，两个人在恐怖中马上就崩溃了。

而第三个人不同，他没做无谓的尝试，他没积极努力地证明自己，而是像平常一样生活，该吃饭时吃饭，该睡觉时就睡觉，该看书读报时就看书读报，医生让怎么做，他就听话地去做，当医务人员为他刮脸时，他还微笑着向他们致以谢意，医生因此确定他的精神病有所好转了。

就在第28天的时候，医生确定他的精神病好了，可以出院，而其他两个原本正常的人却快要成为精神病人了。第三个人出院后，就马上报了警，向警察说明三个人的遭遇，于是警察深入调查，才把另外两个同伴解救了出来。

格雷贝克在评论里发表这样的感慨：一个正常人想证明自己的正常，是非常困难的。也许只有不试图去证明的人，才称得上是一个正常人。

其实，事情就这么简单，最好的方法竟是不去证明。故事中其他两个人太急于证明，殊不知，有些事情越想证明越证明不了什么。而高情商的人知道什么时候应该沉默，什么时候应该爆发。

在生活中，那些通过各种途径想证明自己才华横溢、十分出色的人，还有那些用各种手段去证明自己富有、非凡的人，都极有可能被世人当作不折不扣的疯子，可那些低调的人往往才是高情商、真正富有智慧的人。

生活中有很多的不安都是由于想证明自己而产生的。但证明自己真的有那么重要吗？证明了自己就真的能赢得别人的认同吗？这是值得我们好好思考一番的。

另外，在证明自己的过程中，我们会展现自己的个性，但如果一个人锋芒太盛，难免灼伤他人。当你为了急于证明自己而将所有的目光和风头都抢尽了，却将挫败和压力留给别人，那么别人在与你对比之下，很可能觉得不自在，反而疏远了你。

急于想证明自己的人，往往都有一种急于求成的心态，这是低情商的表现，他们不知道一个道理：“心急吃不了热豆腐。”

农夫在地里种下了两粒种子，很快它们变成了两棵同样大小的树苗。第一棵树一开始就决心长成一棵参天大树，所以它拼命地从地下吸收养料，储备起来，滋润每一根树枝，思考着怎样向上生长，完善自身，因为它相信，只有自己有充足的营养，以后果实才会非常丰硕，但也正因为这个原因，在最初的几年，它并没有结果实，这让农夫很恼火。

相反，另一棵树也拼命地从地下汲取养料，打算早点开花结果，这样才能证明自己比另外一棵树强，它做到了这一点。这使农夫很欣赏它，并经常浇灌它。

时光飞转，那棵久不开花的大树由于身强体壮，养分充足，终于结出了又大又甜的果实。而那棵过早开花的树，却由于在还未成熟时，便承担起了开花结果的任务，所以结出的果实苦涩难吃，并不讨人喜欢，并且渐渐地枯萎了。

急于求成与表现自己的动机虽是好的，但容易因急躁的情绪状态看不清很多事情，也就忽略了事物发展的客观规律，导致最后失败。

当然，如果你确实有真才实学，又有很大的抱负和理想，不甘于停留在一般和平庸的阶层，那么，你可以放开手脚大干一场证明自己的价值，但你不能只以自己的情绪为转移，同时也要考虑到他人的情绪，不要把自己当作唯一的主角，不然可能会做出对自己有利却伤害他人的事情来。

适当地保留自己的秘密

在人际交往中，许多人常常把自己的秘密毫无保留地袒露出来。有时如果没把自己的心事完完全全地告诉问及的人，心中就会有不安的情绪，认为自己没有以诚待人，感到对不起他人；认为别人对自己很好或很重要，不把自己的秘密告诉他是错的。但是，这样我们就很容易被人抓住把柄，从而让别人影响我们的情绪。

在生活中，坦诚是交际中的美好品格之一。人与人之间需要交流，需要友情，谁都不愿与一个从不袒露自己的内心世界、对任何问题都不明确表态的高深莫测的人交往。然而，对于坦诚我们应有一个正确的理解。所谓坦诚并不意味着别人要把内心世界的一切都暴露给你，也不意味着你要把内心世界的一切都暴露给别人。每个人都有秘密，这是正常的，也是必要的。

一次约翰把自己的重大秘密告诉了乔治，同时再三叮嘱："这件事只告诉你一个人，千万别对别人说。"然而一转脸，乔治便把约翰的秘密添枝加叶地告诉了别人，让约翰在众人面前很难堪。

这种背信弃义有时出于恶意，有时却是无意的。这与个人的品质修养有关。有的人透明度太高，这种人不但不能为别人保守秘密，就连自己的秘密也保守不住；有的人泄漏别人的秘密，不是为了伤害别人，而是为了抬高自己，"咱们单位的事，没有我不知道的"，"我要是想知道某件事，我就一定能了解出来"……这种人常这样炫耀自己，他们认为，知道别人的秘密越多，自己的身价就越高；有的人用泄漏别人秘密的方法伤害别人、娱乐自己，甚至把掌握的秘密当作要挟别人的把柄，当作自己晋升的阶梯，这种人在现实中很常见，对这种人最应该提高警惕。

由此可见，像约翰那样让他人为自己保守秘密，远比只让自己保守自己的秘密难得多。因此，不到万不得已的时候，不要让他人分享自己的秘密，要学会自己的秘密自己保守。

当然，过于封闭自己也于自己的身心不利。有时我们需要找人倾吐衷肠。这种倾吐，有时是为了企求帮助，请对方出主意；有时则只是能向人打开心扉就十分满足了，渴望找人诉说心事，但问题在于你应该找准可以信赖的倾吐对象。人们倾吐的目的是驱除孤独，如果向不该倾吐的人倾吐了心事，其结果会适得其反，你会因为遭到自己信赖的人的嘲弄和背叛而感到更加孤独。所以，在生活中你有必要找到关键时刻能替自己分担忧愁和苦恼的挚友，以免在需要找人倾诉时无处倾诉。

对于自己的某种想法、某件事情，当你认为有必要保密时，你该怎样做呢？有两点：一是要耐得住孤独，不向他人吐露；二是当他人察觉问及时，能够婉言谢绝。

婉言谢绝别人对自己秘密的探问的确是一门交际艺术。对于关系不甚密切的人，谢绝不会让你陷入难堪的情绪状态。然而对于自己的老同事、老同学、老朋友，谢绝时就难以开口了。不过，无论关系是否密切，你在谢绝时最好不用“无可奉告”、“暂时保密”这类过于直白的言辞，而是应该把话说得柔和些。例如甲想了解乙的择偶标准，就问乙：“想找个什么样的？”乙想对甲保密，就可以这样说：“这个问题我还没考虑好。”这样，虽然你没有回答对方的问题，对方也非常容易接受。

增强你的亲和力

一个人的亲和力在人际交往中十分重要，要想使别人认可你，愿意一直与你交往下去，亲和力往往在其中起着非常重要的作用。

在日常生活中，我们经常会听到有人这样评价一个非常受欢迎的人：“他看起来很亲切。”“她让人不由自主地接近。”“跟他在一起十分惬意，我很愿意与他交往。”这些都说明了一点，那就是亲和力在人际交往中的重要性。那些成功的人士，往往都是具有很强亲和力的人。

那是1960年10月的一天，科宁斯在报社办公室里看到那张工作人员任务单上，简直不敢相信自己的眼睛，反复把那一行字看了几遍：科宁斯——采访埃莉诺·罗斯福。

这不是非分之想吧？科宁斯成为《西部报》报社成员才几个月，

还是一个新手呢，怎么会给他如此重要的任务？科宁斯拔腿去找责任编辑。

责任编辑停住手中的活，冲科宁斯一笑："没错，我们很欣赏你采访那位哈伍德教授的表现，所以派给你这个重要任务。后天只管把采访报道送到我办公室来就是了，祝你好运，小伙子！"

科宁斯急匆匆地奔进图书馆，寻找所需要的资料。科宁斯认真地将要提的问题依次排序，力图使其中至少有一个不同于罗斯福夫人以前回答过的问题。最后，科宁斯终于成竹在胸，甚至对即将开始的采访有点迫不及待了。

采访是在一间布置得格外别致典雅的房中进行的。当科宁斯进去时，这位75岁的老太太已经坐在那里等他了。一看见科宁斯，她马上起身与他握手。她那敏锐的目光，慈祥的笑容给人以不可磨灭的印象。科宁斯在她旁边落座以后，便率先抛出一个自认为别具一格的问题。

"请问夫人，在您会晤过的人中，您发觉哪一位最有趣？"

这个问题提得好极了，而且科宁斯早就预估了一下答案：无论她回答的是她的丈夫罗斯福，还是丘吉尔、海伦·凯勒等，科宁斯都能就她选择的人物接二连三地提出问题。

罗斯福夫人莞尔一笑："戴维·科宁斯。"

科宁斯不敢相信自己的耳朵：选中我，开什么玩笑？

"夫人，"他终于挤出一句话来，"我不明白您的意思。"

"和一个陌生人会晤并开始交往，这是生活中最令人感兴趣的一部分，"她非常感慨地说，"你这么辛苦地采访我，真是非常感谢你……"

科宁斯对罗斯福夫人一个小时的采访转眼结束了。她一开始就使他感到轻松自如，整个采访过程中，他无拘无束，十分满意。

这篇采访报道见报后获得全美学生新闻报道奖。然而科宁斯最重要的收获是：罗斯福夫人教给他的人生哲学——有时候亲和力比威严更让人怀念。多年来，科宁斯一直都要求自己也做个像罗斯福夫人那样具有亲和力的人。

不但成功人士的亲和力让人觉得十分可贵，而且一个普通人的亲和力也往往会带给他人快乐的情绪，从而成为个人的招牌。

有一天，美国著名职业演说家桑布恩迁至新居不久，就有一位邮差来敲他的房门。

“上午好，桑布恩先生！我叫保罗，是这里的邮差。我顺道来看看，并向您表示欢迎，同时也希望对您有所了解。”他说起话来有一股兴高采烈的味道，他的真诚和热情始终溢于言表，并且他的这种真诚和热情让桑布恩先生既惊讶又温暖，因为桑布恩从来没有遇到过如此认真的邮差。他告诉保罗，自己是一位职业演说家。

“既然是职业演说家，那您一定经常出差旅行了？”保罗点点头继续说，“既然如此，那您出差不在家的时候，我可以把您的信件和报纸刊物代为保管，打包放好。等您回到家的时候，我再送过来。”

这简直太让人难以置信了，不过桑布恩说，“那样太麻烦了，把信放进邮箱里就行了，我回来时取也一样的。”保罗解释说：“桑布恩先生，窃贼会经常窥视住户的邮箱，如果发现是满的，就表明主人不在家，那您可能就要身受其害了。”桑布恩先生心里想，保罗比我还关心我的邮箱呢，不过，毕竟这方面他才是专家。

保罗继续说：“我看不如这样，只要邮箱的盖子还能盖上，我就把信件和报刊放到里面，别人就不会看出您不在家。塞不进邮箱的邮件，我就搁在您房门和屏栅门之间，从外面看不见。如果那里也放满了，我就把其他的留着，等您回来再给您送来。”保罗的这种认真负责的态度确实让桑布恩先生感动，但是他说话时带着的那种温暖的笑容更是深深地打动了桑布恩。以前的时候，桑布恩甚至从来没有注意过邮差是什么样子的，他只对自己能否按时拿到邮件感兴趣。

桑布恩在这个社区长久地住了下来，后来他才发现，感觉到保罗身上具有一种神奇魔力的并不是他一个人，社区的很多邻居都非常喜欢保罗，并亲切地称呼他为“我们的保罗”。

亲和力是一种魔力，它使伟大人物变得如我们身边的人一样可以亲近，使普通的人身上充满着魅力的光环。保罗就是那个充满魅力的普通人，因为他的善良和真诚，以及他温暖的笑容，赢得了社区邻居的爱戴。

也许你会问：“亲和力真的如此重要吗？”是的，亲和力能很好地展现你积极的情绪，的确很重要。不论你是一个成功者，还是一个普通人，只要做到在与人交流的时候，保持一个稳定的情绪状态，不抬高自己，也不贬低自己，用你的亲和力去凸显你的诚恳和善良，就能拉近人与人之间的距离，得到更多人的青睐。

· 第六章 ·

恋爱中如何掌控自己的情绪

爱需要恒久的忍耐

爱情可以分为三个阶段，处于第一个阶段的恋人正是激情浪漫期，每天都盼望着见到对方，互相依恋，难舍难分，这时，我们眼中的爱人只有优点没有缺点。当爱情来到第二个阶段时，就是彼此的磨合期。上一个阶段的激情在此时冷却了下来，要回到现实中，我们眼中开始有了对方的缺点，爱情变得不那么甜蜜了，双方甚至想要逃避。如果度过了这段时期，爱情的第三个阶段就会让两个人彼此接受，相守永远。

但是，很多人的爱情都夭折在了第二个阶段，就是因为面对对方的缺点，没有选择忍耐，而是选择了发泄自己的负面情绪。

一对情侣在咖啡馆里发生了口角，互不相让。男孩愤然离去，女孩找不到发泄的方式，就用匙子狠狠地捣着杯中未去皮的新鲜柠檬片。当柠檬片被她捣得不成样子的时候，杯中的柠檬茶也泛起了柠檬皮的苦味。

于是女孩叫来侍者，要求换一杯剥掉皮的柠檬茶。侍者看了一眼女孩，没有说话，拿走那杯已被她搅得很浑浊的茶，又端来一杯冰冻柠檬茶，只是，茶里的柠檬还是带皮的。本来就心情不好的女孩更加恼火了，她又叫来侍者："我说过，茶里的柠檬要剥皮，你没听清吗？"

侍者看着她，眼睛清澈明亮："小姐，你知道吗，柠檬皮经过充分浸泡之后，它的苦味溶解于茶水之中，将是一种清爽甘洌的味道，正是现在的你所需要的，所以请不要急躁，不要想在3分钟之内把柠檬的香味全部挤压出来，那样只会把茶搅得很浑，把事情弄得一团糟。"

女孩愣了一下，心里有一种被触动的感觉，随后便略平衡了情绪，轻轻问道："那么，要多长时间才能把柠檬的香味发挥到极致呢？"

侍者笑了："12个小时。12个小时之后柠檬就会把生命的精华全部释放出来，你就可以得到一杯美味到极致的柠檬茶，但你要付出12个小时的忍耐和等待。"

侍者顿了顿，又说道："其实不只是泡茶，生命中的任何烦恼，只要你肯付出12个小时的忍耐和等待，就会发现，事情并不像你想象的那么糟糕。"

回到家后，女孩自己动手泡了一杯柠檬茶，她把柠檬切成又圆又薄的小片，放进茶里。女孩静静地看着杯中的柠檬片，她看到它们慢慢张开来，像是细密的眼泪，想起曾经的爱情，她的鼻子开始有些发酸。12个小时以后，她品尝到了她有生以来喝到的最绝妙、最美味的柠檬茶。女孩开始明白，这是因为柠檬的灵魂完全深入其中，才会有如此完美的味道。

正当女孩发愣的时候，门铃响了，男孩站在门口，怀里抱着一大捧热烈的火红玫瑰。"可以原谅我吗？"他讷讷地问。女孩笑了，她拉他进来，在他面前放了一杯柠檬茶。"让我们有一个约定，"女孩说道，"以后，不管遇到多少烦恼，我们都不许发脾气，静下心来想想这杯柠檬茶。"

"为什么要想柠檬茶？"男孩困惑不解。

"因为，我们需要耐心等待12个小时。"

几乎所有的爱，都需要我们的忍耐。爱是包容、是忍耐、是付出、是感激。每个人的一生中要经历很漫长的焦灼等待，才能在茫茫人海中遇到那个可以相互交付的人。得到了，拥有了，就要懂得珍惜，相比起曾经孤独绝望的等待，相比起顿足错过的刻骨遗憾，忍耐一下又如何呢？

当爱人之间产生矛盾和摩擦时，请先把自己愤怒的情绪冷冻一下，以免毁了自己的爱情。

席慕蓉曾黯黯地说，那么我要用多少次回眸才能真正住进你的心中？世界上的每一份缘都很不容易，牵手了，就不要轻言离别。相互包容，彼此忍耐，才能相携走过一生。

失恋不失意

恋爱者在恋爱过程中，心理上形成了一种爱与性的臣服感，进而产生了一种依托和欣慰。失恋后，这一切不复存在，可使之在心理和情绪上产生一种不适感，陷入痛苦绝望、羞愧悔恨等不良情绪中。所以了解失恋后的几种常见心理，并学会调适是非常必要的。失恋者常见心理表现有：

1. 悲伤、痛苦、愤怒与绝望

有的恋爱者在突然失恋以后，在情感上首先会产生极大的悲伤和痛苦，随之而来的是愤怒和绝望。在这种强烈情绪的支配下，如果再加上外界的刺激因素，如旁人的煽动或恋爱对象的激发，很可能产生鲁莽的异常行为，比如自杀殉情、报复他人等。

2. 强烈的报复心

这种心理通常发生在一些感情受到欺骗失恋者身上。他（她）们为了宣泄自己的愤怒和不满，可能采取非理智的极端行为，如将恋人毁容甚至杀害等，也有的破罐破摔，干脆以自己的沉沦来报复社会和他人。

3. 强烈的自卑感

有的失恋者因自尊心受挫产生强烈的自卑心理；有的甚至从此关闭感情的闸门，拒绝爱情，从而一蹶不振，性格变得孤僻、古怪，严重者可能产生自杀意念。

4. 迁怒于他人或事

失恋后，有的人极易将消极的情绪迁怒于他人或事，表现为易动怒，对一切异性都有一种莫名的仇视心理，干任何事都不开心，容易发怒、发脾气，即使对亲朋好友也是如此。这种无端的迁怒常常会导致偏激行为，影响失恋者情绪的平复。

为了平复失恋者的情绪，我们找了一些方法来调适心理情绪：

1. 正视现实，不要纠缠与责难

如果他或她已经真的不爱你了，到了必须分手的时候，不要纠缠着不放，纠缠也许会令对方暂时难以逃脱，但是更坚定了离开你的信念；不要再一味地责难，责难也许会让你感觉一时痛快，但是粉碎了曾经的美好回忆；更不要怪罪自己天生缺乏魅力，活在怨恨里，这样会令你的生活更沉重。既然你已得不到所希望的那份真情，又何必再为她或他伤心劳神、浪费感情与青春呢？放弃一段已经死亡的情感，你也许会痛苦，但有了新的爱情空间，有了重新选择的机会。

2. 学会宣泄

失恋的人容易被遗憾、惆怅、失落、孤独等不良情绪困扰。此时，最好的办法是找一个能够交心的对象，向他们诉说你的悲伤和烦恼。当他们在倾听你的诉说后，会很好地安慰你。如果你不善言谈，那么可以以日记、书信的形式记录下来，让情感在笔端发泄，释放自己的心理负荷，获得心理解脱。你也可以关上门大哭一场，因为痛哭是一种感情的爆发，是一种自我保护性反应。另外，打球、参加文娱活动都能消除心中的郁结，解除失恋带来的心理压力。

3. 表现出不在乎的样子

失恋了，一点感觉都没有是不可能的，但表面上装作不在乎有利于控制自己的情绪，积极的自我暗示在这时候是非常重要的。你可以这样去暗示自己："对付负心人最好的办法就是让自己好好地活下去！"或者："是不是每个人都要看我难过痛苦？办不到！"又或者："他都不在乎了，我为什么要在乎？一定要镇静，就当什么也没有发生过，只是梦醒了而已。"

4. 自我安慰

有时，可以适当运用挫折合理化心理进行感情转移。一种是酸葡萄心理，即缩小或否定个人求而不达的目标的好处，而强调其各种缺点。比如失恋了，就说对方不好，就好像狐狸吃不到葡萄而说葡萄是酸的一样。另一种是甜柠檬心理，即不是把目标的好处缩小，而是把目前的境况扩大。比如失恋了，可以说这更有利于集中精力学习。这两种方法可以暂时缓解失恋带来的负面情绪，直至心理准备完毕，能够正视现实为止。当然，自我安慰只是一种消极的方法，如果失恋后听任这两种心理支配，不能接受现实，那就还没有从根本上解决问题。

5. 移情

及时适当地把情感转移到失恋对象以外的人或事上，可以把注意力分散到自己感兴趣的活动中去，因为活动本身就是在冲淡心中的郁闷。如失恋后，可与朋友发展更为密切的关系，可积极参加各种娱乐活动，释放苦闷，陶冶性情；可投身大自然，把自己融入大自然中。

6. 要懂得爱惜自己

要忘掉一段曾经真心付出的感情，绝非一蹴而就的事情。不要太苛求自己，要给自己留出空间与时间。要知道，你的生命不只属于你一个人，还属于你的亲人、你的朋友和你的工作岗位。你必须珍惜自己，不要自暴自弃。失恋了，不必再挂念那个人了，正好可以多疼惜一下自己。

一个人失恋时，头脑一片混乱，甚至会因此产生绝望的情绪，最容易做出错误的判断、糟糕的计划。因此，此时要学会调节自己的心情，平复自己的内心。

爱情需要理性经营

爱是一个非常崇高与无私的东西，它就像春天花草般的芳香，夏天灼日般的热度，秋天累累硕果般的甘甜，冬天白雪般的纯净，不能带有丝毫的杂质。很多人都认为既然爱了就要凭着感觉走，这个感觉中很大成分都是情绪，所以我们很容易看到恋爱中的男女情绪波动都很大，与爱人吵一架，情绪就坏到极点，爱人哄一哄，立刻又欢天喜地。其实，爱情也是需要理性经营的。

恋爱中最不可效仿的就是被动地接受爱，认为另一半的付出是理所当然的人，是太自我的人。一个以自我为中心的人，不会爱别人，不会为别人着想，更不会激励对方成长，这样的人在当今社会不在少数。他们在情感上会很苛刻，爱与幸福似乎与他们无缘，因为他们要求所有的人都要以他为中心。他们不会在爱中发现快乐，因为他们不把对方当作一生的伴侣，而是当作控制的俘虏，他们不会在爱中成长，因为他们不会从对方身上吸收营养，而是向对方施加压力。

把另一方的付出视为理所当然时，你就会把她当作自己人，会压制对方享受自己生活的权利。而实际上维持爱情，双方必须是平等的，一方不可能成为另一方的附属物和牺牲品。既然双方是平等的，我们就要学会尊重，尊重对方的存在和对方的一切独立因素。经营爱情的要素有很多，承担责任，感情公开、忠诚，有高度自尊，对人生持积极的态度，等等。而尊重才是真正爱情赖以建立的基础，认为另一半的付出是理所当然的最根本的原因就是双方彼此的不尊重。

尊重就要相敬如宾。正如美国人纳撒尼尔·布拉登在《浪漫爱情的心理奥秘》里的描述：受到爱侣的尊重，我们就会感受到一种理解和被爱，感受到彼此的心心相印。从而不断地增强我们对爱侣的爱慕之心。尊重让我们心灵坦然、释怀、心胸宽广，尊重让彼此的心挨得更近，更加从容地面对一切挑战，生活也就明亮而灿烂。

尊重的基础是相互信任、两情相悦，互相尊重是奠定感情基础的前提。相爱的双方，当然应该尊重对方的观念、习俗和生活方式，尤其要尊重对方的私人空间。尊重对方的私人空间，从表面上看，是相互间的尊重，而实质上，是相互间的信任。无论是恋人还是夫妻，“常相知，不相疑”其实比什么都重要。

要想使爱情之花永久开放，我们就要懂得如何去经营爱情。爱情之路是一个漫长的过程，需要我们一步步地坚持走下去。真正的爱情得来不易，就像温室里的花草一样娇柔，当两个人热恋时，感情热烈得好似要把彼此都燃烧了，但是时间一长，冷却的爱情却需要彼此都很真诚地去维系与经营，需要我们精心地呵护和培植，只有这样爱情才不会变质。

失去爱情很容易，爱情就像一块易碎的玻璃制品，不经意间就会被打破，七零八落，很难收拾。没有面包的婚姻更是让人感到悲哀的。我们对待爱情就要像焙制面包一样，一遍又一遍，让它永葆新鲜，如西方哲学家赫拉克利特说的：“太阳，每天都是新的。”这里提出了一个经营爱情的概念。所谓经营爱情就是恋爱双方对爱情要进行投入产出，这才是一个正常的情绪互动模式，我们要不断更新和发展这个情绪模式以保持双方的亲密度。这种经营不仅是指物质上的，更多的还是情绪与情感上的：培养共同的兴趣、爱好，营造良好的家庭氛围，等等。爱情是个互相感动的两情相悦，是男女双方从心底深处发出的欢喜和快乐。爱情是需要经营的，在经营中建立更加深厚的爱情。

恋爱中男女情绪各异

由于生理特征、认知方式等方面的差异，恋爱中的男女，是存在情绪表达上的差异的。所以面对同一件事时，会刺激产生不同的情绪，例如女人在看到男朋友来接自己以后，会非常高兴，但是当男友无意说了一句“我是顺便过来接你的”以后，女人会瞬间情绪爆发，认为这是男友对自己毫不重视的体现，而男人则认为仅仅是一句话，根本无所谓，也就不会对自己女友的情绪有认同感。

我们需要了解这些差异，这样有助于我们建立更加稳固的恋情。恋爱中男女的心理差异具体表现在以下方面：

1. 男性比女性更容易一见钟情

人们之间的了解，总是从相识开始。爱情萌生于好感，而人们之间的好感，也离不开最初的一见。有的初见没有什么，但是日久生情；而有的只要见上一面，就会顿生情愫。通常情况下，男性更注重女性的外貌特征，而女性更注重男性的内心世界，选择对象一般比较慎重。因而男性比女性更易一见钟情。

2. 男性求爱时积极主动，女性则偏爱“爱情马拉松”

在恋爱的过程中，男性往往比较主动，敢于率先表白自己的爱情，喜欢速战速决，与对方接触不久，就展开大胆的追求，希望在短期内能够取得成功。女性则不然，她们喜欢采取迂回、间接的方式，含蓄地表达自己的感情，喜欢将爱情的种子珍藏在心灵深处。

3. 男性在恋爱中的自尊心没有女性强

在恋爱中，男性一般并不过分计较求爱时遭到对方拒绝所带来的尴尬。如果求爱受挫，他们会用精神胜利法来安慰自己以求得自身心理上的平衡。女性则不然，她们在恋爱中极其敏感，自尊心强，并想方设法来满足这种需要。

4. 男性的戒备心理没有女性强

一般来说，男性在恋爱中的戒备心理比女性弱一些。不少男性在与女性开始接触后，几乎没有怀疑对方的心理。女性则不然，她们在恋爱初期显得十分冷静，常常以审视的态度来观察对方是否出自真心实意，考察对方的家庭细节，唯恐上当受骗。所以在恋爱的初期，女性往往显得十分小心谨慎。

5. 女性的情感比男性细腻

在恋爱中，男性往往有些粗心，不能体察女方细微的爱情心理。他们顾及大的方面，而不注意小的细节，发现对方情绪变化时，经常百思不得其解，不知所措。

女性的情感很细腻，善于观察对方的心理。她们追求爱情的完美，要求男友的言谈举止都要称心。马马虎虎、粗心大意的男友不经意间说的一句话、做的一件事，常常会搞得她们伤感不已或大发脾气。

6. 在情感表现方面，女性较男性含蓄

男女在恋爱中的情感表现大不相同，即使到了感情白热化的热恋阶段。

男性一般反应迅速强烈、意志坚强、勇敢大胆、感情洋溢，但情绪不稳定。这种个性特点，使他们对爱的感受容易溢于言表、喜形于色。言行多不深思后果，易冲动，受到刺激时不善控制自己，如急于用亲吻、拥抱等亲昵形式表达爱。

女性一般沉稳持重、灵活好动、情绪多变、感情充沛而脆弱，体现在恋爱过程中，则是她们感情羞涩而少外露，善于掩饰自己，表达爱慕常感到羞口难开，喜欢用婉转含蓄、暗示的方法而不喜欢过早用动作、行为的亲昵来表达。

7. 失恋后，女性的承受能力较强

失恋对于男女双方来说，多是痛苦的事情。但面对失恋，男性的承受力低于女性，常常表现得消沉、哀伤，乃至绝望。这是因为男性恋爱中的浪漫色彩较重，对失恋缺少理智的分析和考虑。另外，男性的承受力较差，在失恋这种重大挫折面前易于消沉、哀伤。女性失恋后自然也非常痛苦、伤感，但她们承受力比较强，又喜欢憋在心里，所以看起来并不怎么痛不欲生。

“问世间情为何物，直教人生死相许”，爱情的力量是这样伟大，不断激发着两个人体验生命中的快乐，从相识到相恋到相伴。人生若舟，常常漂泊不定，爱情如桨，推波助澜，在平淡的生活中荡起片片涟漪。真爱是美好的，真爱是宝贵的，懂得了男女在心理方面的差异，你便不会为了交往中的各种不同表现而产生坏的情绪了。

有最佳距离，才有良好情绪

一本杂志上登过这样一段对话：

一位女性向另外两位女性朋友抱怨：“我突然发现最近我男朋友行踪很诡秘，每次回家都很晚，他在外面一定有了别的女人！”几乎就是肯定的语气。

这时候，另一位女性对她说："从明天开始，你隔一个小时就给他打一个电话，随时掌握他的行踪，我就是这么对付我男朋友的！"

第三位女性也发表了自己的意见："我赞同这样，最好每天下班以后，让他自己交代一下一整天的行踪。"

由此可见，女人的坏情绪都是这么产生的。这三个女人觉得她们这样做都是出于对男朋友的爱，关心他们。这是一个很好的理由吗？这到底是不是一种爱呢？确实，她们这种做法完全是出于对爱情的珍视，可是当这种爱发展成一种病态时，就会营造出一种让人窒息的情绪氛围，即使对方爱你也会拼命地远离你。

爱人之间的关系做到真正的安全是保持距离，爱情的安全距离到底是多远呢？远了，形同陌路；近了，又有可能彼此伤害对方。恋人之间不像楚河汉界，清晰明了，你也不可能拿尺子去精确测量，分寸的掌握实在要靠一个人的智商和情商。恋人就像两只相互依靠彼此取暖的豪猪，离得远了温暖不到对方；靠得近了又会被对方的刺扎到。只好在一次次刺痛之后，慢慢地调整距离，营造出一个"中间地带"。

这一天的早晨，丈夫在临出门的时候，突然说："今天和朋友出游。"以前，丈夫去哪里，妻子也不多过问，因为丈夫会随时告诉自己。但是这一次，丈夫一句招呼都没打，只随便宣布一声就要出门。

妻子有点生气，她觉得出游这件事一定是事先约好的，至少在前一天就约好了，"他为什么不跟我说一声呢？他到底还有多少事情是瞒着我的？"越想越不高兴，于是就拦着丈夫，要他说清楚。丈夫很生气地问："我的吃喝拉撒睡，是不是都要向你汇报？"说完摔门而去。

妻子开始赌气，接下来的好几天里，自己不管是和朋友吃饭还是晚回家，或是回娘家，一概不理丈夫，同时也闭口不问丈夫的一切事情。冷战了好几天之后，丈夫终于忍不住了，对妻子说："我现在终于知道了，你根本一点儿都不在意我。"妻子回答说："是吗？不是你自己说吃喝拉撒睡都不用向我汇报的吗?”

两个人同时笑了，他们之间的距离也调整到了最佳距离。就这样，两颗心在一种松弛的氛围中拉近了。

有些时候，确实就是这样，两人因为爱而彼此走近，近得恨不得不分你我。于是，两人走进婚姻的殿堂，长相厮守。但是，彼此的距离则在不知不觉中慢慢被拉开，亲密有间。当你感到不安全的时候，你就会缩短距离，要求对方向你靠近，于是开始打探他的行踪，知道他的想法，要明确知道他一天到晚在干什么、想什么，现在在什么地方等，这些事情在恋爱的时候他会主动向你汇报，可如今，不会了。但是你想让你们之间的距离回归到以前，但他的内心有了危机，感觉自己的私人领域被你侵占了，于是，他转身逃跑。你逼得越紧，他反而跑得越快。

在这个时候，应该给你们的爱情一个“中间地带”，如何来营造这个“中间地带”呢?

1. 永远不要说多爱你

某位婚姻专家有句话可谓真知灼见：女人永远不要让男人知道你多爱他，否则他会因此而自大。

2. 一天只打一通电话

在对方意犹未尽的时候先挂断电话，保持适度神秘感，世界上没有一个男人喜欢喋喋不休的女人。

3. 不要太迁就对方

两个人之间的地位是平等的，爱上对方是对方的一种福气。在婚姻里，两个人都是主角，要有自己的主见，懂得适当拒绝。

4. 不要天天厮守

爱情的生命力是有期限的，要让爱情寿命长一点就要保持一个适当的距离。

5. 不要把对方看作整个世界

著名女作家三毛曾说过：“我的心有很多房间，荷西也只是进来坐一坐。”要有自己的社交圈，不要一结婚就把自己封闭，和所有的朋友都断了往来，这只会让你的生活范围越来越窄。

6. 不要对对方存有太多的怀疑

这样只会让男人对你的爱恋逐渐变成厌恶。翻看对方的短信，打探对方的行踪，对他的去向做无端的猜疑，“打破砂锅问到底”式的追问，都会令对方烦不胜烦。

空间距离很好测量，心理的距离却很难测量。爱情的安全线，恰恰是看不见摸不着的心理距离。当他感到情绪压抑时，会仓皇地逃离你的掌控，因为他也想找个自己可以呼吸的地方，放松一下绷紧的心弦。